JN005093

ウイルスはささやく

これからの世界を
生きるための
新ウイルス論

武村政春
TAKEMURA Masaharu

春秋社

はじめに

人生五〇年、下天《げてん》の内を……とくれば、もはや織田信長の辞世である。信長は、満年齢でいえば四九歳で本能寺に倒れたとされているが、気が付いたら、僕もその信長の享年を超えてしまっていた。もう心残りなことはない……というようなことは僕にはまるでない。信長ほどの凝縮した価値ある人生を送ってきたわけではなく、じつに、心残りなことだらけの五〇年（正確には五一年）である。

この、振り返って記憶を遡ることができる五〇年のうち、今このとき（二〇二一年二月現在）ほど、ある言葉が身近に感じられるときはなかったように思われる。自分のまわりでもそうだし、おそらく読者諸賢のまわりでもそうだし、この本を手にとることなどない人たちのまわりでもおそらくそうであろう。この言葉はもちろん、すべての日本人が知っている言葉だろうが、そうそう日常生活の上で使うことはなかっただろうし、その言葉が指し示すことについて深く考えあぐねることはなかっただろう。

そう、その言葉とはいうまでもなく、「ウイルス」という言葉である。

コロナ禍という言い方に代表されるように、新型コロナウイルスというウイルスが、僕たち人間と人間社会に対して大きな「禍」をもたらしたのは紛れもない事実である。多くは高齢者や基礎疾患をもつ人の中から、そして時には若者たちの間からも死者が出て、緊急事態宣言や自粛によって経済は停滞し、閉店してしまったりする飲食店や倒産する会社がたくさん出た。教育現場も停滞し、学力不足が懸念される子どもたちが現れ、うつ病など精神的な不調者も続出した。

しかしその一方で、リモートワークの推進、脱都市化、オンライン授業のシステム化など、社会のデジタル化が一気に進んだという、これはどちらかというと「禍転じて福となす」のたとえ通りの社会変革を巻き起こしてきた、というのも事実である。

そして僕のような自称ウイルス学の研究者にとって見逃しがたいのは、上述したように、このコロナ禍によって、日本国民（いや世界中の人々）の中で「ウイルス」に対する興味関心が、これまでなかった以上に高まったことである。たとえその多くが、新型コロナウイルス（SARS-CoV-2）と、それが引き起こす新型コロナウイルス感染症（COVID-19）に対するものであったとしても、それに引きずられるような形で、ウイルス全般に対する興味関心が高まったのは、これまでほとんど売れなかった僕のウイルス関係の本がにわかに重版されたことからも、おそらく事実である。この機会を逃しては、世の人々にウイルスについてより深く知ってもらうことはまずないだろう。そんな思いで、これまでのウイルス本とは違った視点で、僕はこの本を書いたといっても過言ではない。

僕は現在、ウイルスの中でも特に「巨大ウイルス」とよばれるウイルスの研究を行っている。巨大ウイルスというのは、普通のウイルスに比べて大きなサイズをしたウイルスの総称で、正式に認められた呼び名ではない。また大きいといっても、肉眼で見えるほど大きなウイルスではもちろんなくて、普通のウイルスは電子顕微鏡を使わなければ見えないが、せいぜい、巨大ウイルスは光学顕微鏡レベルでも見える、という程度の大きさである。しかしながら巨大ウイルスは、その大きさのみならずゲノムサイズ、すなわち遺伝子の本体であるＤＮＡの長さも長く、遺伝子の数も普通のウイルスに比べて多いので、そのしくみも複雑怪奇で、どちらかというと生物に近いウイルスであるといってもよい。

生物に近いウイルス？　ウイルスって、生物じゃないの？

そう。ウイルスというのは、そもそも生物ではないのである。出血性大腸炎、結核やコレラ、ペストなどの原因となる「バクテリア（細菌）」は生物だが、ウイルスは生物ではないのである。その、生物ではないウイルスがもたらした「コロナ禍」に、いま僕たち「生物」である人類は直面していることになる。

いったいウイルスとはどういう存在なのだろう。僕たち生物にとって、ウイルスというのは「悪」なのか、それとも「善」なのか。それとももっと別の「何か」なのか。

巨大ウイルスは、ウイルスと生物の中間的なところにいて、構造や機能の基本はウイルスに近いのだけれども、その複雑さは生物のそれに近いという、不思議な存在である。だからこそ、ウイルスとはなにかという古来の疑問を、これまでにはなかった視点で紐解くことができる存在であると、僕は信じているのだ。

ウイルスのささやき声に耳をすましてみよう。

そこに、「ウィズコロナ」などとよばれる、僕たちの向かっていくべき、ウイルスと共生して生きる未来へのヒントが、きっと隠されているはずだ。

東京理科大学教授　武村　政春

ウイルスはささやく——これからの世界を生きるための新ウイルス論　目次

ウイルスはささやく——これからの世界を生きるための新ウイルス論

第1章 ウイルス論
——ウイルスとはなにか

僕がその存在を初めて知ったのはいつの頃だったか。今になってツラツラ思い出すに、『サザエさん』のとある四コマ漫画が初めてだったのではないかと思う。マスオさんが、「がん（雁）って英語でなんってったかナア」と独り言ちていると、ワカメちゃんがすかさず「ビールスよ！」という。そして「お父さんが、がん（癌）はビールスらしいって言ってたよ！」でマスオさんがずっこけてオチる、という漫画だったと記憶している。

ビールスとは、英語の綴りでは「virus」と書くもの。すなわち現在の日本語でいうところの「ウイルス」であるが、英語の発音では「ヴァイラス」である。まさか今、そのウイルスを相手に研究を行うことになろうとは、『サザエさん』を愛読していた当時は思いもよらなかったに違いない。

そして人類は今、未曽有の感染症と戦っている。いうまでもなく新型コロナウイルスと、それによる感染症である。中国・武漢から発生したとみられ、あっという間に世界中に拡散したこのウイルスは、人々のウイルスに対する恐怖心をもあっという間に拡散させ、感染者数、死者数ともに文字通り未曽有のパンデミックを引き起こした。これもいわば、僕にとって（いや、おそらくすべての人間にとって）「想定外」の事態ではあった。しかし、とここで冷静に考えたい。「未曽有」というのはほんとうのことなのだろうか。ほんとうに新型コロナウイルスとは、それほどまでに人類が恐怖におののくべきものなのだろうか。

そもそも、ウイルスとはなんだろう。そして、生物にとってウイルスとは、どういった存在なのだろう。本章ではまず、読者諸賢と僕自身のために、ウイルスの基本、生物の基本、つまり現在、ウイルスとはどういうもので、僕たち生物にとってどんな存在だと考えられているのか、そこから押さえていくことにしたい。

生物と生命

僕は大学の講義で、よく学生に「生物と生命は違うんだ」という話をする。

「生物」というのは、たとえば僕たち人間もそうだし、ペットもそうだし、大自然を形作る有象無象の生物たちがそうであるように、厳然とそこにある実体であって、形があり、時としてじかに触れることができる存在である。これに対して「生命」というのは、僕たち人間自身が生命であると考えることも、地球上に存在する生物たちはみな生命であるとみなすことももちろんできようが、実際のところ生命というのは、そうした実体があるといえるけれども、またないともいえる。たとえば、生命とは、生物がもつ機能（はたらき）である、という言い方もある。「生命現象」という言葉があることからもわかるとおり、それは単なる現象である、ととらえることもできる。要するに、生物という言葉が示す範囲よりも、生命という言葉が示す範囲は格段に広いということである。

生物がもつ機能を生命というのであれば、生命とはいったい何なのか。

このことは古来、多くの生物学者たちを悩ましてきた難問であるが、それにもかかわらず、この難問に対して真剣に向き合い、答えを出そうとしている生物学者はそうはいない。なぜなら、まあこれは僕の考えだが、生命という言葉を、生物という言葉とあえて使い分けて、漠然としたものを表現する都合のよい言葉として残しておいた方がよかったからであろう。なにしろ世の中のさまざまなものに対して、科学者たちは「生命」という言葉をあてはめることができる。これはある意味でいえば、科学者以外の一般の人たちを「煙に巻くための方便」として便利に使えるからである。もっとも、科学者自身もまた、「生命っていったい何だろう」といつもそう考えながら研究を行っているという側面もあるから、結局のところこの言葉がよく使われるのは、科学者と一般人という、お互いよくわからない者同士、「生命」という言葉を使っておけばなんとなく落としどころがついてしまっているからなのだろう。

実際、科学者たちが何を生命とみなしているかについては、じつに千差万別であるといえる。僕もこれまで、学会などで講演をたくさん聴いてきたけれども、多くの科学者は、「生命＝生物」であり、それ以上でもそれ以下でもないと考えていると思われる。生命とは生物そのもののことであって、生物が見せてくれるさまざまな現象こそ「生命現象」なのである、と。

しかし、そうだというのならなぜ、宇宙の探査において、科学者たちは「生命を探索」し、「生物を探索」しないのか。なぜ「生命の謎」に迫ることはあっても、「生物の謎」には迫らないのか。「生命＝生物」であるならば、「宇宙に生物がいるかどうか」という問いかけがあったっていいはずだが、たいていの場合科学者たちは、「宇宙に生命がいるかどうか」という問いかけに終始する。これはおそらく、科学者も一般人もすべて含めて、生物の材料となり得る複雑な有機化合物（しかも地球にしかないと考えられているようなもの）をもまた、「生命」の一つの側面とみなしているからではないだろうか。

　この、生物にもっとも近いけれども生物ではない「複雑な有機化合物」の代表こそが、本書の主題である「ウイルス」である。

　生物は、「細胞」という小さな小さな膜から成る袋状のものでできているが、ウイルスは細胞とは異なる構造をしているがために、生物とはみなされていない。だからウイルスは生物ではない。しかし、ウイルスは「生物」ではないかもしれないが、「生命」であるとはいえるかもしれない。なぜならウイルスは、自らは細胞でできているわけではないけれど、細胞の中に侵入して、そこにある細胞のしくみを使ってなら増殖することができるからである。生物には子孫を生むという大きな特徴があるが、ウイルスもまた、子孫を生むのである。細胞という「他者」のしくみを使わなければという前提がつくとはいえ、彼らもまた子孫を生み出すことができるという意味においては、ウイルスは「極めて生物に近い複雑な有機化合物」であるといえるのである。

子孫を生み出すということ

この「子孫を生む」という行為、いやむしろ「特徴」といっていいだろうが、それは、すべての生物がもっている特徴であるし、生物ではないウイルスですらもっている特徴である。なぜ生物やウイルスが子孫を生まなければならないのかといえば、複雑な有機化合物は、エントロピーの法則にしたがえば有限であり、さらにその有機化合物からできている生物もウイルスもまた有限で、必ず死ななければならないからであって、その死を迎える前に、装いも新たにした別の個体を作り出す営みを行う必要があるからである。

　物理学者ではないので単なるイメージでしか触れることはできないが、分子を基本とするこの世の中の物質たちには往々にして単純な状態と複雑な状態がある。単純な状態とは、単一もしくは少数の原子から成り立つ分子、たとえば水分子（H_2O）、酸素分子（O_2）、メタン分子（CH_3）、アンモニア（NH_4）や二酸化炭素（CO_2）などの、小さくこの世の物質の基本となるような状態であって、一方において複雑な状態とは、タンパク質、ＤＮＡ、多糖類などをはじめとする、大きく生物の重要な構造的要素、すなわち「複雑な有機化合物」となるような状態である。エントロピー増大の法則に則れば、複雑なものが単純なものへと分解される方向がより流れやすいわけだけれども、生物がその体を維持するのはその方向性に逆行するわけであって、作られる流れは、当然のことながら単純な状態から複雑な状態へということになる。となると、その過程には何らかのエネルギーが必要となる。

　前述した小さな分子からアミノ酸などのやや大きめの物質が作られ、そのアミノ酸が組み合わされて大きな分子であるタンパク質が作られる。タンパク質にはさまざまな機能があり、僕たち生物の細胞やウイルスの内外ではたらいているわけだが、はたらいているうちにさまざまな傷ができたりして古くなり、やがて分解されてしまう。それを補充するためにまた新たなタンパク質が作られる。これをずっと続けているのが、僕たち生物であり、ウイルスであるといえる。要するに、世の中の物質というのは、複雑な状態よりも単純な状態の方が「存在するのがラク」なのであって、より単純な方へ単純な方へという流れが構築されている。それを、エネルギーを使って阻止し、より複雑なものであり続けようとする営みが、僕たち生物（そして生命）には存在するといえるのである。

　分子のレベルでそれであれば、生物の基本単位である「細胞」のレベルでは何をかいわんやである。タンパク質やＤＮＡよりもはるかに複雑な細胞は、その構造と機能を維持するためにより膨大なエネルギーを必要とする。だから細胞はつねにエネルギーを生産し続けなければならないが、その過程における副産物として活性酸素が作られ、それによってＤＮＡや細胞膜が傷つけられて老化する。それを補うためにまた新たな細胞が作られる。これをずっと続けていかなければならないのが僕たち生物なのであるが、それもやがて限界に達し、生物の個体は死なざるを得ない。そういうしくみになっているのである。

　じつは「子孫を生み出す」という行為には、もちろん子孫繁栄とか、種の保存とか、かつてはそのような言葉で片付けられていた〝目的〟があるように思われるが、じつのところ「子孫を生み出す」ということには、そうして傷ついた生物の個体を「リセット」することと、ほぼ同じ意味があると考えてよいだろう。タンパク質も脂質も、そしてＤＮＡも老化し、細胞全体もまた老化する。ウイルスもタンパク質と核酸（ＤＮＡもしくはＲＮＡ）からできているから、やはりそのままほうっておくと〝老化〟する。ウイルスは生物ではないため老化とはいわず、「感染力の低下」などという言葉で表現される。だからこそ、こうして古くなった個体をいったん「リセット」し、生まれ変わらせる必要がある。そのために生物は、その奥深くにしまってある、比較的傷がついていないＤＮＡをもとにして、その体を作り直すのである。

単細胞生物の場合は、その生物自らがその任を担い、多細胞生物の場合、ＤＮＡの傷付きを修復できる能力が高い「生殖細胞」が、その任を担っている。そうして作り直されたものが「子ども」であり、ウイルスにとっては無数の「子ウイルス」ということになる。そして、何十億年もの間、体の「リセット」に成功してきた生物が、いま現在、地球上に生息している数多の生物であり、ウイルスであるといえる（後述するが、ウイルスの中には遺伝子の本体としてＤＮＡではなくＲＮＡを使っているものもいる）。これを僕たちは「繁栄」という言葉で表現することが多いが、それは、単に僕たちの身の回り（テレビやＳＮＳに登場するものも含めて）に「たくさん見かけるから」にすぎない。少なくともいま生息しているほとんどの生物とウイルスは、絶滅の危機に瀕しているものについてはなかなかそうであると断言することは難しいけれども、そのすべてにおいて、たとえそうは見かける機会はなくとも「繁栄している」といえるのである。

言い換えると、生物が生きる目的は（生物の営みに目的はないとはよくいわれるが）、「繁栄」ではなく、いかに傷ついた状態を「リセット」して「子ども」を作るかであるともいえる。だから傷ついてしまった「親」は、そのリセットを完了して「子ども」を作ることに成功したら、もはや生きている必要はない。僕自身も、すでに子どもを作ることに成功しているので、生物学的にいえば、もはや生きている必要はないということになる。読者諸賢の多くもまた、同様かもしれない。ただ生物の中でも特異なる存在であるホモ・サピエンスには、子どもを育てるという営みが必要であるから（多くのほ乳類もそうだが、それに輪をかけて子育てに長い時間をかけなければならないのがホモ・サピエンスなのだ）、僕自身もまだ死んではおれぬ、といったところだ。

細胞たちのリセットと「複製」

　動物や植物、微生物たちはいざ知らず、なまじ世界の成り立ちを知るための道具を手に入れてしまったがために、僕たち人間は、自らが「やがて死ぬ」ことを「知っている」という運命に流され続けている。人間以外の、脳を発達させた動物の中にも、自らの「死」を予見する連中はいるのだろうか。危険に対する忌避行動というのは、もしかしたら本能的な「死」の予見によってもたらされるものなのかもしれないから、その意味では「死」を予見しているといえなくもないが、このあたりは当人（人間以外の動物）になったことがないから、永遠にわかることはないだろう。しかし、おそらく微生物やウイルスたちは、そうした予見はしていないはずである。「はずである」というのは、そもそも「予見」とか「予測」は神経細胞がもたらす行動だから、神経細胞をもっていない微生物やウイルスが予見するわけはないという確信があるからである。要するに、「死」というものを予見しないがゆえに、彼らは余計に〝神経〟をすり減らすことはせず、ただ淡々と、自然の営みである「リセット」に身を任せているといえる。

　体をリセットして生まれ変わらせるためには、生物やウイルスは、その遺伝子（あるいは遺伝情報）

をそっくりそのまま「コピー」して、子に受け継がせる必要がある。遺伝子というのは、僕たち生物やウイルスの〝設計図〟のようなものであり、僕たち生物やウイルスが生きるために必要なタンパク質とＲＮＡ（リボ核酸）の情報が書き込まれたもので、その本体物質はほとんどの場合、ＤＮＡ（デオキシリボ核酸）である。ウイルスのうち「ＲＮＡウイルス」とよばれるウイルスは、遺伝子の本体物質としてＤＮＡではなくＲＮＡを用いている。

　もちろん、生物やウイルスの遺伝子の「コピー」は、文書をコピー機でコピーするのとはわけが違う。なぜなら遺伝子の「コピー」には、たとえそれがコピー（正確には「複製」という）によってできたものであっても、それには「オリジナル」と寸分変わらぬ生物学的意義があるからだ。別の言い方をすれば、オリジナルがコピーされ、別のオリジナルができる、と考えていただければよいだろう。

　原核生物（細胞に細胞核がない生物）である「バクテリア（細菌）」や「アーキア（古細菌）」、そして真核生物（細胞に細胞核がある生物）であるアメーバやゾウリムシなどは、一個の細胞からできた単細胞生物である。彼らは「分裂」とよばれる方法によって子孫を生み出すわけだが、じつはこうした生物たちにとって、「子孫を生み出す」という表現はあまり似つかわしくないかもしれない。なぜなら分裂というのは、〝親〟の細胞が二個の〝子〟細胞に「分かれる」だけだからである。これは、親細胞が「分裂」の瞬間消え去り、後に残るのは二個の子細胞だけという状況であるということでもあるし、親細胞の半分ずつが二個の子細胞に分け与えられた状況であるということでもある。これは「子孫を生み出す」と表現するより、単に「増殖する」と表現した方が実態をよく言い表している。ただ、分裂することによって細胞の数を増やすということは、結局のところ「子孫を生み出して増えていく」

という状況を生み出すということでもあるから、結果は同じであるといえなくもない。

だとしたら、彼らはいつ、自らの「リセット」を行っているのだろう。ゾウリムシの仲間である「繊毛虫」では、細胞同士が時々くっつき合い（「接合」という）、その遺伝子を交換し合うという現象が知られている。このとき、接合によって傷ついた遺伝子を補完し合うのと同時に、短くなったテロメアを元に戻しているのではないかと考えられている。テロメアというのは、真核生物におけるＤＮＡ（染色体）の末端領域のことで、このテロメアが分裂のたびに短くなるという現象が知られており、分裂しすぎて（老化して）ある一定の長さにまで短くなると、細胞核の中でのＤＮＡの立体配置がおかしくなり、分裂できなくなってしまうのである（図1）。これを「テロメア末端複製問題」という。だからこのテロメアを元の長さに戻すことは、細胞のリセットにとって非常に重要なのだ。テロメアのリセットには二種類の方法があり、「テロメラーゼ」という酵素で再びテロメアを長く伸ばすか（たいていの場合、テロメラーゼは〈テロメアを長く伸ばす〉というより、〈これ以上短くさせない〉はたらきをする）、ＤＮＡの組換えによってテロメアを伸ばすか、ということになる。多細胞生物の生殖細胞ではテロメラーゼによって、そして繊毛虫では両方のはたらきによってテロメアを「リセット」していると考えられているが、単細胞生物の多くにおいては、どのようにして彼らがテロメアや遺伝子を「リセット」しているのかは謎のままである。ちなみに、ＤＮＡの長さが相対的に短く、また環状ＤＮＡのように末端をもたないものを遺伝子として用いているバクテリアやウイルスなどでは、こうした問題は存在しないと考えられる。ＲＮＡウイルスではなおさらだ。

いずれにせよ、こうした生物たちにとって、「リセット」と、自らの増殖、すなわち「複製」は切

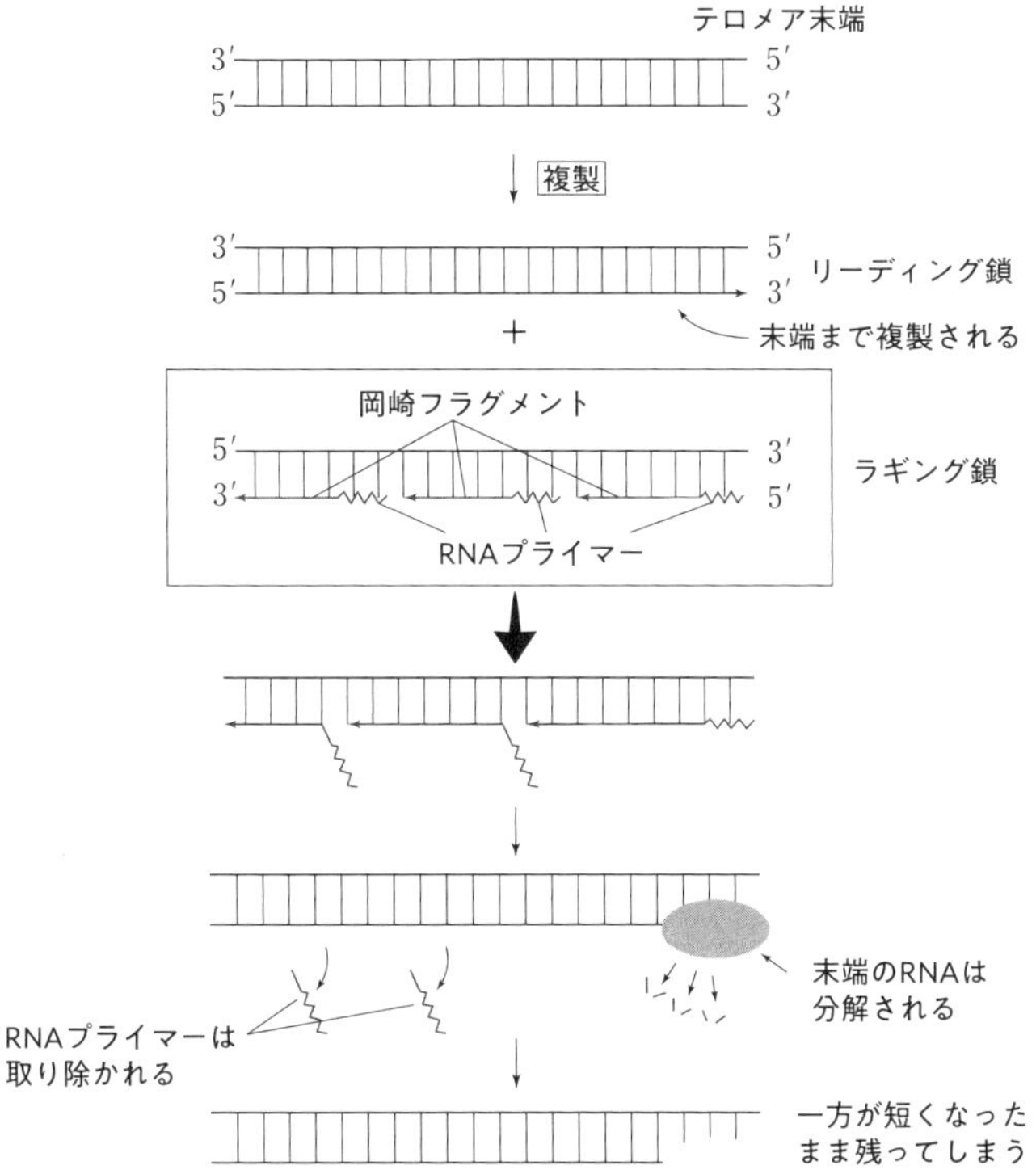

図1：テロメア末端複製問題

DNAは、二本鎖が一本鎖に分かれると、一方はリーディング鎖として、もう一方はラギング鎖として複製される。テロメア末端では、ラギング鎖として複製されるDNAの末端にプライマーが結合するが、それが取り除かれた後を埋めることができないため、その分、短くなってしまう。

っても切れない関係にあるといえる。言い換えれば、自らの複製を大量に生み出すためには、生きているうちに蓄積される傷を「リセット」し、新たな個体を作り出す努力が必要だったのである。

複製は生命の基本

さて、細胞が「分裂する」という営みは、これすなわち「細胞の複製」であり、一個のオリジナルの細胞から二個の別のオリジナルの細胞ができる営みである。これが生命の営みであるというのであれば、一個のオリジナルから二個の別のオリジナルができるＤＮＡ自身もまた、生命の範疇に入るものであるともいえる。

一個のオリジナルたるＤＮＡが複製し、二個の別のオリジナルたるＤＮＡができる。もちろんその複製の営みは、現在の生物界の中では、ほぼ「細胞」の中で行われる営みであり、先に述べた「細胞の分裂」と同じプロセスにおいて行われるものであるから、ＤＮＡの複製と細胞の複製には、同じ生物学的意義があると考えられる。細胞の起源がどのようなものであったかについては喧々諤々たる議論が続いているから一概にはいえないが、複製するＤＮＡを膜で包み込んだところから生物の長い系譜がスタートしたと考えるならば、ＤＮＡとその〝宿主〟である細胞の、最古にして最大、そして両者が共有するおそらく唯一の特徴は、まさしく「複製」であるということができよう。

ところで、ＤＮＡというのは正式名称「デオキシリボ核酸」からもわかるように、「核酸」とよばれる物質の一種である（図2）。地球上にＤＮＡが生まれる前に、まずＲＮＡができたと考えられていて、その当時の世界を「ＲＮＡワールド」とよんでいるが（これに対して、現在は「ＤＮＡワールド」である）、現在ではＤＮＡもＲＮＡも、ともに生物の重要な物質としてそれぞれ役割を果たしている。

核酸は、ＤＮＡだろうがＲＮＡだろうが、ともに「ヌクレオチド」という物質が、ホスホジエステル結合という結合方式により、一直線につながってできている。ヌクレオチドは、リン酸、糖、塩基という三つの部分からなり、塩基には四種類のものがある。したがって、ヌクレオチドが一直線につながると、四種類の塩基が一列につながることになる。この塩基の並び順、すなわち「塩基配列」が、遺伝子、あるいは遺伝情報として重要な意味をもつことになる。この塩基配列が複製され、それが子孫細胞へと受け継がれていくことによって、親の形質が子へ伝わるという、「遺伝」というよく知られた言葉で表現される生命現象が生み出される。いうなれば、遺伝子であるＤＮＡの営みにまで還元されるこの「複製」こそが、生命現象の、そして「生命の基本」であるといえるのである。

「複製」について考えていると、生物の世界のみならず、この世の中で起こっているさまざまな事象もまた、この概念に引っ張られていると考えることができる。そもそも生物の世界の延長線上にある人間社会もまた、複製というものに満ち満ちている。

人間が生物の一種である以上、子どもを作るという生殖活動は、まごうことなく個体の「複製」であるとみなせる。家族は、そうした複製の産物たちの集まりであるといえる。「一族の繁栄」などという言葉もあるように、家族のさらに広い概念である「一族」は、血縁者で固まった人間の個体の集団、いわば個体群であるわけだが、その広がりは生物の世界と同じく、個体の複製によって得られる全体的な様相である。いやそもそも、アダムとイヴの神話に根拠をたぐっていくわけではないけれど

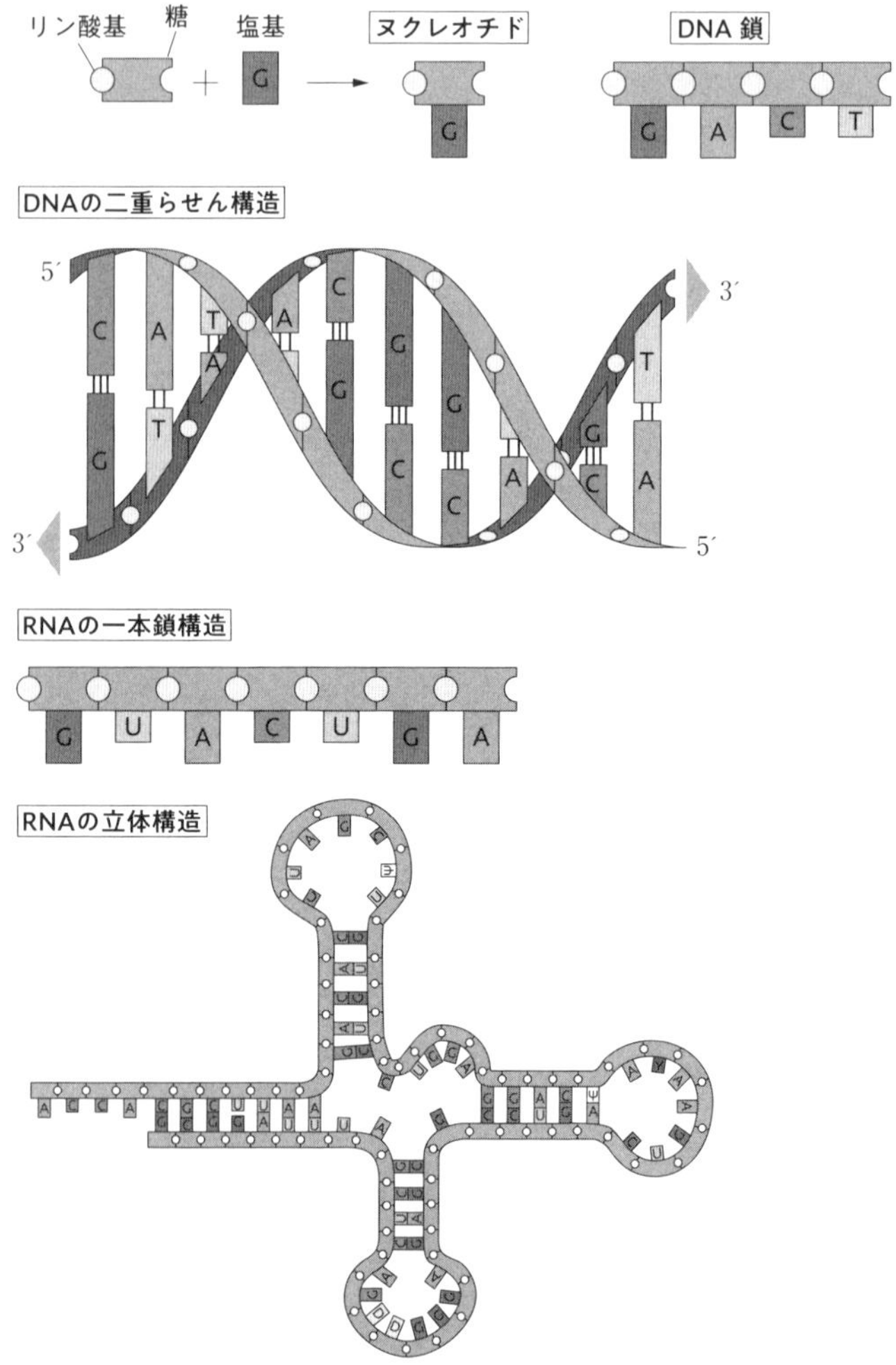

図 2 ：核酸の構造（DNA と RNA）

DNA は、塩基・リン酸・糖からなるヌクレオチドが単位となって重合した細長い分子であり、二重らせん構造を呈している。一方 RNA は、DNA と同じくヌクレオチドを単位としているが、二重らせん構造を呈してはいない。その代わり、一本鎖 RNA がその分子内で相補的な結合を行い、様々な立体構造を呈することができる。

も、人間という存在そのものが、いや生物という存在そのものが複製産物であるということは、人間社会もまた複製によって成り立ってきたという歴史の存在を示しているともいえる。

一例を挙げると、大英帝国が世界各地に植民地を広げていったことも、イギリスという国が、世界各地に同じ体制の国を次々に「複製」していったこと、と言い換えることもできるということだ。英語というもともとは大英帝国を中心に話されていた言語にすぎなかった言葉が、今や全世界の共通語となっているのも、英語が「複製」されてきたというよりも、「英語という言葉を話すヒト」が、どんどん複製されてきた結果であるとみなすこともできよう。このように、ある主体があってその主体が自らの「繁栄」を目的に活動する際にとられるのは、自らの価値観に合致するヒトたちをいかに複製するかという戦略である。ある店が自らの繁栄のために「複製」したいと思うのは、「その店が販売する商品を好んで消費する客」ということになる。そのために、飲食店であれば客席を用意し、支店を拡充し、「その商品を好んで消費する客」を日本全国、いや世界全体へと「複製」していくのである。

芸術においてもそうだ。世の中には数多くの芸術が存在するが、その中に「複製芸術」とよばれるものがある。この「複製芸術」という日本語の言葉は、明治時代に活躍したジャーナリストであり思想家である長谷川如是閑が最初に用いたとされている言葉であり、その論文「原形芸術と複製芸術」の中で「当然直接的の表現形式であらねばならぬ芸術を間接的に鑑賞する形式に作りかへたものをいふ」と述べたものだ。そのもっともふさわしい例として、如是閑は音楽をレコード（当時。今ならＣＤだろう）に作り変えたものを挙げている。原形芸術というのはいわば「オリジナル」であって、たとえばコンサートホールにおいて生で鑑賞するコンサートで奏でられた音楽がそれに該当し、その音楽をレコーディングしてＣＤにし、それを店頭で販売するようなものが「コピー」、すなわち複製芸術である。ただ、コピーとはいえ、そうして販売される音楽もまた、一つの芸術として大衆に大いに受け入れられているわけであるから、音楽ＣＤのような「コピー」も、結局のところオリジナルと同じだけの地位を獲得しているといえる。その意味において、音楽ＣＤもオリジナルであるとみなすこともできる。

　複製芸術の最たるものは映画だろう。映画は、コンサートホールで奏でられる生の音楽よりもさらに「複製的」である。というのも、映画が作られて公開されるとき、その公開は全国で複数の映画館により同時に行われることがほとんどである。このとき、いったいどの映画館で上映されたものが「オリジナル」で、どの映画館で上映されたものが「コピー」か、などといった議論が成り立たないことに、多くの読者諸賢は気づかれることであろう。つまり、映画には「オリジナル」というものはおそらく存在しないのであって、映画産業は最初から、「複製」によって成り立っているのである。あえてオリジナルというものがあるとするならば、それは最初に撮られ、編集され、一本の映画に構築されたオリジナル映像であろう。しかし、そのオリジナル映像が僕たち観客の目に触れることはない（たとえそれが試写会で披露される映画であっても）。一般大衆にとって、あくまでも映画は「複製」産物なのである。

　ほかにも数多くの「複製」が、世の中を探せばごまんとある。身の回りの商品はみな、工場で大量に作られた複製産物そのものである。僕たちはまさに、複製産物に取り囲まれて生活しているのであり、もはや複製産物がなくては成り立たないといっても過言ではない。

要するに、生物の一部である人間は、生物としてのさまざまな営みを遂行していく中で、生物としての側面、地球生態系の一員としての責任感を徐々に失いながら構築してきたこの人間社会においても依然として、数多くの「複製」、すなわち生命の根源的な特徴としての複製を、さまざまな形で用意してきたのである。それについてだけは、やはり僕たち人間もまだまだ生物であるという一線を越えていないのだと、ひとまず安心せずにはおられない。

ウイルスとは何か

じつは複製にもさまざまなタイプがある。

先ほど、DNAの複製というのは「オリジナルがコピーされ、別のオリジナルができる」ものであると述べた。つまり、一本のオリジナルDNAが二本のコピーDNAに増えたとしても、それは単なる「コピー」、すなわち「オリジナルに対するコピー」という、価値がオリジナルに比べて低くみられるようなコピーとは本質的に違い、コピーもまた、生じた瞬間に「新たなオリジナル」となるような複製。これがDNAの複製だということである。

これに対して、一個のオリジナルが一気に大量のコピーを作り出すようなタイプの複製もある。公印が押された一枚のオリジナル文書を、会議のために出席者全員にコピーする、というタイプのものがそれで、この場合はもちろん、オリジナルが価値の高い文書であって、コピーは単に会議のための資料に過ぎず、会議が終わったら破棄されてしまうようなものである。このリモート社会において、いまだに教授会などでこの手のコピーが配布されているのには驚かされる（あ、うちの大学のことではありませんよ）。

このタイプの複製の多くは、いってみれば「オリジナル至上主義」であるといえるため、大量に作られたコピーには重要な価値は付与されないことが多い。したがって、大量に作られたコピーにもオリジナルと同じ価値が見出されるような、いってみれば「オリジナルから一気に大量の新たなオリジナルが生み出される」ような特異な複製を目の当たりにすると、僕たちは「ええっ」と驚くのである。

この複製、すなわち別の言葉でいうところの「指数的にあっという間にどんどん増えていく」複製の場合、それを構成する一つ一つの複製をつぶさに見ていくと、それ自体は僕たちになじみ深い複製（一個が二個になるという複製）であるはずなのだが、それが連続的に次から次へと生じる状況が発生してしまうと、その帰結として当たり前であるはずの「数の指数的な増大」という現実を一瞬にして目の前に突き付けられ、戸惑い迷ってしまう。その特異な複製こそ、「ウイルス」に見られるものであり、そのウイルスの複製こそ、僕たち人間にとって「特異な複製」そのものであるといえるのである。

ハリー・ポッターの映画シリーズで、興味深いシーンがあった。「双子の呪文」とよばれる呪文がかかっているものに触れると、それがきっかけとなってそのものが〝分裂〟して増えるのである。分裂したそのものが隣にある別のものに触れることで、それもまた〝分裂〟して増える。つまり、双子の呪文がかけられたものに触れると、あとはコントロールが効かないほど、次から次へとそれが複製されていくというシーン。あの、双子の呪文にかかっていたものに触れてしまったときの主人公たちの驚きは、まさしく、僕たちが「ウイルス」に対して感じるであろう驚きと、瓜二つであるといえるのだ。

わかりにくくなってしまったかもしれないので、ここで一回、まとめておこう。複製には大きく二つのタイプがあり、一つは「オリジナル」が複製して二個の「新たなオリジナル」を作るもの。もう一つは、「オリジナル」を鋳型にして一気に大量の「コピー」が作られていくもの。世の中の多くの事物は、このどちらかの複製によって成り立っている。

ところが、この二つのタイプの複製が合わさって、「混合型」の複製を体現したものが現れた。それが「ウイルス」である。ウイルスは、一個の〝親〟ウイルスが細胞に感染し、その中で一気に大量の〝子〟ウイルスが作られるような複製を僕たちに見せつけてくる。しかもその大量の〝子〟ウイルスそれぞれもまた、新たな〝親〟ウイルスとなって、次の世代を作るべく、新たな細胞へと感染していく。

細胞は、分裂によって増えていく。一個の親細胞が分裂し、二個の子細胞を作り出す。したがって、子細胞が二個できた時点で、親細胞という名の存在は消滅する。いうなれば親細胞というオリジナルそのものが、二個の子細胞という「別のオリジナル」に変化する。二個の子細胞もまた、彼ら自身が次の世代の親細胞となり、同じように分裂して、さらに四個の孫細胞を作る。これがどんどん繰り返されていくのが、細胞の増え方である。

しかし、ウイルスは細胞とは違う。「細胞とは違う」という時点で、すでにしてウイルスは生物の範疇には入らないのだが、それはまあよいとして、ウイルスは細胞のように「分裂」によって増えるということはしないし、そもそもしくみとして分裂することは不可能である。なぜならウイルスは、自分でタンパク質を作ることができないからである。

細胞の分裂は、極めて複雑でエネルギーがたくさんいる反応だ。なにしろ一個が二個に増えるわけだから、まるまる細胞一個分の材料を作り、材料を調達し、そして新たな細胞を作り上げなければならない。材料を作るためには、酵素となるべきタンパク質が必要である。細胞一個分を作り上げるためには、その構造を形作るタンパク質が必要である。細胞は、自分で必要なタンパク質を作れるからこそ、分裂して増えることができるといえる。そのタンパク質を作るのが、細胞内に無数に存在する「リボソーム」とよばれる粒子状の構造体（タンパク質とRNAでできている）である。

このリボソームを、ウイルスはもっていないのだ。したがって、タンパク質を自分で作れないウイルスは、分裂して増えることはできない。その代わりウイルスは、タンパク質を誰かに「委託」して作ってもらい、自らを増やすのである。その「委託先」となるのは言わずもがな、ウイルスの感染先である、僕たち生物の細胞である。

言い換えると、ウイルスは、強烈な「他者依存」によって成り立つ生命体なのであって、その他者依存の実態が、タンパク質を作るというすべての生命にとって必須なプロセスであるがゆえに、ウイルスは生物の細胞に「感染」せざるを得ないのである。生物の細胞に感染しなければ、ウイルスは増えることができない。生物的にいうならば、子孫を残すことができない。僕たち現代人、ホモ・サピエンスの多くは「家」というものに住んでおり、そこで生き、そこで子孫を増やす。ウイルスにとって僕たち生物の細胞は、まさに「家」なのであり、かつそれ以上に、ウイルスにとって必要な存在であるともいえる。だからこそウイルスは、いったん細胞に感染したら、その細胞の中でできるだけたくさんの〝子ウイルス〟を作ろうとして、一気に大量に複製するのだともいえる。

新型コロナウイルスの恐怖は「複製」にある

この原稿を書いた二〇二一年二月、世界は新型コロナウイルスによるパンデミックの真っ最中である。日本でも昨年四月に緊急事態宣言が出され、五月に解除されたとはいえ、その後も感染状況が続き、一部で再び緊急事態宣言が出されていることは読者諸賢もご存じのとおりである。とはいえ、最初の緊急事態宣言が出されていた一か月半の間は、僕も大学のほとんどの業務を在宅にて行い、実験室での研究がほとんどできないことが辛かったが、現在では研究活動はおおむね元に戻っている。

新型コロナウイルス（正式名称はSARS-CoV-2）が恐ろしいとされているのは、第一に、感染したら重症化して死ぬ人が出てくる一方で、感染してもまったく無症状な人がいるなど、非常に幅広い「表現型」をもつことから、ウイルスの追跡を困難にしている（そもそもウイルスを追跡することなどほぼ不可能なのだけれども）こと。そして第二に、インフルエンザウイルスのように治療薬（といっても実際には単なる対症療法）がなく、ワクチンがまだ普及していないこと。つまり現段階において新型コロナウイルスは、「人々を恐怖に陥れるのに必要な要素」を完備しているのである。

そもそもウイルスは、人々を「病気にする」という現象があって、その原因を突き詰めた先に発見されたという経緯があるから、ウイルスにかかったら「病気になる」というのが当たり前というか、そういうイメージに、人々は長い間、しばられ続けてきた。だから新型コロナウイルスのように、「病気になる」、しかも「重症化する人がいる」ということがわかったウイルスに関して、まさか「無症状」で済む場合があるなんて、最初は専門家でさえも思わなかったことだろう。新型コロナウイルスは、そんなことはお構いなしに、どんどん人々に感染し、その中で指数的に複製をし続けている。しかも彼らは肉眼で見えないから、人々は、「いったいどこでウイルスが増殖してるんだ！　わからない！　怖い！」という思いに捉われてきたのである。

　しかしながら、たしかに一個のウイルスが何万、何十万個にまで一気に複製することは間違いないけれども、だからといって、一人の感染者が何万、何十万人もの新たな感染者を生み出すことはない。なぜならそうして大量に作られたとしても、その多くは体内の免疫系の細胞たちによって処理されるし、たとえ体外に放出されたとしても、その瞬間にウイルスたちは大気中に拡散する。それが太陽光の降り注ぐ外の場所であったら、紫外線に当てることによってほとんどのウイルス粒子は不活性化される。一人の感染者から飛び出したウイルスが、ほかの人を感染させるためには、よく知られているように、くしゃみや咳、おしゃべりなどで口から飛び出した飛沫中に何万個ものウイルスが含まれていて、それを相手が直接吸い込まなければならない。感染者がマスクをしていれば、飛沫の飛び散りを防ぐことができるため、そのリスクはかなり下がる。だから実質のところ、一人の感染者が何人の新規感染者を生み出すかという「実効再生産数」は、二〇二一年二月現在、一前後を推移しているわけである。

　したがって、ウイルス自身の「複製」は、目に見えないという意味で恐ろしげな要素は十分存在するわけだが、僕たちがそれほど恐れるに値するものではないし、むしろ恐ろしいのは、新型コロナウイルスに関する人々の多様な「考え」が、ＳＮＳなどを通じて次々に拡散していくという、「インフォデミック」とも呼ばれる別の「複製」にある。噂話の「複製」がどれだけ恐ろしいかについて、僕たち人間はすでに経験済みである。火星人が襲来したというラジオドラマがパニックを引き起こした事例、岐阜県で発生したとされる「口裂け女」の噂があっという間に全国に拡散した事例など、インターネットが普及する以前からメディアを通じて一気に「複製」された噂話が存在していたことを、僕たちは知っていたはずだった。それにもかかわらず、新型コロナウイルスに関するおかしな噂（二八℃程度のお湯で死ぬとか）が「複製」されたこと、新規感染者に関する誹謗中傷が「複製」されたこと、非常事態宣言でトイレットペーパーがなくなるという噂が「複製」されて、ほんとうにトイレットペーパーが手に入りにくくなってしまったことなど、枚挙に暇がない。インターネットが普及していなければ起こらなかっただろうという事例が、ほんとうにたくさん起きたのが、この「コロナ禍」の実態であった。もはや、ウイルスは関係なかったのである。

　要するに、新型コロナウイルスの恐怖の根源は「複製」という現象そのものであって、新型コロナウイルスにしてみれば、「何を勝手に騒いどんねん」とひとりごちるような現象ではなかったか、というふうに思うのである。

ウイルスはどこにでもいる

「はじめに」で述べたように、新型コロナウイルスをきっかけに、人々の興味・関心がウイルスに対して向けられたというのは、ウイルスを研究している人間からするととてもよいことであると感じたわけだが、その興味・関心が「ウイルスは悪いやっちゃ」という思いから来たというのであれば、看過するわけにはいかない。新型コロナウイルスはたしかに「悪いやつ」かもしれないが、それはあくまでも僕たち人間に対するものであって、もともと彼らにも本来の宿主がいて、共存・共生をしていたウイルスだったはずだからである。

世の中には、さまざまなウイルスがいる。人間に感染するウイルスもいれば、動物に感染するウイルスもおり、植物に感染するウイルスもいて、そして原生生物に感染するものもいる。バクテリア（細菌）にはバクテリオファージというウイルスがいるし、アーキア（古細菌）にもアーキアウイルスがいる。つまりこの世の中には、現段階では「おそらく」という注釈がつくけれども、すべての生物に感染し得るだけのウイルスが存在しているのである。ヒトに感染するものだけでも複数のウイルスがいるということは、それぞれの生物に対しても、感染するウイルスは複数いる可能性は高い。お互いに重複する可能性はあるとはいえ、地球上には生物の種類以上のウイルス、そして生物の個体数以上の数のウイルスが存在するとみて、ほぼ間違いなかろう。

しかも、ウイルスはおそらく、僕たちの身の回りのどこにでもいると思われる。特にウイルスが多いのは、もしかしたらこれは初めて聞く人にとっては意外なことかもしれないが、じつは水の中なのである。海の水、川の水、湖の水、ドブの水、田んぼの水、そして下水に至るまで、ありとあらゆる水環境に、ウイルスは大量に存在することがわかってきている。もちろん空気中に漂う飛沫や飛沫核（エアロゾル）にも存在するし、雲や雨水の中にもいるだろう。ゴホンという咳とともに飛び出した新型コロナウイルスやインフルエンザウイルスは、飛沫とともに空気中を漂い、水分が蒸発するにしたがって小さくなっていく飛沫の中に居続けるものもあれば、そこから脱落していくものもある。脱落していくものの中には、やがて乾燥に耐えられずに不活性化されるもの、机やトイレなどの表面に付着するものがある。こうした物体の表面に付着した後も、ウイルスによっては数時間から数日もの間、不活性化されずに存在し続けるものもいると考えられているが、次の細胞に遭遇しない限り、いずれは不活性化される。

　最近の研究では、健康なヒトの体内にも、じつはつねに、三〇種類以上ものウイルスが存在していることがわかってきた。病気を起こす原因となるようなウイルスもいれば、そうでもないウイルスもいるらしい。彼らは健康なヒトの体内で、もちろん本来は病気を起こすものなので、免疫系とのせめぎ合いの中で活動しているものもあるだろうが、僕たちの正常な生理機能に積極的にかかわっている、いわゆる「いいやつ」もいるかもしれないことが明らかになってきたのである。

　このように、地球環境に普通にいて、じつは生態系において確実に何らかの役割を果たしているウイルスのことを、僕たち研究者は「環境ウイルス」と総称してよぶことにしている。もちろん、新型コロナウイルスやインフルエンザウイルスなど、僕たちに病気を起こす「病原性ウイルス」もまた環境ウイルスの一部であるけれども、ほんとうにそれは「ごく一部」なのであって、地球上に生息する環境ウイルスのほとんどは、ヒトに対して病原性がなく、生物たちとうまく「共生」している連中であると考えられている。

ただ、この「共生」という言葉は、使い方がなかなか難しい。ウイルスにとって宿主というのは、自らのタンパク質を作るための「家」に過ぎず、かつその家はどちらかというと「仮住まい」であって、そこに長居するということはないから、得てしてウイルスは、その宿主細胞を弱らせ、死に至らしめてしまう。細胞とウイルスとの一対一の関係からすれば、「共生」というよりもそれは「寄生」であって、最終的には細胞は弱り、死ぬには違いない（死なないものもいるけれども）。しかしながら、その細胞の「種」と、ウイルスの「種」との関係という長い時間軸をもつ視点からすれば、それは「共生」であり続けてきたのである。

ウイルスの本質は、一つの視点からでは到底理解できるものではなく、複数の視点から眺めてようやくその姿を現してくれるものなのだ。そんなウイルスたちがとてつもない数、息づいているこの地球は、まさに「ウイルスの惑星」とよぶにふさわしいのである。

ウイルスのかたち

とりとめのない話をたくさん述べてきたところで、いよいよ本題の「ウイルスとは何か」に入っていく。まずは、ウイルスというものはどういう「形」をしているのか、教科書的な話にはなってしまうけれども、ここで概観しておきたい。

たとえば新型コロナウイルスは、おおざっぱに説明すると次のようになる。「エンベロープウイルス」とよばれるウイルスの一種であり、ＲＮＡを遺伝子としてもつ「ＲＮＡウイルス」である「コロナウイルス科」に属する。さて、いったいどういうことだろう。

そもそもウイルスというのは、細胞とは異なりサイズがかなり小さく、電子顕微鏡でなければ見えないのが通常である。可視光線のもっとも短い波長よりも小さいわけだから、その大きさもうかがい知れよう。光学顕微鏡ですら見えないからこそ、新型コロナウイルスパンデミックは、さまざまな意味で恐ろしいわけだが、それについては先述した。ではなぜそんなに小さいのかといえば話は簡単で、ウイルスの基本的なかたちが、生物の細胞に比べて極めて単純だからである。

ほぼすべてのウイルスの基本的なかたちは、「核酸」と、それを包む「タンパク質」である（図3）。そうしてできたものをウイルスの「粒子」という。すでに述べたように、核酸にはＤＮＡとＲＮＡがあるが、ウイルスは通常、どちらか一方のみを保有していて、それを遺伝子として使っている。僕たち生物と同じくＤＮＡを遺伝子として使っているものを「ＤＮＡウイルス」、ＲＮＡを遺伝子として使っているものを「ＲＮＡウイルス」という。

その核酸を取り囲むように、「カプシド」とよばれるタンパク質の殻が存在する。核酸と、それを包み込むカプシド。もっともよくあるのが、核酸の周囲を、正二十面体の形をしたカプシドが覆っているという形のものであり、こうしたウイルスを「正二十面体ウイルス」などという。このもっとも基本的な形をした、いわばもっとも単純なウイルスの代表的な例が「ノロウイルス」であろう（図4）。ノロウイルスは、多くの日本人が（いや日本人でなくても）下痢や嘔吐などに苦しめられる、いわゆる

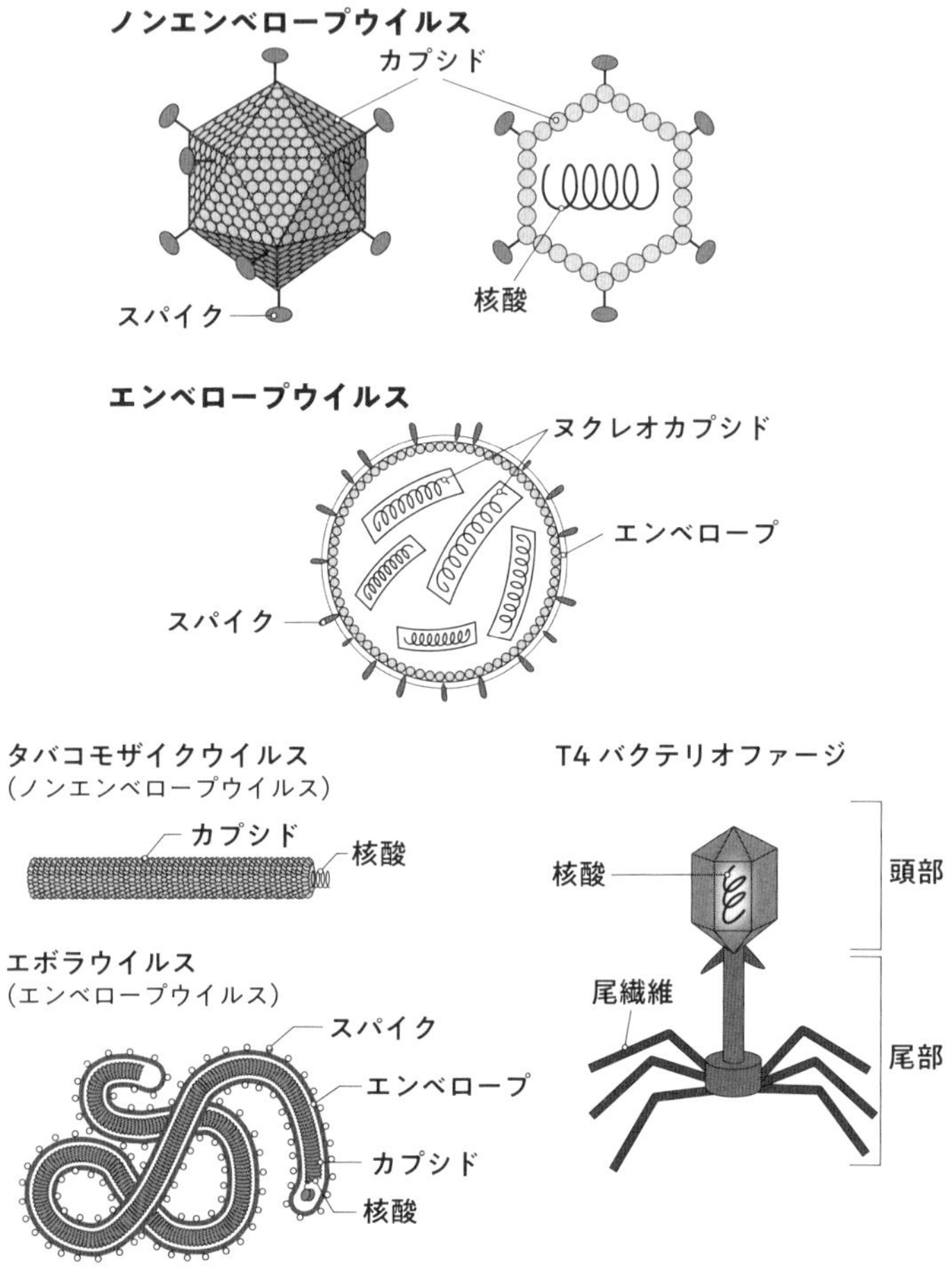

図3：ウイルスのかたち

ウイルスは、その基本的な形として、核酸をタンパク質の殻（カプシド）が包み込んだもの（ノンエンベロープウイルス）と、そのさらに外側を脂質二重層でできたエンベロープが包み込んだもの（エンベロープウイルス）に分けられる。またその形状として、正二十面体（あるいは球形）のもの、紐のように細長いもの、宇宙船のような複雑な形をしたものがある。

［参考資料：武村政春・宮沢孝幸監修『ずかん ウイルス』技術評論社／「Viral Zone」(https://viralzone.expasy.org/)］

「胃腸風邪」の原因ウイルスのひとつだ。タンパク質の殻が外側にあるため、このウイルスにはアルコールは効かない。このウイルスを殺す、いや正確にいうとウイルスは「生きていない」から殺すというよりも「不活性化させる」といった方が正しいが、そのためにはこのカプシドのタンパク質を変性させる必要があり、アルコールにはその力はない。ノロウイルスの不活性化によく用いられるのは次亜塩素酸ナトリウムで、そういう力がある。なおDNAウイルスにもRNAウイルスにも、正二十面体ウイルスは存在する。

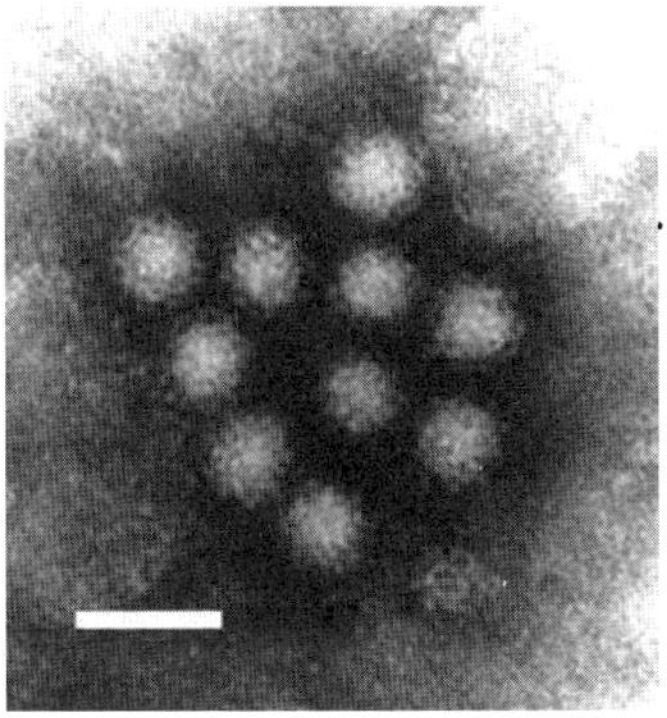

図4：ノロウイルス

一方において、ウイルスの中には、この基本的なかたちに加えて、さらに「エンベロープ」という構造を保有しているものが少なくない（図3）。エンベロープは脂質の膜でできており、この膜は細胞膜と基本的には同じ構造（脂質二重層）をしている。そのためこうしたウイルスには、自身のエンベロープを細胞膜と融合させるようにして入り込むものもいれば、細胞の中に細胞膜由来の膜をもつ小胞「エンドソーム」に包まれるようにして入り込んだ後、そこでエンドソームの膜と融合して中身だけを細胞質に放出するものもいる。こうしたウイルスは、脂質でできたエンベロープが細胞に感染するのに重要な役割を果たすので、脂質の膜を壊すような物質、それこそアルコールや、石鹸に含まれる界面活性剤などによって不活性化させることが可能である。こうしたウイルスを「エンベロープウイ

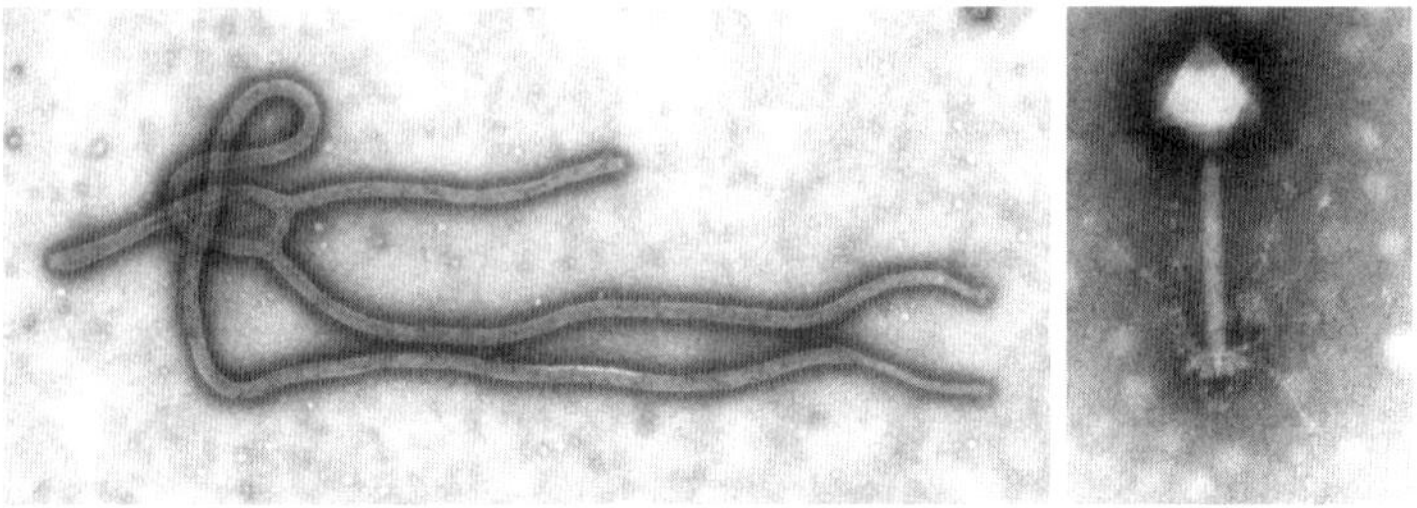

図５：エボラウイルスとバクテリオファージ

[引用（右・バクテリオファージ）: The Third Age of Phage. Mann NH, *PLoS Biology* Vol. 3/5/2005, e182 doi:10.1371/journal.pbio.0030182]

ルス」といい、先ほど述べた、エンベロープをもたないノロウイルスのようなウイルスは「ノンエンベロープウイルス」という。

エンベロープウイルスの中には、正二十面体のカプシドをその内側にもたないようなウイルスもいる。たとえばインフルエンザウイルスやコロナウイルスはそのよい例で、彼らのカプシドは正二十面体ではなく、核酸であるＲＮＡ（彼らはどちらもＲＮＡウイルスである）にまとわりつくようにして存在し、「ヌクレオカプシド」もしくは「リボ核タンパク質粒子」という状態になっており、その周囲がエンベロープで取り囲まれているといった形をしている（図３）。

また、エボラウイルスやマールブルグウイルスに代表される「フィロウイルス科」というウイルスの仲間は、ミミズのような細長い形をしていることで有名である（図５）。「フィロ」というのは「繊維状の」という意味だ。彼らもＲＮＡウイルスで、ＲＮＡを取り囲むように、カプシドがらせん状に細長く取り巻いており、それをさらにエンベロープが取り巻いていることで、ミミズのような細長い形になっている。

バクテリアに感染するウイルスである「バクテリオファージ」には、バクテリアの分厚い細胞壁にとりつき、その内部にＤＮＡを注入するために、特殊な形へと進化したものがいる。Ｔ４バクテリオファージとよばれるウイルスは、まるで宇宙船か何かのような形をし、ＤＮＡを詰め込んだ正二十面体に近い形の頭部に、尾部とよばれる〝胴体〟のような部分と、その先に「尾繊維」とよばれる〝肢〟のようなものがついている（図5）。この肢でバクテリア表面に結合し、尾部の先端（つまりまあ、お尻だ）をぐさりと突き刺して、バクテリアの内部にＤＮＡを注入する。

　このように、ウイルスと一言でいっても、その形は千差万別である。二一世紀になってから研究が盛んになったアーキアウイルスに関しては、さらにその形の多様性が「すごすぎる」ことが明らかになっている。正二十面体のものもいれば、繊維状のものもいれば、ボトルのような形をしたもの、引きちぎれた餅のような形をしたもの、釣り鐘のような形をしたものなど、現在までに知られているものだけでもさまざまな形がある。今後もどんどん、新しい形のウイルスが見つかってくることは間違いない。

　さてこれまでも述べてきたように、エンベロープウイルスにせよ、ノンエンベロープウイルスにせよ、そしてどんな形をもったウイルスであるにせよ、生物の細胞の中に入り込んでそこで増殖することには変わりない。なぜ、ウイルスが細胞の中に入り込まなければならないかといえば、先述したように、そこには、ウイルスもまた生物と同じく「タンパク質」からできていることが大いに関係しているのであった。

タンパク質合成装置

自然界においてタンパク質を合成することができるのは、唯一、「リボソーム」とよばれる、生物の細胞内に存在する小さな小さな構造体である。この構造体は、複数の種類のＲＮＡ（リボソームＲＮＡ：ｒＲＮＡ）と数十種類ものタンパク質（リボソームタンパク質）からできている。リボソームをもつというのは、すべての生物の細胞における共通の性質で、生物界でもっとも単純な細胞（バクテリアの一種）でもいえることである。言い換えれば、自然界においてリボソームは細胞の中、しかも細胞質の中にしか存在しない。だから、自然界においてタンパク質を作ることができるのはリボソームだけであり、ということは、タンパク質を作ることができるのは細胞だけだということである（少なくとも現時点では）。

ウイルスは細胞とは異なり、その粒子の中に、リボソームをもっていない。リボソームをもたないがゆえに「細胞ではない」と考えられているという面もあるが、とにかくウイルスにはリボソームがない。だからウイルスは、その粒子の中でタンパク質を作ることができない。

ウイルスの粒子の中にリボソームがあるかないかに関していうと、じつは例外があって、「アレナウイルス科」という仲間のウイルスは、そのカプシドの内部にリボソームをもっている。といってもそのリボソームは、宿主の細胞から飛び出すときに宿主のものを〝持ち逃げ〟したものである。アレナウイルス自身のリボソームであるというわけではないので、「アレナウイルスはリボソームをもつウイルスだ」と堂々といえないところが、例外であって例外でないともいえる。

そもそもリボソームにも、それを作るための遺伝子が必要である。ｒＲＮＡの遺伝子と、リボソームタンパク質の遺伝子だ。これらの遺伝子を「ゲノム」（遺伝情報のすべてのこと。いうなれば、全ＤＮＡのことである）にもっていないと、ソレはリボソームそのものを作ることができない。ウイルスにはこれらの遺伝子はないため、リボソームを作ることは不可能である。しかしウイルスも、自らの遺伝子を包み込むためのタンパク質（カプシドタンパク質）を必要とする。どこかでそのタンパク質を作ってもらわなければならない。自ら作れないとすれば、あとはリボソームをもつ「他者」である細胞に作ってもらうしかない。

　これが、ウイルスが強力な「他者依存」であって、僕たち生物の細胞に「感染」する理由である。ウイルスは僕たち生物の細胞に感染し、そのリボソームを〝横取り〟して自身のタンパク質を大量に作らせることではじめて、自らを大量に「複製」、すなわち「増殖」することができるのである。

　リボソームでタンパク質が作られる様というのは、先ほど述べた「複製」の様相で考えると、明らかに「オリジナルがコピーされる」複製であるといえる。リボソームにおいて鋳型となるべきなのは、遺伝子が転写されて作られる「メッセンジャーＲＮＡ（ｍＲＮＡ）」とよばれるＲＮＡであり、その情報をもとにリボソームはタンパク質の材料であるアミノ酸を結合させていき、その重合物であるタンパク質を作っていく。オリジナルにあたるのはｍＲＮＡに書き込まれた遺伝情報で、それが「コピー」されて作られるのがタンパク質だ。この複製様式は、タンパク質が一個ずつ、ちまちまと作られるコピー様式にすぎないが、僕たちが感じることができないほど短時間で生じるため、大量のタンパク質があっという間にどんどん作られていく。その意味で、この「タンパク質の複製」過程というのは、一個のウイルスが一気に大量の〝子〟ウイルスを作る複製過程を彷彿とさせるが、オリジナル（RNA）と複製産物（タンパク質）の種類が違うという大きな違いがあるがゆえに、似ても似つかない複製過程であるともいえる。

しかし、そうして大量に作られたタンパク質を使って、〝子〟ウイルスが一気に大量に作られて、細胞の外へと飛び出していく。

タンパク質を合成するレベルでは、オリジナルからコピーが作られるという、前者と後者の価値がまったく異なるタイプの複製が起こるものが、巨視的なレベルで見ると、オリジナルから大量の別のオリジナルが作られるタイプの複製となっている。これこそ、ウイルスが見せる「混合型」の複製なのである。

ウイルスゲノムの複製

タンパク質とは異なり、ゲノムDNA（あるいはRNA）の複製様式は、生物であろうとウイルスであろうと、オリジナルから新たなオリジナルが作られるタイプの複製である。

ウイルスにとって、タンパク質を大量に作らせただけでは「増殖」したことにはならない。そのタンパク質を使い、もしくはそのタンパク質を組み立てて、基本的なかたちを踏襲した完全なウイルス粒子を作り上げる必要がある。完全なウイルス粒子の中には、核酸がある。タンパク質だけではなく、その内側に囲い込まれるであろう遺伝子、すなわちウイルスゲノムもまた、大量に作られなければならない。それがウイルスゲノムの「複製」である。

ウイルスには、ＤＮＡを遺伝子（ゲノム）として用いているＤＮＡウイルスと、ＲＮＡを遺伝子（ゲノム）として用いているＲＮＡウイルスがいる、という話を先ほどもした。ＤＮＡもＲＮＡも、複製の基本的なメカニズムは同じである。

ＤＮＡウイルスの場合、そのゲノムの複製は、僕たち生物の細胞と同じく、ＤＮＡポリメラーゼとよばれる酵素タンパク質によって遂行される。ＤＮＡポリメラーゼには、鋳型となるＤＮＡの塩基配列をそっくりそのまま再現するようにして、ＤＮＡの材料であるヌクレオチドを重合させていくという反応を触媒する能力が備わっているため、寸分の狂いもなく（とはいっても、じつは時々、ごくまれに狂う）ＤＮＡを複製することができる。ウイルスゲノムの複製は、もちろんウイルス自身がもっているＤＮＡポリメラーゼによって起こることがほとんどだが、たまにＤＮＡポリメラーゼをもっていないウイルスもいる。そういうウイルスは、おそらくリボソームだけでなくＤＮＡポリメラーゼもまた宿主のものを〝拝借〟して、ゲノムの複製を行っていると考えられている。

ＲＮＡウイルスの場合、そのゲノムを複製するためには、ＲＮＡ依存ＲＮＡポリメラーゼとよばれる酵素（僕たち生物がもっているのはＤＮＡ依存ＲＮＡポリメラーゼであり、それと区別するためにそうよばれる）が必要であり、これもまたほとんどのＲＮＡウイルスがその遺伝子を自分でもっている。ＲＮＡ依存ＲＮＡポリメラーゼは、ＲＮＡを鋳型として、これまたその塩基配列をそっくりそのまま再現するようにして、ＲＮＡの材料であるヌクレオチドを重合させる。現在も話題になっている「アビガン錠（ファビピラビル）」は、インフルエンザウイルスのＲＮＡポリメラーゼを阻害する物質であり、同じ

RNAウイルスであるエボラウイルスや新型コロナウイルスにも効くのではないかと期待されているわけだが、残念ながら二〇二一年二月現在、アビガン錠が新型コロナウイルスに対して効果があるとの明瞭な治験結果はない。

いずれにしてもウイルスゲノムは、宿主の細胞の中で、DNAポリメラーゼもしくはRNA依存RNAポリメラーゼにより行われる指数的な複製によってその数を増やす。昔のガマの油売りよろしく、一本が二本、二本が四本、四本が八本という具合にどんどんゲノムが増えていく。微視的な視点で見ると、ウイルスゲノムもまた、順当に「オリジナルが新たなオリジナルを生み出す」というタイプの複製で増えていくのであるが、そうして増えたゲノムが、「オリジナルがコピーを大量に作り出す」というタイプの複製によって大量に作られたタンパク質と共に、子ウイルス粒子を形作るのである。ウイルスの複製は「混合型」であると述べたけれども、微視的な視点においてもまた、ウイルスゲノムの複製とウイルスタンパク質の合成というタイプの異なる複製が組み合わさっていることになる。

細胞とウイルスの複製の仕方の違いは、じつはこのゲノムの複製の仕方と大きく関わりがある。細胞の場合、ゲノムが複製されて一本（というより一セット）が二本（二セット）になると、それに引き続いて細胞自体の分裂が起こる。その結果、一個の細胞に二セットのゲノム（正確には、僕たちヒトなどは二セットのゲノムがそもそも一個の細胞にあるのが普通だから、複製されると四セットになる）があった状態から、分裂によってすぐに、一個の細胞に一セットのゲノムがある状態に「戻る」ことになる。これが順当に起こって細胞が増えていくので、生物の細胞というのは時間をある程度かけながら、二倍、二倍と増えていくのである。車を例にとると、一台分の車の部品をまず一揃いそろえた上で、その車を一台作る。一台車を作ったら、次の車の部品にとりかかり、それが一揃いそろった後、その車をまた一台組み立てる、というのがこの方法である。

しかしながらウイルスの場合、ゲノムが複製された一本が二本になったところで、新しい〝子〟ウイルス粒子が二個出てくる、といった感じの増殖の仕方ではまったくなく、ゲノムがある程度大量に複製された後になって、その分の〝子〟ウイルスが一気に作られる、という仕方で増えてくる。車を例にとると、一万台分の部品をすべて整えてから、一気に一万台の車を組み立てる、というのがこの方法なのである。

このように、生物とウイルスは、その複製方法が大いに異なる。分子の視点における複製のしくみは同じだが、巨視的には違う。これもまた、生物とウイルスを分ける大いなる点、ということになるのだろう。

ウイルスの分類

生物とウイルスの違いは、もちろんこれまで述べてきたような構造上の違い、複製上の違いというものはあるけれども、そもそもそういう違いをもたらす根本的な理由である、彼らの起源に関する重要な違いというものがある。すなわち、生物はどうやって誕生したのか、そしてウイルスはどうやって誕生したのかという点である。

重要な点をここで挙げておくと、すべての生物はＤＮＡを遺伝子としてもっているのに対して、ウイルスはＤＮＡをもつものとＲＮＡをもつものに大別されるということである。さらにＤＮＡを遺伝子としてもつウイルスであっても、すべての生物は二本鎖ＤＮＡをもつのに対して、ウイルスの場合は二本鎖ＤＮＡをもつものと、一本鎖ＤＮＡをもつものがあったりするということ。ＲＮＡウイルスの場合も、二本鎖ＲＮＡをもつものと一本鎖ＲＮＡをもつもの、さらに一本鎖ＲＮＡウイルスの中でも、「プラス鎖」とよばれる、それ自身が遺伝情報を保有していてｍＲＮＡとしてはたらけるＲＮＡをもつものと、「マイナス鎖」とよばれる、いったん転写してプラス鎖を作る必要があるＲＮＡをもつものがあったりする（図6）。

すべての生物はＤＮＡを遺伝子としてもつが、これはすべての生物が共通する祖先をもち、その祖先生物からさまざまに種分化し、多様化して現在の生物の世界を築き上げたということをも意味している。遺伝子の本体としてどの物質を用いるのかは、その生物の生き方の根本にかかわるものであり、一朝一夕に変えることができるものではなく、一本しっかりと通った柱として、連綿と生物たちに受け継がれてきたものであるはずだからである。したがって、二本鎖ＤＮＡをもっていたり、一本鎖ＤＮＡをもっていたり、二本鎖ＲＮＡをもっていたりといったウイルスの多様さは、言い換えるとその祖先を共通してもっていないということを示唆しているのだ。同じウイルスといっても、ＲＮＡウイルスであるインフルエンザウイルスとＤＮＡウイルスであるヘルペスウイルスは、おそらくその出自がまったく違うということであるし、同じＲＮＡウイルスであっても、マイナス鎖ＲＮＡウイルスであるインフルエンザウイルスと、プラス鎖ＲＮＡウイルスであるコロナウイルスもまた、その出自が大きく異なるということである。

現在のウイルス分類の基本は、この「遺伝子としてどのような核酸をもっているか」と、「その遺伝子をどう利用して複製するのか」を基準としている。ノーベル生理学・医学賞受賞者デイヴィッド・ボルティモアが提唱した「ボルティモア分類」によると、これまでウイルスは、大きく七つのグループに分けられてきた。その七つのグループとは、

第一群：二本鎖DNAウイルス
第二群：一本鎖DNAウイルス
第三群：二本鎖RNAウイルス
第四群：一本鎖（プラス鎖）RNAウイルス
第五群：一本鎖（マイナス鎖）RNAウイルス
第六群：一本鎖RNA逆転写ウイルス
第七群：二本鎖DNA逆転写ウイルス

である。

ただ、ウイルスの分類は現在、「国際ウイルス分類委員会：International Committee on Taxonomy of Viruses」という国際的な組織によって正式に検討、登録されるしくみになっていて、二〇一九年に発表された最新の分類では、詳細はここでは省くけれども、ボルティモア分類をベースとしながらも、単に上記七群に分けるのではなく、より上位のくくりを新設し、科や亜科のレベルを改変するなど、やや異なる分類が成されている。たとえば、それまでは「目」までしか設定されていなかったものが、

DNA ウイルス	**第 1 群 2 本鎖 DNA**（dsDNA） 	アデノウイルス、単純ヘルペスウイルス、天然痘ウイルス、腸内細菌ファージ T4、ミミウイルスなど
	第 2 群 1 本鎖 DNA（ssDNA） 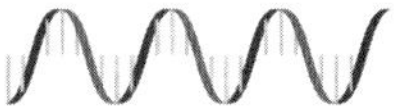	アデノ随伴ウイルス、パルボウイルスなど
RNA ウイルス	**第 3 群 2 本鎖 RNA**（dsRNA） 	ロタウイルス、レオウイルスなど
	第 4 群 1 本鎖プラス RNA （ssRNA（＋）） 	ヒトライノウイルス、ヒトコロナウイルス、C 型肝炎ウイルス、日本脳炎ウイルス、風疹ウイルス、タバコモザイクウイルスなど
	第 5 群 1 本鎖マイナス RNA （ssRNA（－）） 	インフルエンザウイルス、麻疹ウイルス、ムンプスウイルス、エボラウイルス、狂犬病ウイルスなど
レトロ ウイルス	**第 6 群 1 本鎖 RNA 逆転写** （ssRNA-RT） 	ヒト免疫不全ウイルス、ヒト T 細胞白血病ウイルス、ラウス肉腫ウイルスなど
	第 7 群 2 本鎖 DNA 逆転写 （dsDNA-RT） 	B 型肝炎ウイルス、カリフラワーモザイクウイルスなど

図 6 ：ウイルスの分類

ボルティモア分類によると、ウイルスは 7 つの群に分けられる。

より上位の「綱」や「門」に該当する分類群が設定されている。

これは僕の穿った考えなのかもしれないが、ウイルスの世界が徐々に明らかになるにつれ、ウイルスの分類の世界にも、生物の分類体系に似た流れを作り出そうとする動きが出てきたのではないかと思っている。僕たち生物には共通祖先がいて、その共通祖先が順に分岐するような形で、ドメイン（超界）、界、門、綱、目、科、属、種と上位から下位に向けて多段階の分類がなされるような進化が起こってきたわけだが、ウイルスの世界でも同様な進化が起こり、さまざまな種のウイルスが（ウイルスの種というのは定義付けが難しいが）誕生してきたことが明らかになるにつれ、その多様性を説明するためにより上位の分類付けが必要になってきたものであろう。しかし、ウイルスはまだまだわからないことだらけである。ウイルスの分類体系というのはこれまでにもたびたび変化してきたし、おそらくこれからも変化し続けていくに違いない。

ようやく僕たちは、ウイルスのことを真にわかろうとしているのかもしれない。新型コロナウイルスの脅威にさらされることによって、ウイルスのことを知ろうというムーヴメントは起こっているに違いないが、心の中では、みんなウイルスのことを知りたいと、じつはこれまでも思っていたに違いない。それは、好奇心というものをもつことができた生物、ホモ・サピエンスの特権であるともいえる。その特権を無にする必要はこの際、まったくないのである。

見知らぬウイルスのことを知る。目に見えないけれども、この地球生態系を、じつは支配しているウイルスたちの世界を知る。そして、そのウイルスたちのささやき声を聞く。じつに楽しく、わくわくすることではないだろうか。

第2章 ミミウイルス論
――ウイルスの戦略

あるときふと、それまでの考え方、見方を変えたとたんに、それまで見えていなかった新しい世界が見えだす。そういった経験は、多くの人に共通するものであるともいわれるが、僕自身にはあまりそうした経験はない。たとえば、普段泳ぎにいく海がずいぶん汚いなあと思っていたら、あるときたまたま行った別の海がものすごく汚くて閉口し、再び普段の海に行ったら天国の海かと見紛うばかりの美しさに見えた、なんてことは、残念ながら僕には経験として存在しない。ただ、「今までそんなふうに見たことはなかったなあ」といった感想をもつことは、ふと過去の思い出を脳内で検索すると、一つや二つは出てくるものである。そして冷静に考えてみると、非常によい例を、僕はいま眼前に見ていることに気がついたのだ。

ミミウイルスというウイルスは、新型コロナウイルス以上に、人々のウイルスに対する考え方を大きく変えるきっかけとなるべき存在であった。それは、ウイルスに対する人々の主要なイメージである「有毒なもの」、「病気を起こすもの」、「電子顕微鏡でなければ見えないほど小さいもの」、そして

「生物よりも単純なもの」といったものが、じつに僕たちの「思い込み」にすぎなかったということを、僕たちに問いかけるものであるはずだった。

しかし人間たちは、いまだにそうしたイメージから抜け出せないでいる。いまだに、数あるウイルスのうちのたった一つにすぎない新型コロナウイルスの「感染拡大」という名の「複製」を、まるで地獄の業火に焼かれるかのように闇雲に恐れる人々の姿が暴き出される社会が、今ここにあるではないか。

ミミウイルスのように複雑なウイルスは、じつはほかにはない。むしろそれは、ウイルスというよりも生物であると考えた方がよいのではないかとさえ思えるほどに。

複雑なウイルスとはいったいなにか。ウイルスというのは、いったいどんな存在なのか。本章では、ミミウイルスの姿を通じて、これまで見えていなかったウイルスの姿に、徐々に、しかしながら確実に、迫っていこう。

素人がウイルス学を始めたワケ

僕が初めてウイルスに対して興味をもったのは、じつは二一世紀になるかならないかの頃である。僕はもともと、大学では農芸化学を学び、大学院ではがん細胞学を学んだのであって、ウイルスに対する最初の研究を成し遂げようとしていた二〇〇〇年当時は、ウイルス学の「ウ」の字も学んだことのない、いわばウイルス学の「ド素人」であった。そんなド素人が、ウイルス学の世界に片足を突っ込む気になったのは、たまたまあるウイルスのある遺伝子が、僕が解析しているデータの中に入り込んできたことがきっかけだった。

名古屋大学大学院医学研究科の博士課程に在籍していたとき、僕は当時の吉田松年教授の下で、がん細胞の性質についてＤＮＡ複製酵素であるＤＮＡポリメラーゼの観点から研究を行っていた。具体的にいうと、仔牛胸腺から精製したＤＮＡポリメラーゼを材料に、その酵素活性を促進するタンパク質に関する生化学的な研究を行っていたのである。そのタンパク質とは「Ｒｂタンパク質」とよばれるタンパク質で、網膜芽細胞腫というがんの原因遺伝子（欠失することによってその細胞ががん化するので「がん抑制遺伝子」である）として知られていたものだった。このタンパク質は、リン酸化とよばれる修飾が起こるとそのはたらき（細胞のがん化を抑えるというはたらき）を失うことが知られていたが、僕はそのリン酸化されたＲｂタンパク質は単にがん化を抑えるというはたらきを失うだけでなく、ＤＮＡポリメラーゼの活性を上げるという、積極的なはたらきを新たに獲得して、がん化を促進しているのではないか、と考えていたのである。論文も発表したし、学会でも発表したのだったが、当時のＲｂタンパク質研究の大御所とよばれていたとある有名研究者に「到底信じられない」とコキ落とされ、じつはかなりヘコんでいたのであった。

なんとか学位を取得し、吉田先生の研究室で助手に採用されはしたものの、どうにもこの研究の将来性が見えずにウジウジしていた二〇〇〇年頃のこと。それまで行っていた生化学的研究以外の研究をしたくなった僕は、あるときふと、ＤＮＡポリメラーゼの進化というものに食指を伸ばし、当時明らかになっていたすべての（といってもほんとうにすべての種を網羅できたわけではなかったが）生物と、あ

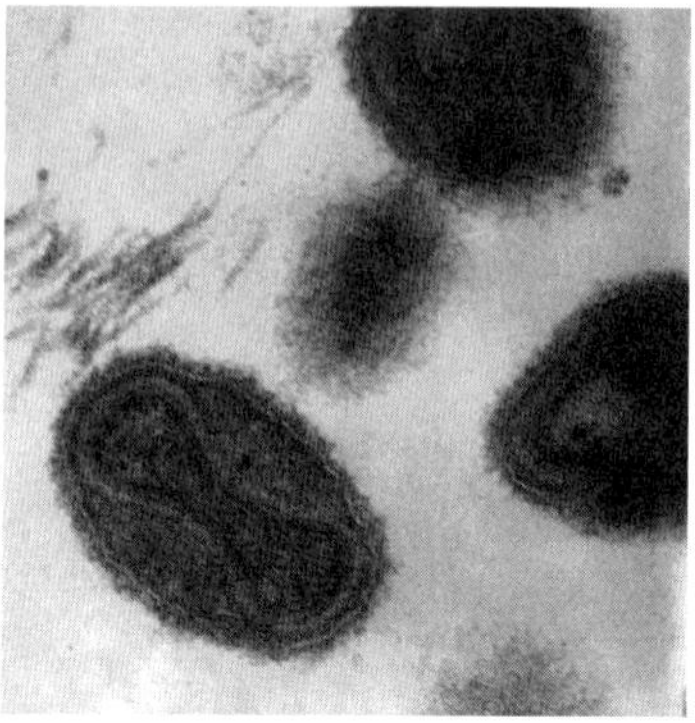

図7：天然痘ウイルス

とはDNAポリメラーゼをもっているのはDNAウイルスだったから、それらのDNAポリメラーゼを網羅した分子系統解析を行ってみたのである。要するに、大げさな物言いかもしれないが、時々自らの研究に嫌気がさすという悪癖があった僕は、ついに教授にナイショで行動を起こしたというわけだ。その不届きな行動の結果、真核生物のα《アルファ》、δ《デルタ》、ε《イプシロン》の三種類のDNAポリメラーゼのうちDNAポリメラーゼαが、おもしろいことにポックスウイルスという、その当時もっとも大きく複雑であると考えられていたウイルスのDNAポリメラーゼと「比較的」近い、ということがわかったのである。この場合「近い」というのは、真核生物のDNAポリメラーゼαとポックスウイルスのDNAポリメラーゼαの塩基配列（あるいはアミノ酸配列）が他との比較に比べてよく似ているという意味である。配列が近いということは、進化的にも系統的にもつながりがある可能性が高い、ということを意味する。

ほほう、と思った僕は、名前しか聞いたことがなかったポックスウイルスのことを調べ始めた（図7）。天然痘ウイルスに代表されるこのウイルスの仲間（ポックスウイルス科）は、ウイルスの中でもっとも粒子のサイズが大きく、さらにゲノムサイズも大きく、しかも興味深いことに、宿主の細胞の「細胞質で複製する」というではないか。ウイルスが細胞のどこで複製するものなのかさえ知らなかった僕は、「細胞質で複製する」と聞いても「へえ」くらいにしか思わなかったが、その後調べていくうちに、ウイルスの中には「細胞核で複製する」もの、「細胞質で複製する」もの、そして「両方で複製する」ものなど、さまざまなタイプがあることを知った。

そして、僕はこう考えた。もしかすると、ポックスウイルスの祖先が、当時感染していた宿主の細胞に自らのDNAポリメラーゼ遺伝子を水平移動させ、それが僕たちのDNAポリメラーゼαの祖先になったのではないか、と。そしてそのとき、DNAポリメラーゼα（の祖先）がはたらく場としての「細胞核」をも、僕たちの祖先の細胞にもたらしたのではないか、と。

無知というのは恐ろしいものである。当時は後輩にすら「武《たけ》さんって、ものを知らないよね」といわれるくらい無知だったらしいが、それは今の僕にもあてはまると自分では思っている。当時、真核生物のDNAポリメラーゼ三種がどのように進化したかについてはすでに先行研究があり、遺伝子重複によって、祖先型のDNAポリメラーゼ（おそらくε）から〝コピー〟が生まれ、それがαとδになったと考えられていた。それに反旗を翻した格好になったわけで、今から思うと怖いもの知らずというかなんというか、分子系統解析も今のレベルから見たらほんとに稚拙なものであって、穴があったら入りたいレベルの非常に乱暴な議論であった。なにしろ、まさかDNAポリメラーゼという、生物にとってもっとも重要な遺伝子がウイルスに由来するだなんて、そんなことは誰も考えていなかったし（その後、DNAポリメラーゼはじつはウイルスに由来するかもしれないというアメリカのヴィラリール博士らの論文が、すでに二〇〇〇年に出ていたことを知った）、ポックスウイルスが僕たちの祖先の細胞に感染し、感染したウイルスがそのまま細胞核になるには、形の大変革が必要だったからである。その部分を濁したまま提出した論文は、僕にとっては驚くべきことに、分子進化の中堅雑誌である米国の学術誌『Journal of Molecular Evolution』に受理されてしまったのだった。

「こんな研究でも論文になるんだネエ」という同僚の言葉を受け流しつつ、密かにほくそ笑んだその四か月後には、同じ学術誌に、オーストラリアの微生物学者フィリップ・ベル博士が、同じくポックスウイルスが真核生物の細胞核の祖先を作ったのだとする論文を発表した。ベル博士とはまったく面識がなく、向こうも僕のことは知らなかったはずであるが、くしくも世界のまったく異なる二か所（ただし経度はほぼ同じ。日本とオーストラリアだから）において、ほぼ同時に同じ考え方が提唱されたというのは、僕としては（今から考えると）感慨深いものがある。ベル博士はいざ知らず、僕の場合はなにしろ、ほんとうに「ド素人が手を出した」類の論文だったわけだから。しかも分子系統解析についても超ド素人だったわけだから。実際、二〇一三年頃のことだったか、分子系統解析の専門家にこの二〇〇一年の論文の話をしたところ、解析に用いたアミノ酸配列の長さが「短すぎますねこりゃ」、とあっさりといわれてしまったのであった。

巨大ウイルスとミミウイルス

思ったとおり（というとベル博士には怒られるかもしれないが）、僕とベル博士の論文は、じつは長い間日の目を見ず、両方ともほぼ「無視」されていた。論文が無視されるというのは、ほかの論文にまったく引用されないという意味である。僕の場合、当時はまあそれほど思い入れのある論文ではなかったから、メインの仕事でもなかったし、無視されようがドブに捨てられようがよかったのだが。

ところが二〇〇三年、*Acanthamoeba polyphaga mimivirus*（ＡＰＭＶ：ミミウイルス）とよばれるウイルスがイギリス・ブラッドフォードの水から発見されると、どうやら少しずつ状況が変わってきた。ミミウイルスはその後、それまでのウイルスに比べて、粒子のサイズもゲノムサイズも極めて大きく、「巨大ウイルス」とよばれるようになった（図8）。

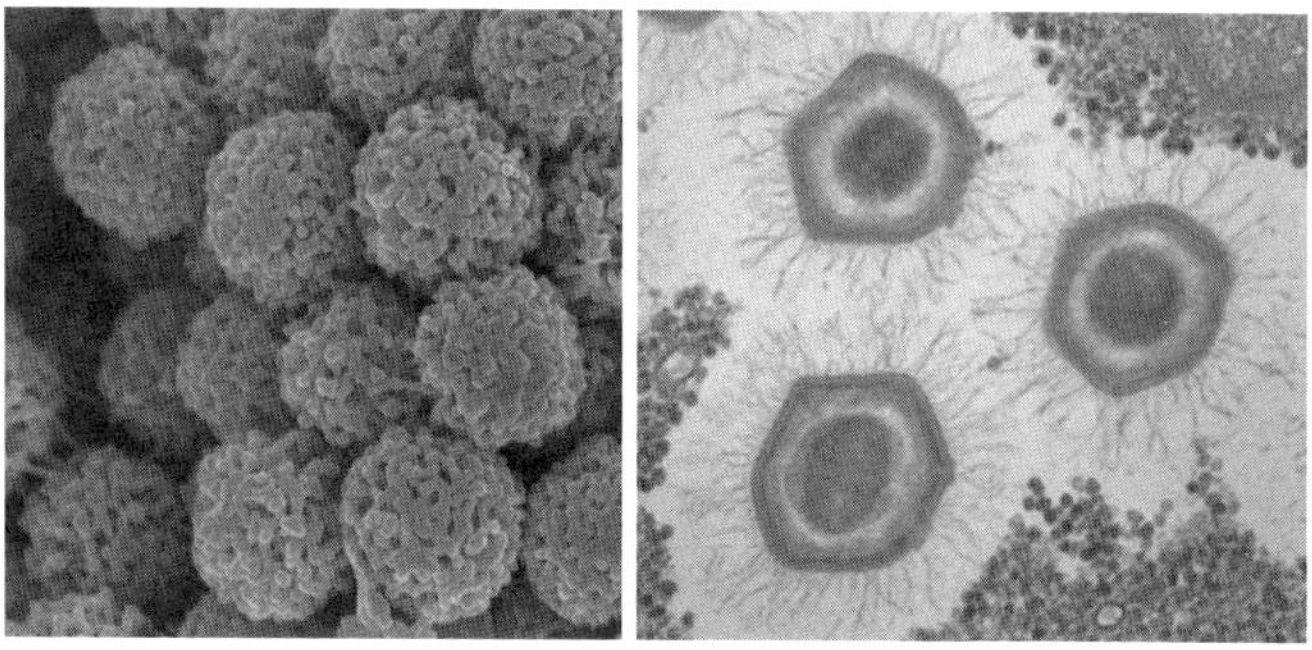

図8：ミミウイルス

日本で分離された *Mimivirus shirakomae* の、走査型電子顕微鏡像（左）と透過型電子顕微鏡像（右）。

［写真：東京理科大学武村研究室］

巨大ウイルスというのは、いわば「俗称」であって正式な名称ではない。正式な分類名（とはいえこれも通称名だが）でいえば、「核細胞質性大型ＤＮＡウイルス」に含まれるいくつかのウイルスの仲間、ということになる。ウイルスの名前や分類は、ウイルス学者がつくる国際的な組織「International Committee on Taxonomy of Viruses（ＩＣＴＶ）」すなわち日本語でいえば「国際ウイルス分類委員会」に正式に登録されることで決められる。現在、核細胞質性大型ＤＮＡウイルスは、「phylum *Nucleocytoviricota*」とよばれる分類群として位置づけられている（phylumとは生物分類でいう「門」に該当するので、日本語でいえばさしずめ「核細胞質性ウイルス門」といったところだろう）。

このウイルスのグループには、現在七つの科（Family）が含まれる。「ポックスウイルス科」、「イリドウイルス科」、「アスファウイルス科」、「アスコウイルス科」、「フィコドナウイルス科」、そして「ミミウイルス科」、「マルセイユウイルス科」だ。これらのうち「巨大ウイルス」と俗にいわれるのは、ミミウイルス科とマルセイユウイルス科の二科である。このグループのウイルスの特徴は、タンパク質でできたカプシドの内側に、細胞膜と同じ成分でできた「脂質二重層」が存在し、それがゲノムＤＮＡを取り囲んでいるということと、ゲノムサイズや粒子サイズが、それ以外のウイルスに比べて大きいということである。

二〇〇三年に発見されたミミウイルスは、正確には一九九二年に、イギリスのロウボサム博士らにより、すでに論文として報告されていた。ただしそこでの扱いは、「アカントアメーバ」というアメーバの一種の中で生きる新規な寄生（あるいは共生）バクテリアというものであった。というのも、これまでにもアカントアメーバに寄生するバクテリアがいることは知られていたし、何よりミミウイルスはその大きさが、ウイルスだったとしたら尋常ではなく、電子顕微鏡を使わず、光学顕微鏡で十分見えた（粒子サイズは五六〇ナノメートル以上）ということから、ロウボサムらがそれをバクテリアだと思ってしまったのも無理はなかったのである。しかもバクテリアの染色法としてすでに手法が確立されていた「グラム染色」によって染まったというのだから、ますます「新しいバクテリア」とみなす状況証拠が揃うことになる。ちなみに宿主であるアカントアメーバは、田んぼなど身の回りの水に普通に生息しているアメーバだが、目に入るとアカントアメーバ角膜炎などを引き起こす病原性微生物として知られている。

さて、こうして「新しいバクテリア」が見つかったわけだけれども、じつは遺伝子を調べていくと、生物だったら必ずなくてはならないリボソーム関連遺伝子がなく、さらなる一〇年の研究の後、この大きな生命体がバクテリアなどではなく、れっきとしたウイルスであることが、フランスの微生物学者ラ・スコラ博士らの研究によって解明されたのである。ミミウイルスの「ミミ」とは、「ミミック（mimic）：模倣する」からとられた名称で、研究者の目から見たら、それはまるで、ほんとうにバクテリアを模倣しているかのように見えたことだろう。そして翌二〇〇四年には、ミミウイルスの全ゲノムが解読され、ゲノムサイズがなんと、ウイルスとしては初めて一〇〇万塩基対を超え、およそ一二〇万塩基対もあることが明らかとなった。

ミミウイルスには、粒子の大きさ（五六〇ナノメートル以上）、ゲノムサイズの大きさ（およそ一二〇万塩基対）以外にも、いくつかのおもしろい特徴が備わっていた。

第一に、ミミウイルスの表面を覆う、無数の「毛」である。毛といっても僕たちの毛髪とはまったく性質も物質的主体も異なり、およそ八〇ナノメートル程度の長さをしていて、タンパク質とペプチドグリカンでできていると考えられており、表面繊維とよばれている（僕たちの毛髪のようなケラチン質ではないことは確かだ）。現在の仮説では、ミミウイルスの表面繊維は、ミミウイルスが宿主の細胞に感染する際に重要であるのと同時に、ミミウイルスが遠くに拡散するために節足動物の外骨格などに付着するのに重要なのではないかと考えられている。

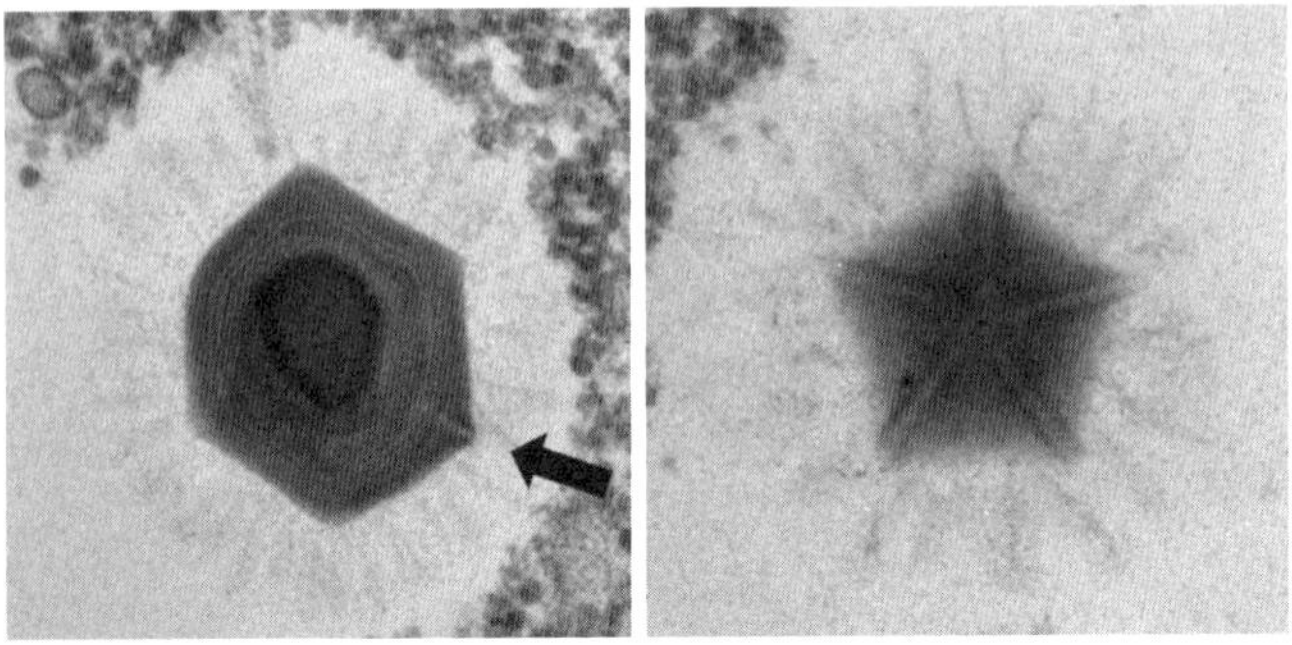

図９：スターゲート構造

Mimivirus shirakomae のスターゲート構造を透過型電子顕微鏡でとらえたもの。左のウイルス粒子を黒矢印側から見ると、右の写真のようなスターゲート構造がみえる。
［写真：東京理科大学武村研究室］

第二に、ミミウイルスは完全に対照的な正二十面体構造をとっているのではなく、ある一つの頂点を中心に、「スターゲート構造」とよばれる特殊な構造をもつということである（図9）。この構造が、ミミウイルスをして対称的な構造から一転、非対称な粒子へと変貌させているといえる。これらの特徴についてはのちほど詳しく紹介する。

ここで話を戻そう。僕とベル博士による、「細胞核はウイルスを起源としていたのではないか」という仮説と、ミミウイルスの発見は、いったいどう関係するのだろうか。

ウイルス工場

巨大ウイルスのうち多くは、感染した細胞の細胞質に、「ウイルス工場」とよばれる大きな構造体を形成する。正確にはウイルス工場というより、「ウイルス粒子工場」とでもいうべきものであり、そこでゲノムを複製し、カプシドを組み立てて〝子〟ウイルス粒子を作っている。

　これまでのウイルスでも、感染した細胞内に何らかの構造体を形成するようなウイルスは知られていた。「封入体（inclusion body）」とよばれる構造体がその代表的なもので、たとえばバキュロウイルスという昆虫（特にカイコ）に感染するウイルスの一種「核多角体病ウイルス（Nucleopolyhedrovirus）」は、感染したカイコ細胞内で、自身が作り出すある一種類のタンパク質が結晶化し、それがたくさん詰まった「多角体」とよばれる構造体を作ることが知られている。つまりバキュロウイルスは、細胞内でこの多角体によって守られていることになるわけで、この多角体が存在することによって、バキュロウイルスは次の細胞に感染するまでの間、感染性を保持したまま非常に安定な状態で細胞内にキープされることができると考えられている。

　このバキュロウイルスの性質を、自分たちのために利用した生物がいる。何を隠そう、僕たちヒト（ホモ・サピエンス）である。別に生きていくために利用しているわけではなく、生命科学を研究する一部の「個体」（研究者という名前でよばれている）が、その研究のために利用している。すなわち、この多角体を作るタンパク質を、遺伝子工学の手法によって自分の研究したい（大量に合成して大量にゲットしたい）タンパク質の遺伝子と入れ替えたバキュロウイルスを人工的に作り出し、培養した昆虫の細胞に感染させ、そのタンパク質を大量に作り出しているのである。バキュロウイルスからしてみれば不本意ではあろうが、別にウイルスの安定性が保持されるのであれば、オリジナルの多角体タンパク質であろうが別のタンパク質であろうが構わないようにも思う。僕も大学院生時代、先ほどご紹介した「Ｒｂタンパク質」を多角体タンパク質と組み換えたバキュロウイルスを使い、Ｒｂタンパク質を大量合成&精製をしていたのを思い出した。当時はウイルスそのものにはほとんど興味がなかったため、目はつねに、組換えバキュロウイルスによって作られた「Ｒｂタンパク質」にのみ向いていたものであった。バキュロウイルス君には悪いことをした。閑話休題。

この封入体に対して、巨大ウイルスが感染した細胞内に作り出す「ウイルス工場」は、合成されたウイルス粒子がぎゅうぎゅうに詰め込まれたといったようなものでも、巨大ウイルスのタンパク質が大量に詰め込まれたといったようなものでもなく、「ウイルス粒子工場」であるとも述べたように、合成途上にあるウイルスの主に核酸（ＤＮＡ）が大量に存在し、今まさに、これから新しいウイルス粒子を組み立てていこうとしている場であるため、バキュロウイルスの多角体とは違って極めて流動的かつダイナミックな代物である。

ミミウイルスのウイルス工場は、感染した一個のミミウイルスから放出されたゲノムＤＮＡから始まって、それがどんどん複製を繰り返し、最終的には宿主であるアカントアメーバの細胞核と同じくらい大きくなる（図10）。ＤＮＡを染色する試薬でミミウイルス感染アメーバを染色すると、宿主のアメーバのＤＮＡ以上に、ウイルス工場が光り輝いて見える。ミミウイルスのＤＮＡはそれほど大量に、ウイルス工場で複製され、作られるのだ。さらに、細胞質のリボソームで合成されたミミウイルスのタンパク質がウイルス工場の内外に集積されると共に、カプシドの内側にある脂質二重層の材料にするために、周囲にある宿主の小胞体膜（あるいは膜の断片のようなもの）をウイルス工場周辺に配置して、新たな子ウイルスの生産を連続的に行うのである。まるで、アカントアメーバの細胞内に、本来の細胞核とは別の、「ミミウイルスの細胞核」とでもいうべきものができた、といった風情である。

そう。このウイルス工場こそが、僕とベル博士の仮説と巨大ウイルスを結び付けるものであって、その細胞核との類似性こそが、巨大ウイルスが真核生物の誕生の際、細胞核形成にかかわっていたという可能性を示唆するものとして、（少しだけ）注目を集めることになったのであった。しかしながらこのあたりの話（「細胞核ウイルス起源説」ともよばれる）については本章ではなく、後の章でじっくり取り上げさせていただきたいと思う。

ウイルス工場は、ミミウイルスだけでなく、ほかの巨大ウイルスにおいても作られる。マルセイユウイルス科のウイルスも、ミミウイルス科ウイルスと同様、宿主の細胞質にウイルス工場を形成することが知られている。おもしろいことに、マルセイユウイルス科は粒子径が二〇〇～二五〇ナノメートル前後と、巨大ウイルスの中ではもっとも小さな部類に入るにもかかわらず、ウイルス工場は、ミミウイルスのそれよりも大きいのである。そして、ミミウイルスのそれのようにわかりやすい形や色（電顕上の濃淡）はしておらず、透過型電子顕微鏡で観察すると、最大でアメーバの細胞質の三分の一は占めるのではないかと思われるほど、広い領域に作られるのを見てとることができる。しかしながら、その領域の周囲が何らかの膜成分で

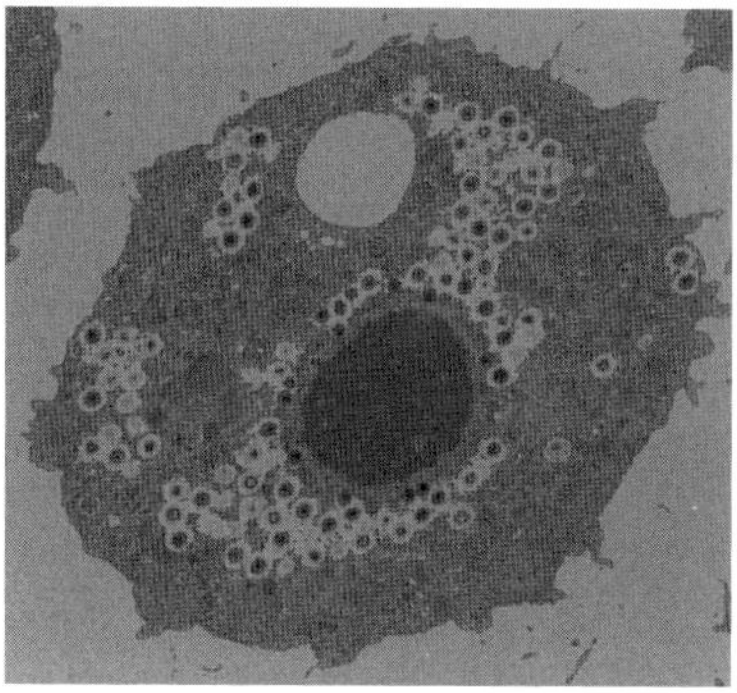

図10：ミミウイルスのウイルス工場

Mimivirus shirakomae のウイルス工場。１個のアカントアメーバ細胞の中央付近に、濃く染まっている円形の構造体がウイルス工場である。その周囲に、生成した子ウイルスが多数見える。

［写真：東京理科大学武村研究室］

覆われているようには見えず、境界がどのように構築されているのかはよくわからない。

ミミウイルスのウイルス工場の場合、中心の大きな円形（実際には三次元だから球形）の領域にゲノムＤＮＡが存在し、その周囲に、それ以外のタンパク質や脂質の膜などが寄り集まってきて、内側から外側に出芽するかのように、〝子〟ミミウイルスが出ていくことがわかっているが（図10）、マルセイユウイルスの場合はどうもそのようなわかりやすい役割分担がウイルス工場内で行われているわけではなく、ウイルス工場の内部で、ゲノムＤＮＡの複製が起こり、同じような場所でカプシドの形成が起こり、その都度ゲノムＤＮＡが内部に取り込まれていくといったように、ウイルス工場内部では「その都度」形式にて、〝子〟ウイルス粒子が生産されているらしい。大きく、かつ表面に表面繊維をつけるという「余計な」ことをしなければ成熟しないミミウイルスにとっては、ゲノムの複製の場と、カプシドや表面繊維を組み立てる場はある程度分けた方がよかったのかもしれないが、マルセイユウイルスのような小さなウイルスであれば、特にカプシド構造もミミウイルスほど複雑ではなく、表面繊維などもついていないので、「その都度」形式で生産した方が、生産数を稼ぐという意味では効率がよかったのかもしれない。

ヴァイロセル仮説

ウイルス工場というのは、いってみればそのウイルスが、感染した細胞内でのさまざまなふるまいをするための〝司令塔〟とでもいうべきものである。ミミウイルスはウイルス工場内で自らのゲノム

DNAを大量に合成するとともに、必要なタンパク質を合成するためにその遺伝子からmRNAを転写し、ウイルス工場の外にある宿主細胞のリボソームでタンパク質を作らせる。ウイルス工場はまさに、地球に侵略してきたエイリアンの「母船」みたいなものである。

その結果、ミミウイルスに感染したアカントアメーバは、そのリボソームの大半を（まだ誰も調べたことがないと思うので、直観的ではあるが）ウイルスのタンパク質合成のためにとられてしまい、自分のタンパク質を合成することができなくなってしまうのではないかと思われる。そうなると、もはやアカントアメーバの「細胞核」は無用の長物と化す。細胞が生命活動を維持するために必要不可欠なリボソームがウイルスに乗っ取られてしまった以上、もはや細胞は、それまでの細胞としての意味を成さなくなり、細胞核もその出番を失ってしまう。

このような状態、すなわちほとんどすべての機能をウイルスに乗っ取られてしまった状態の細胞を、「ヴァイロセル（virocell）」（あるいはヴィロセル）という。「ヴァイロ〜」とは「ウイルスの」というような意味であるから、「ヴァイロセル」というのはあえて日本語にすると「ウイルス性細胞」とでもいおうか。「ヴァイロセル」という考え方がおもしろいのは、この細胞の中では、ウイルスは完全に「生きている」ことになっているという点だろう。生きて、元気にタンパク質を合成し、自らのDNAを複製し、子どもを増やしている。ウイルスの生活環の中で、ウイルスがこれほど活き活きしている状態はないのではないかとさえ思えるほどだ。僕たちが「ウイルス」といわれてイメージされるあの「粒子」とは、ほど遠い状態であるといえる。

この考え方、「ヴァイロセル仮説」は、フランス・パスツール研究所の微生物学者パトリック・フオルテール博士によって提唱されたものである。この考え方では、ヴァイロセルこそがウイルスのほんとうの姿であるととらえる。そして、僕たちがつねにウイルスといわれてイメージするあの「ウイルス粒子」は、ウイルスのほんとうの姿ではなく、ウイルスが増殖するために作り出した、僕たちでいうところの「生殖細胞」なのである。

　生物というのは、「細胞」からできていて、「自立して代謝」を行い、「自己複製」を行うことができるものである、と一般的には定義される。ウイルスはこの定義にはあてはまらず、「細胞からできておらず、自立して代謝を行えず、自立して複製できない」ために生物とはみなされない。

　しかし、このヴァイロセル仮説に則れば、「細胞からできておらず、自立して代謝を行えず、自立して複製できない」という「ウイルスの無い無い尽くし」は、じつはウイルスの〝生殖細胞〟についてあーだこーだいっているにすぎないのであって、ヴァイロセルをウイルスのほんとうの姿であると捉えるならば、無い無い尽くしは「あるある尽くし」に見事な変貌を遂げるのだ。ヴァイロセルは明らかに「細胞」そのものであるし、リボソームをもっているからタンパク質を自立して作れる。もはや分裂することはほとんどないけれども、潜在的な分裂可能性は有していることから、自立して複製することも可能といえば可能である。もっともそんなことをしなくても、ウイルスの場合は〝生殖細胞〟を撒き散らし、新たな細胞に感染することによって、新たなヴァイロセルを作り出すことができるわけだから、これはもう自己複製できるといって差し支えない。

　ヴァイロセル仮説では、この「ヴァイロセル」に対して、僕たちの細胞の「通常の」状態、すなわちウイルスに感染されていない、いわば「健康な」状態の細胞のことを「ライボセル（ribocell）」（あるいはリボセル）という。細胞内のリボソームを、その細胞自身のタンパク質を作るという本来の使われ方で使っているような細胞、という意味でそのように名付けられたものである。ライボセルとヴァイロセルは、そこで作られているタンパク質は異なるものの、ともに「細胞」であり、ともに「自立した代謝」を行い、そして「自己複製」する（ただし、前者は直接的な分裂によって、そして後者は生殖細胞を撒き散らす間接的な方法によって）。

この考えは、ウイルスに対する考え方を一変させるものではあるとはいえ、あくまでも「どれをウイルスの本体であるとみなすか」という、ほかの研究者が反駁する余地がないものであるため、仮説というより単なる「ウイルスの見方」であるともいえる。ただ、上記のように、その根幹となる考え方は、ウイルスと生物の定義にずしりと入り込むものであり、ウイルスを論じるにあたって無視することはできない、極めて重要なものである。

複製するミミウイルス

さて、話をミミウイルスに戻して、その生活環を概観してみよう。

ミミウイルスの増殖は、アカントアメーバには申し訳ないけれども、見ていてなかなかに小気味よいものである。たった一個のミミウイルスがアカントアメーバ細胞の中に入り込んでも感染は成立するので、アメーバとしてはうかうかしてはいられないはずなのだが、彼らはなんと無防備なことに、食作用といういつも物を喰う法則をそのまま、ミミウイルスに対しても適用し、細胞表面にくっついたミミウイルスを、何の疑問も感じないままにあんぐりと食べてしまう。そしてこの食事こそ、アカントアメーバにとっては文字通りの「最後の晩餐」となる。

食べられたミミウイルスは、先述した「スターゲート構造」とよばれる特殊な構造を介してゲノムDNAをアメーバの細胞質に注入し、ウイルス工場を作り出す。そのあとは、なし崩し的に子ウイルス粒子の生産が加速して、やがてアメーバの細胞質は子ウイルス粒子でぎゅうぎゅう詰めの状態となる。この時点でアカントアメーバははたして生きているのか死んでいるのかといえば、おそらくアカントアメーバ細胞としてのそれは死んでいるといってよいだろう。いってみれば、ライボセルとしてのアカントアメーバは死に、代わりにヴァイロセルとしてのミミウイルス生産細胞として生きている、といった状態である。

この、ミミウイルス粒子に満たされたヴァイロセルの中では、すでにライボセル時代に権勢をふるったであろう細胞核の姿は見出せず（ただし、痕跡はある）、生きている細胞であれば必ず起こるであろう原形質流動は、その片鱗すら見せてくれない。しかしその様相は、ヴァイロセルとして生きているという確信を得るには十分である。というのも、ミミウイルスのヴァイロセルとしての〝元〟アカントアメーバ細胞は、やがて破裂という決定的な瞬間と共に、まるで性欲にまみれ、精子を撒き散らす男どものように、〝子〟ミミウイルス粒子を周囲に撒き散らして、その生涯を終えるからである。

その際、ヴァイロセルの細胞膜は、子ウイルスの放出と共に破れ、周囲に飛散するから、その時点ではおそらく、ヴァイロセルとしての寿命も尽きるのである。破裂した後に残るのは、わずかな細胞の中身の痕跡（おそらく雑多な細胞小器官の塊であろう）と、役割を見事に果たしたヴァイロセルの〝細胞

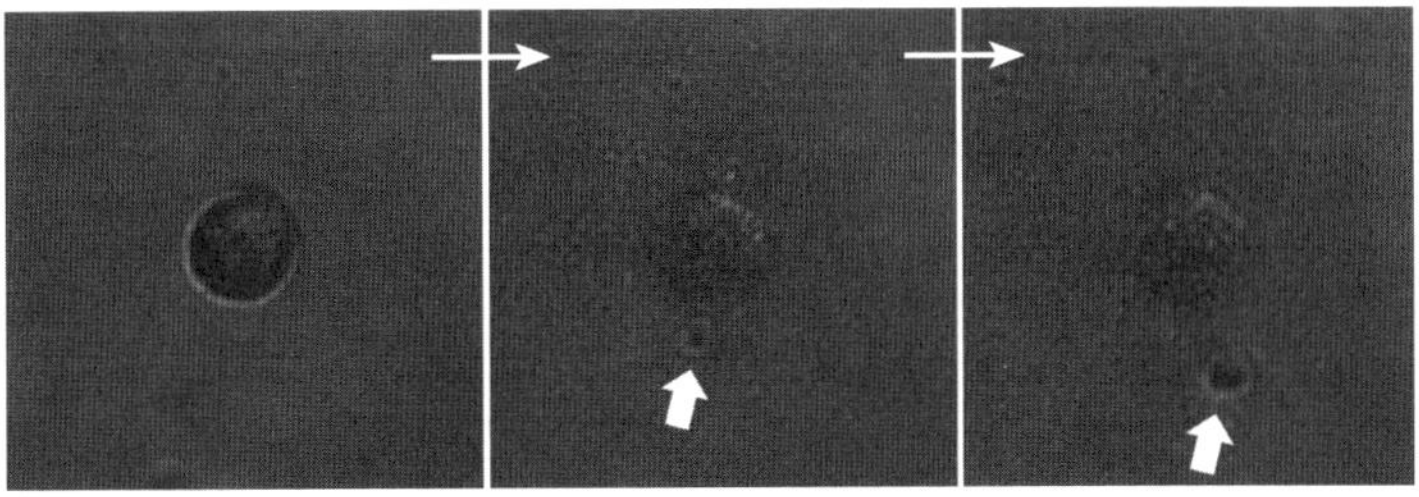

図11：細胞の外に放り出されたウイルス工場

Mimivirus shirakomae に感染し、丸くなったアカントアメーバ細胞が“爆死”する瞬間、無数のウイルス粒子と共にウイルス工場が放出される（太い白矢印）。
［写真：東京理科大学武村研究室］

核〟、すなわちウイルス工場の残骸である。ただ、ウイルス工場の残骸とは言っても、それはまだまだ子ウイルス粒子を撒き散らし足りないと悶えるがごとく、おそらくはウイルス工場の構造をそっくり保ったまま、細胞外へと放り出される（図11）。そうして放出された気の毒なウイルス工場は、もはや誰に助けを求めるでもなく、細胞の外の世界で、やがてほかの微生物に食べられたり、自然分解されたりしながら、その生を終えるのである。

こうして複製されたミミウイルス粒子（ヴァイロセルの生殖細胞）は、たった一個が何万個にもなって、ヴァイロセルから飛び出していく。まさに、一つのオリジナルを鋳型として数多くのコピー（ただし、そのコピーのそれぞれが新たなオリジナルとなっていく）ができるかのごとく、その数を一気に増やすのである。もっとも、これはミミウイルスに限った話ではなく、ウイルス全般にいえることである。前章でも詳しく述べてきたように、ウイルスの複製の仕方は、細胞とは違って倍々で増えていくようなものではなく、一個がいきなり数万、数十万個に増えるという仕方である。

いったいなぜウイルスは、そのような爆発的な増殖法によって数を増やすという、極端ともいえる戦略を編み出してきたのだろうか。

表面繊維は何のためにあるのか

ウイルスたちの極端な戦略について思いめぐらすにあたって重要なことは、ミミウイルスがもつ興味深い特徴について考えておくことである。それは、ミミウイルスが身に纏《まと》っている分厚い〝コート〟のこと。透過型電子顕微鏡像（図8）からも明らかなように、ミミウイルスがカプシドの表面を、「表面繊維」と僕たちがよぶ長い毛のような構造でびっしりと覆っているという、あの特徴のことである。

核細胞質性ウイルス門（phylum *Nucleocytoviricota*）に属するミミウイルス科（family *Mimiviridae*）は、それ自身が非常に多様なミミウイルスの仲間のグループであり、さらにメガウイルス亜科（subfamily *Megavirinae*）とメソミミウイルス亜科（subfamily *Mesomimivirinae*）に分類される。メガウイルス亜科には、最初に発見されたミミウイルス（APMV）が含まれる系統A、ミミウイルスよりも若干ゲノムサイズが小さい「ムームーウイルス（moumouvirus）」が含まれる系統B、ミミウイルスよりもゲノムサイズ、粒子サイズともに若干大きい「メガウイルス・キレンシス（*Megavirus chilensis*）」が含まれる系統C、そして前方後円墳のような形をした「ツパンウイルス（tupanvirus）」の系統が含まれる（図12）。このメガウイルス亜科のウイルスたちはいずれもアカントアメーバを宿主として増殖する一方、メソミミウイルス亜科には、アカントアメーバ以外の真核微生物を宿主とする「カフェテリア・レンベルゲンシスウイルス（*Cafeteria roenbergensis virus*：ＣｒｏＶ）」などが含まれる。表面繊維をもつのはこれらのうちメガウイルス亜科に含まれるウイルスたちである。

表面繊維の様子は、じつは系統Ａ、系統Ｂ、系統Ｃで若干違っており、系統ＢとＣの表面繊維は系統Ａよりも若干短く、かつその密度もお互いに若干違っているようである（厳密に密度を計算した研究者はまだいない）。さらに系統Ｃの表面繊維は、どちらかというと不揃いな印象を受け、ところどころ長い毛が混在するように見えることがある。ツパンウイルスにも表面繊維はあり、ほかの三系統のどれに近いかはわからないが、前方後円墳のように見える頭部と胴体部のすべてに、均等に生えているように見える。これらメガウイルス亜科の表面繊維を構成する物質は、タンパク質ならびにプロテオグリカンであると考えられている。

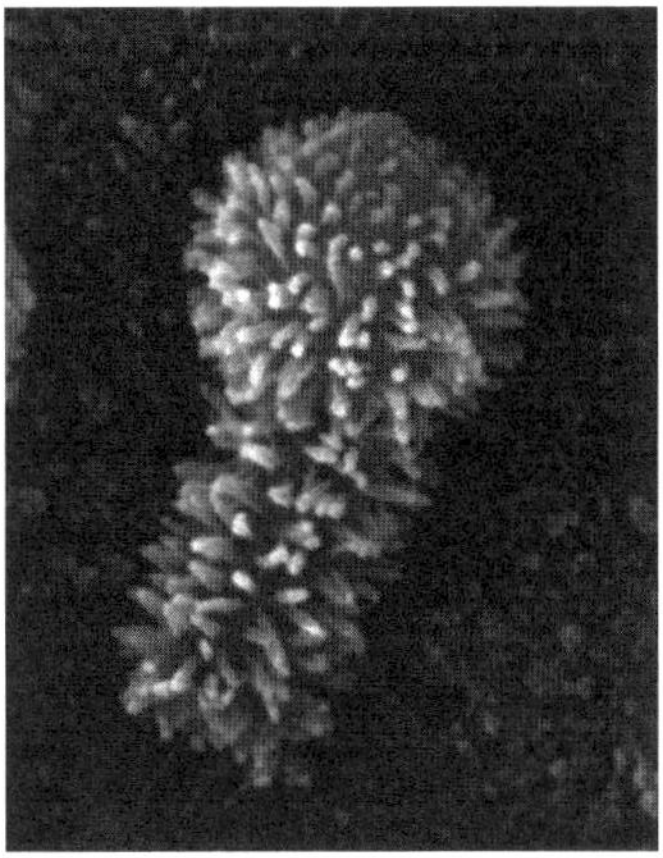

図12：ツパンウイルス
［写真提供：Dr. Jônatas Santos Abrahão, Microbiology Department, Universidade Federal de Minas Gerais, Brazil.］

さてここで問題にしたいのは、いったいこのメガウイルス亜科のミミウイルスたちは、表面繊維をいったい「何の目的で」生やしているのかということだ。ダンディを気取って髭《ひげ》を生やしたいわけでもなく、さわさわとした手触りを楽しみたいわけでもないだろう（触ろうったって手がないのだから）。それに、ミミウイルスの感染相手はアカントアメーバで、彼らはほうっておいても食作用によって自分たちを食べてくれる。しかも表面繊維を生やしていないほかの巨大ウイルスである「パンドラウイルス」（第4章の主役）も、「マルセイユウイルス」（第3章の主役）も、ともにアカントアメーバはきちんと食べてくれるのである。したがって、表面繊維を生やしていようがいまいが、宿主に食べられやすいかどうかについてはあまり関係なさそうなのだが、ミミウイルスの表面繊維は、ないとアメーバに食べられにくくなるという報告もあるので、ミミウイルスにとっては、その存在は重要らしい。

　ミミウイルスの表面繊維は、かなりべたべたしていると考えられている（図13）。そして、いろいろなところにくっつくらしい。僕が巨大ウイルスの研究を始めた初期の頃は、そうしたミミウイルスのべたつきやすさに気づかず、ウイルスが含まれていると思われる溶液からほかの大きな夾雑物《きょうざつぶつ》を取り除くのに、メンブレンフィルターとよばれ、ミミウイルスの大きさであれば簡単に通り抜けられるが、それより大きいものは通り抜けられないようなサイズの細かい穴の開いた、直径二センチ程度のフィルターを使ってろ過し、夾雑物を除いていた。ところがやがて、どうもメンブレンフィルターを通すと、サイズ的にはミミウイルスは通り抜けられるはずであるにもかかわらず、サンプル中のミミウイルス濃度が極端に低くなることに気づいた。どうもミミウイルスが、メンブレンフィルターそのものに吸着してしまっていたらしいということになって、それ以降、ミミウイルスの場合に限っては、メンブレンフィルターを通すことをやめたのである。

　おそらくこのべたつきやすさが、ミミウイルスの表面繊維の最大の武器なのではなかろうか。いろんなところにべたべたとくっつくということは、まるでオナモミの実が動物の毛にべたべたとくっついて遠くへ運んでもらうのと同じような効果が、ミミウイルスの表面繊維に期待されているというこ

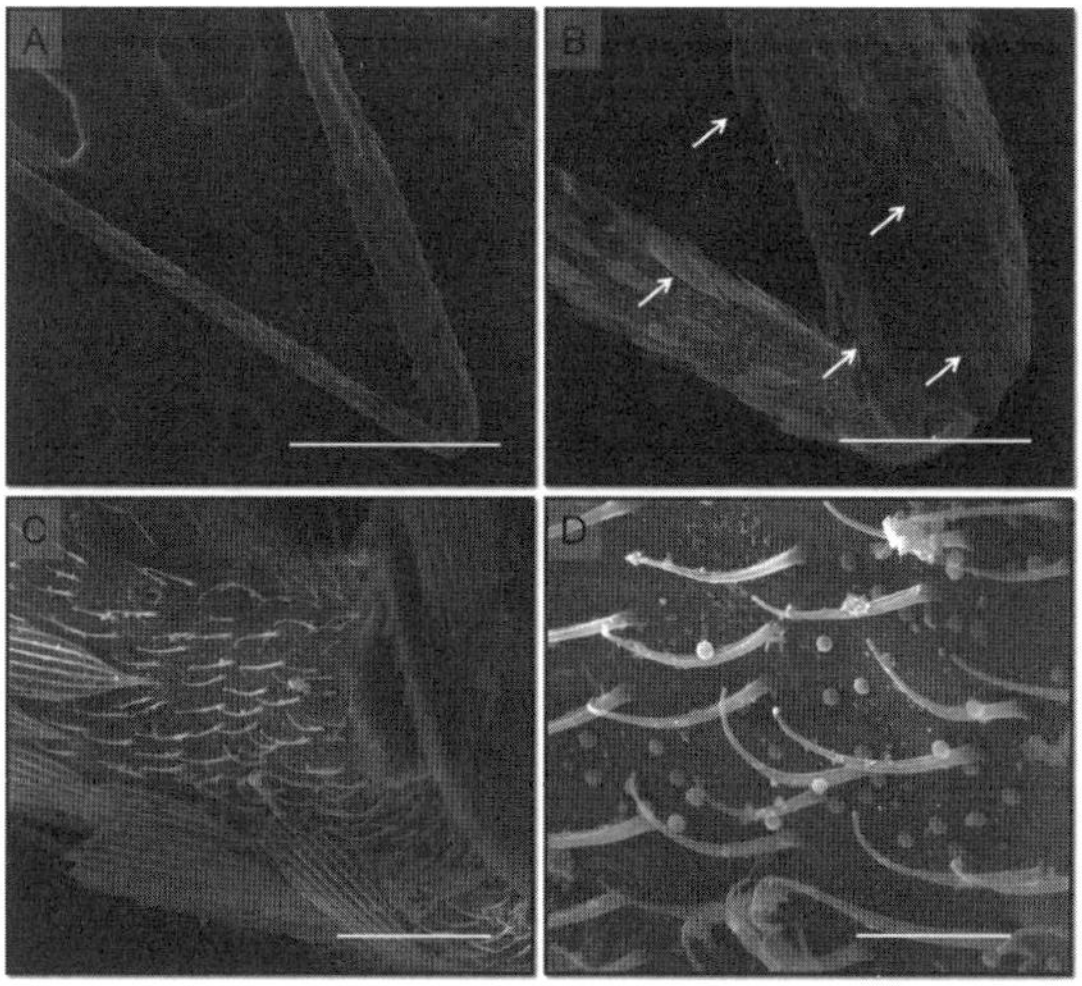

図13：ミミウイルスのべたつく表面繊維

蚊の肢にへばりついたミミウイルス粒子の走査型電子顕微鏡像。A、B、C、Dの順に倍率が上がっている。CとDでは、肢の表面についたミミウイルス粒子が見える。
［引用：Rodrigues R. A. L. et al. (2015) Mimivirus Fibrils Are Important for Viral Attachment to the Microbial World by a Diverse Glycoside Interaction Repertoire. *J. Virol.*, doi:10.1128/JVI.01976-15.］

とではないだろうか。

じつはミミウイルスには、アカントアメーバの細胞表面だけでなく、動物の肢にもべったりと結合するという先行研究がある。その研究の対象となったのは「蚊の肢」であり、電子顕微鏡での観察により、蚊の肢に大量のミミウイルスが直接くっついているのが確認できたのだ。蚊の肢ということは、節足動物の大きな特徴の一つである「外骨格」ではないか。

ミミウイルスは、特に海に多く存在していることが知られているが、淡水の水にも大量に存在している（ほんとうは〝生息〟といいたいのだけれども、一応ミミウイルスもウイルスであって生物ではないため、なるべく〝生息〟

とはいわないようにした方がよい）ことが知られている。つまり、アカントアメーバ（あるいは知られていない未知の宿主）が生息しているところであれば、それを宿主として増殖するミミウイルスもまた、当然のごとくにいるわけである。蚊は、ボウフラの時期を水の中で過ごすから、それが成虫となって空気中に飛び出す際に、水の中に存在する大量のミミウイルスを外骨格にくっつけて飛び出している可能性がある。ということは、ミミウイルスは、水の中でただ水の流れに乗って浮遊しているだけでなく、蚊の肢を介して空気中に飛び出し、少なくともその蚊が飛行できる範囲内において、「ちょいとそこまでお散歩に」程度に、移動することができることを意味している。まあ蚊の移動距離なんてたかが知れてますけどねえ。

ただ、もし外骨格にくっつくことができるというなら、ミミウイルスは蚊よりももっと大きな節足動物にもくっつき得るわけだ。たとえば海に存在する大量のミミウイルスは、もちろん海流で流されるのが一番手っ取り早いのかもしれないが、エビやカニなどの大型の節足動物にくっつくこともできるだろう。アカントアメーバはどこにでも生息するとはいえ、なにしろ顕微鏡を使わないくらい小さいから、のそりのそりとしか移動することができない。とするならば、ミミウイルスにとってみても、ベントス（底生生物）のような生物の体の表面にひっついて移動する方が、別の場所で新たな宿主と出会う確率は高くなるかもしれない。

ウイルスの粒子には、バクテリアの鞭毛とかゾウリムシの線毛のような、動き回るための動力源が存在しないから、ウイルス粒子は基本、気の向くまま水の向くまま、その流れに身を任せるしか移動する手段はない。あるいは宿主の生物に感染し、その宿主の移動に任せて移動するか、といったところである。自分が動けず、それでも遠くに行きたいのであれば、動けるものに頼るしか方法はない。

　要するに、表面繊維というのは、ミミウイルスが何か自発的に動くものにひっついて、やや遠い距離を移動するためにあるのではないかということである。言い換えると、いや言い換えた方が生物学的には適切であると思うのだけれど、自発的に動くものにひっつくような表面繊維を手に入れたミミウイルスが、遠い距離を移動できることによって何らかのメリットを獲得し、生き残ってきた、ということがいえるのではないかということだ。

　ただ、じつのところ、海に存在するミミウイルスには、あまりそうしたメリットがあるとは思えない。先ほども述べたように、海にはダイナミックな水の動きがあり、それに乗っかれば、何もしないでもはるか遠方にまで運ばれることができるからである。特段、外骨格のある生物の体にひっつかなくたって、それほど気にする必要はないようにも思われる。実際、現在知られている限りにおいてウイルス界全体を見渡してみると、表面繊維が存在しないウイルスの方が圧倒的に多い。となると、メリットがあるのは海水にいるミミウイルスよりも、むしろ淡水にいるミミウイルスなのではないか。湖や沼などに存在するミミウイルスにとって、たとえば別の環境に飛び出していくことに種としての多様化をもたらすメリットがあるとするならば、蚊の肢にひっついて、別の沼や湖に運んでもらう（運べれば、の話）とか、川のミミウイルスが別の水環境に引っ越しをするのに蚊の肢にひっつかせてもらうとか、そういった行動をとることは、地理的隔離を伴うミミウイルスの「種分化」、すなわち多様性を育むという意味においてメリットがあるように思われる。もちろん、ひっつく相手は蚊に限った話ではなく、ほかの水生昆虫でもよいのかもしれないし、幼生は水の中で生き、成虫は陸上に飛び出すトンボのような昆虫でもよいかもしれない。そうした昆虫たちの体にひっつくことにより、ミミウイルスは、受動的な水の流れによる拡散以外に、何らかのメリットをつかんでいるのではないだろうか。

ウイルスの拡散

ここでいいたいのは、目に見えない小さな小さなウイルスたちが、はたしてどのような手段でこの広い地球に存在域（僕としては〝生息域〟といいたいところだが）を広げているのかという問題に、このミミウイルスの拡散方法が何らかの回答をもたらしてくれているのではないか、ということである。

たとえば人間一人の大きさを地球の大きさにたとえると、典型的なウイルス粒子一個の大きさは、ネコ一匹ほどの大きさとなる。もしウイルスに見当識があるとすれば、ネコが地球の大きさを感じるように、ウイルスは僕たち人間の大きさを感じているわけである。そしてさらにその人間より大きな地球。その超ばかでかい地球上で、ウイルスはどのようにして生き、どのようにして広がっているのか。その術はすでにして、人智を超えているかのように思える。

新型コロナウイルスには、その術がある。なにしろ、二〇一九年の年末に広がり始めてから、わずか数か月で全世界に拡散し、多くの死者を出していることから見て、新型コロナウイルスの拡散する術は明白だろう。彼らは人間という、どの生物よりもすばやく世界中を移動する生物を宿主として選んだ（もちろん主体的に選んだのではなく、結果的に選んだことになった）。もっとも宿主とはいえ、それはおそらく自然宿主（本来、共生して生きている相手のことをこうよぶ）ではないがゆえに、彼らは平気で一部の人間を重症化に追い込むようになった。それほど生息域が広くない生物を宿主とするウイルスの場合、おそらくそのウイルスが拡散する範囲もまた大きく限られる。多くのウイルスは宿主特異性が高く、ある種の生物に感染して増えるものは、ほかの種の生物には感染できないことが多い。だから、たとえ風に乗って遠くまで小旅行をすることができたとしても、そこに感染できる生物がいなければ、ウイルスはやがて、カプシドタンパク質の寿命を迎えたり、紫外線で核酸が分解されたり、あるいは宿主とはならない食作用をもつ生物によって食べられたりして、そのまま不活性化するに身をゆだねるしかない（ほんとうは〝死ぬ〟といいたいのだが、ウイルスは生物ではないのでそういえないところがもどかしい）。

新型コロナウイルスは、うまい具合に人間という「新たな宿主」を見つけることに成功した。人間は世界中に存在するし、飛行機というばかでかい鉄の化け物に乗り込み、世界中を短時間に移動することができる。感染した人間が飛行機に乗って移動するということは、新型コロナウイルスも自ら、飛行機に乗って移動するということに等しい。だからこそ、新型コロナウイルスはあっという間に、世界中に拡散することに成功したのではないか。もっともそれは新型コロナウイルスに限定されるものではなく、人間に感染するウイルスであれば、インフルエンザウイルスしかり、ノロウイルスしかり、ヘルペスウイルスしかり、そのいずれの場合であっても、あっという間に世界中に拡散することができるので、ウイルス自身はどう思っているのかは知らないが、人間的な価値観を導入すれば、人間に感染するというだけで、大きなメリットを手に入れたということにもなる。

では人間に感染しないウイルス、しかも原生生物という、とてもではないが数時間で何百キロも移動することはないであろう（人間が運べば別だが）生物を宿主とする、ミミウイルスのようなウイルスの場合はどうだろう。

ミミウイルスの拡散戦略

ウイルスにとってもっとも重要なことは、宿主となる生物がどれだけ身の回りにいて、どれだけの頻度でその細胞に侵入することができる機会を得るか、ということであろうと思う。なにしろウイルスは、宿主の細胞に侵入しなければ増えることができないし、何よりも宿主の細胞に侵入しなければ、やがては座して死を待つのみだからである（〝死〟という言葉もほんとうは使うのはよろしくない。だって生物じゃないんだもん）。

ミミウイルスの自然宿主であると考えられているアカントアメーバは、たしかに地球上に広く分布し、そこらへんの土壌にも水の中にも、そして田んぼの中にもたくさんいる。しかしながら、僕たち研究者が普段実験室で培養しているような状態で、まさに芋を洗うがごとくにひしめきあって存在しているようには――自然の中でアカントアメーバが大量に、まるで三密を体現するかのごとくに生息しているようには思えない。つまり、ミミウイルスがある一個のアカントアメーバに感染し、うまい具合にその細胞内で増殖し、何万個ものミミウイルスがぱーっと、気の毒なアメーバ細胞から解き放たれたとしても、その周囲に新たに宿主となり得るアカントアメーバが存在しているとは限らないのである。アメーバは分裂して増えるから、分裂した〝兄弟〟アメーバはすぐ近くにいるかもしれないが、あくまでもそれは分裂した直後の場合であって、自由生活性のアカントアメーバは案外速いスピードで移動するため、ミミウイルスが感染し、何万個もの子ウイルスが放出される一〜二日の間に、もうすでにその〝兄弟〟アメーバははるか彼方へと移動してしまっている可能性が高い（もっとも、分裂してすぐにまた分裂するという、非常に都合のよいシーンがあればまた別だが、自然環境が、それを可能にする人工的栄養培地ほど栄養豊富であるようには思えない）。

そんな気ままな生物を宿主として選んでしまったとしたら、ミミウイルスにはもはや、ほかに手段はなかったのかもしれない。風まかせ、水まかせでふよふよと浮かんでいるだけでは、宿主と遭遇する機会を逸してしまうかもしれない。宿主というのは、ウイルスにとっては「食べ物」とほぼ同義である。生物は通常、自分よりも小さな生物を食べて生きているが、ウイルスは、自分よりもはるかに大きい宿主を〝食べて〟いる。だから金魚がエサを探して口をぱくぱくするのと同じように、ウイルスもそうして「食べ物」を探したいのはやまやまだけれども、なにしろ自分で動くことができないからどうしようもない。

そんな中で偶然、カプシドの表面に無数の「表面繊維」をつけることに成功したミミウイルスがいた。何らかの突然変異によってなのかどうなのかはわからないし、ミミウイルスの祖先がいつからその〝付け髭〟を纏っていたのかもわからないが、とにかくある時点で、ミミウイルスの祖先の中で「表面繊維」を獲得したものが現れたのは、おそらく確かである。突然長い毛を獲得したというよりも、徐々に毛が長くなっていった、という方が可能性が高いように思うが、ここは確信がもてない。

そうして、単なる風まかせ、水まかせであった生活から「ちょいとだけ」脱却して、別の生物にひっついて移動するという手段を手に入れた。そうして（というかなり飛躍的な言い方で申し訳ないが）ミミウイルスは、海水のみならず、世界中の淡水にも分布するようになったのではないか。チリも積もれば山となるがごとく、少しずつではあるかもしれないが、そして一回の移動距離はほんのわずかであったかもしれないが、最終的には、世界中にミミウイルスがその〝住み処〟を確保することができたのは、じつにこの表面繊維のおかげだったのではないかと、そう思いたくなるのである。

離れた場所から遺伝情報のそっくりなミミウイルスがとれること

二〇一九年の僕の研究室での研究で、フランスでとれたミミウイルスと、日本でとれたミミウイルスが、非常によく似たタイプ（遺伝情報が極めてよく似ている）であることがわかった。前述したように、ミミウイルス科・メガウイルス亜科のウイルスは大きく四つの系統に分かれることが知られている。このうちもっともよくとられ、もっともよく研究されている「系統Ａ」のミミウイルスは、特に世界中から分離されている。この「分離」というのは微生物学においてよく使われる言葉で、水や土壌などの環境中から、目的の微生物（ウイルスを含む）だけを純粋に取り出すことをいう。二〇〇三年に世界で初めて分離された巨大ウイルスであるミミウイルス「ＡＰＭＶ」を〝創始者〟として、その遺伝子の分子系統解析により、ＡＰＭＶと非常に近いものを系統Ａとしてくくっているのである。この系統に属するミミウイルスは、フランスからもさらに多くとれているし、ブラジルからも、インドからもとれている。そしてわが日本からも、僕たちの研究により十数種類もの系統Aのミミウイルスが分離されている。

ここでやや話が逸れるようだが、読者諸賢は、お酒に強い遺伝子、弱い遺伝子というのを聞いたことがあると思う。これは正確にいうと、お酒を飲んで体内で生じる有毒物質「アセトアルデヒド」を分解する酵素の遺伝子がはたらくかはたらかないか、という話であって、そのアセトアルデヒド分解酵素の活性が強い人が「お酒に強い人」、活性が弱い人、もしくはほとんどない人が「お酒に弱い人」ということになる。このアセトアルデヒド分解酵素の遺伝子は、じつはすべての人がもっているのだけれども、ある一定の割合の人において、その遺伝子のある一か所の塩基が別の塩基に置換し、その結果、酵素の活性がなくなってしまっているのである。このような、ある一か所の塩基が別の塩基に置換しているという状態が、人口比にして一%以上存在しているような場合、これを「一塩基多型(single nucleotide-polymorphism：ＳＮＰ)」という。僕たちはこれを、読んで字のごとく「スニップ」とよんでいる。たった一塩基の置換なんて大したことないじゃん、などと思わないでいただきたい。なぜなら、僕たちヒトの場合、お互いの個人差というのは全ゲノムの〇・一%ほど存在すると考えられていて、そのじつに半分はスニップであると考えられているからである。もちろん、一塩基の違いだから、三つの塩基で一つのアミノ酸を指定する「コドン」の場合、三番目の塩基に置換が起こってもアミノ酸配列が変わらない場合もあるし(中立的な変異とよぶ)、アセトアルデヒド分解酵素遺伝子のように、アミノ酸配列が変わる場合もある。だから、一見してほとんど同じに見えるような非常によく似た二つの種を比べる際、このスニップに着目すると、思ってもみなかった意外なこと、すなわちタンパク質のアミノ酸配列がよく似ているか、よく似ていないかではわからなかった、非常に近縁な生物（あるいはウイルス）同士の、より詳細な近縁関係が明らかになったりするのである。

先ほど、僕たちの研究で、フランスでとれたミミウイルスと、日本でとれたミミウイルスが、非常によく似たタイプ（遺伝情報が極めてよく似ている）であることがわかったと述べたのは、じつはこのスニップを比較したものである。スニップとして検出された塩基は、ミミウイルスにおいてもなんと、一〇万か所以上存在することが明らかとなった。ミミウイルスのゲノムサイズは一二〇万塩基対程度であるから、じつにその十分の一ほどの塩基が、スニップとなり得ることが明らかとなったのである。そしてこれらのうちの一部のスニップのパターンを解析したところ、じつは系統Ａのミミウイルスが、スニップのパターンが異なる三つのグループに分けることができることが明らかになったのである。日本の水から僕たちが分離したミミウイルスは、その三つのうち「タイプ２」と名付けたタイプのスニップのパターンをもっていることが明らかとなり、それに加えて、フランスから分離された三種のミミウイルスと、ブラジルから分離された二種のミミウイルスも、同じ「タイプ２」であることも明らかとなったのである。

ミミウイルス科の系統は、ゲノム全体を比較すると、お互いにかなり異なるため、巨大ウイルスの分子系統解析によく用いられる遺伝子（ＤＮＡポリメラーゼ、カプシドタンパク質、ＲＮＡポリメラーゼ、ＡＴＰアーゼなど）を使って分子系統樹を描くと、すぐにそれとわかる。しかし、スニップというのはたった一塩基の違いであって、ある一つの遺伝子内にあるスニップにおいて塩基が一個ずつ違っていたところで、じつは分子系統樹を描いたとしても明確な枝の違いで出てくるわけではなく、ひとつのグループにまとまって表示されてしまうことが多い（もちろん、少しでも塩基配列が違っていれば、それなりに分子系統樹にも反映されるが、たった一個が違うだけでは、それほど目立ちはしない）。

しかし、複数の個所に散らばって存在するスニップを同時に解析することによって、それまでの特定の遺伝子による解析ではわからなかった事実が浮かび上がってくることがある。スニップのパターンによっていくつかのタイプに分類することができるということは、ある特定の遺伝子の分子系統解析よりもむしろ、スニップのパターンの解析の方が、より細かいウイルスの系統分けには有用であることを示唆している。

いずれにせよ、スニップのパターンを解析することで、系統Ａをさらに細かく分けることができ、フランス、ブラジル、日本という遠く離れた世界の三つの国から、ほぼ同じパターンのスニップをもつミミウイルスが分離できていたことがわかった。このことは、ミミウイルスの拡散が「とてもヤバい」ということを意味しているのではないかと、僕はそう思っている。「ヤバい」というのは昨今の若者言葉では「スゴい」とか「めちゃくちゃイイ」とかいう意味だろうと思われるが（なにしろ若者じゃないんでねぇ）、ここでは、ウイルスの拡散が「思っていた以上にスゴい」ものであって、かつ自分では動けないウイルスにとっては「めちゃくちゃイイ」方法で行われているのではないかということだ。すなわち、海流による「遠泳」と、動物にひっついて移動する「他力本願」の組み合わせである。

ミミウイルスＤＮＡの突然変異がどれくらいの頻度で起きているのかということも考慮に入れなければならないことは当然だが、海洋中に存在する大量のミミウイルスの存在は、すでにメタゲノム解析により明らかであるから、ミミウイルスが海流に乗ってかなりのスピードで世界中に拡散するような類のウイルスであることは、容易に想像できる。さらにそこに、表面繊維を巧みに用いてほかの生物にひっつくという戦略が、海水のみならず、陸上の淡水におけるミミウイルスたちの拡散に活かされているのだとすれば、その用意周到さには舌を巻いて驚くしかない。

ウイルスの種《しゅ》

先ほども述べたように、ミミウイルスには現在、「ミミウイルス科」という大きな分類群が設定されており、それが「メソミミウイルス亜科」、「メガウイルス亜科」に分かれ、さらに細かくMimivirus属、Megavirus属、Moumouvirus属、Tupanvirus属などに分類されている。さらにそれぞれの属には、ゲノムの塩基配列が異なる複数の種が存在する。この種↓属↓科、さらにその上の目、綱、そして門という分類体系を見ると、ウイルスの分類は生物のそれと何ら変わるところはないように見える。しかし、ウイルスの分類というのは生物のようにはいかない。むしろ、生物とは違い、ウイルスにおける「種」の定義そのものが、じつはなかなか一筋縄ではいかないところがあるという点に、注意しなければなるまい。

通常、僕たちのような有性生殖によって子孫を作る生物の場合、種は「生物学的種概念」とよばれる考え方で定義される。生物学的種概念とは、生物学者エルンスト・マイアが提唱した考え方で、わかりやすくいえば「お互いに交配が可能で、かつ繁殖力のある子を作ることができる個体の集団」と定義される。つまり、種が違う個体同士は、たとえ非常に近しい種であったがために肉体的に交配できたとしても、そしてたとえその間に子ができたとしても、その子に繁殖力がなければ、すなわちその子が正常な生殖細胞を作ることができなければ、交配した二つの個体は同種ではないのだ。だから非常に有名な例としてすっかり手垢がついてしまっている「ラバ」という生物は、雄ロバと雌ウマの交配の産物だが、ラバ自体は不妊であり、子をなすことができない。これは、ロバとウマでは染色体の数が違うためで、生殖細胞を作るときに行われる、父母に由来する染色体同士で二価染色体を作り、そこから二回染色体を引きはがして行う減数分裂の性質上、父母に由来する染色体の数が違うと正常な減数分裂ができないからである。

　このように、生物学的種概念というのはいわば有性生殖で増える生物を念頭に置いたものであるため、無性生殖で増えるバクテリアなどの単細胞生物では、生物学的種概念のみを種の定義に用いることはできない。したがって、ゲノム、形態、生態的地位などを総合的に鑑みて、種というのは定義されることになる。それでも、ゾウリムシや酵母など一部の単細胞生物は、「接合」とよばれる、まるでお互いが同種であることを確認しているようにも見える行動をとる。実際には接合し、ゲノムの一部を交換し合うことで、種内での遺伝子の多様性を確保していると考えられている。当然、異種同士では接合などしないから、多細胞生物であっても単細胞生物であっても、生物の場合はやはり、「種」というものの概念はある程度固く、わかりやすくできているといえる。

　だからというわけではないが、いくら種内での遺伝子の多様性を確保しようとしても、その多様性があまりにも多様になりすぎて、種が違ってしまっては元も子もないということになる。もちろん進化というのはそのようにして起こってきたわけだけれども、たとえば大腸菌（*Escherichia coli*）という種のゲノムは、分裂を繰り返して蓄積していく突然変異は多少なりともあるが、おそらく大腸菌という種であり続ける限りにおいては、病原性大腸菌であるかそうでないかといった種内の多様性はあるにせよ、そのゲノムの九九・九％以上は同一のはずである。僕たち人間でさえ、白人だろうが黒人だろうがアジア人だろうが、そのゲノムの九九・九％は同一なのである。

　では翻って、ウイルスの場合はどうだろうか。ウイルスは、生物とは違って二分裂で増えることはせず、一個のウイルスが一気に一万個とか一〇万個とかに増えるというような、異常なほどの増え方をするものたちだから、少なくとも実験室環境（すぐそばに宿主がいて、いわば〝食い扶持〟に困らない状況）においては、生物に比べると、ＤＮＡ複製に伴って生じる突然変異の速度も格段にはやくなるはずである。

　繰り返しになるが、ウイルスには、僕たち生物と同じくＤＮＡをゲノムとしてもつＤＮＡウイルスと、ＲＮＡをゲノムとしてもつＲＮＡウイルスがいる。そしてすでに第1章の最後でも紹介したように、ウイルスには「ボルティモア分類」とよばれる、ノーベル生理学・医学賞受賞者デイヴィッド・ボルティモアにより考案された分類が今でも基本になっていて、全部で七つのグループに分けられ、このうち三つのグループがＤＮＡウイルス、四つのグループがＲＮＡウイルスである。

　ＤＮＡという物質は、よく知られているように「二重らせん」構造をとっていて、二本のＤＮＡ（ＤＮＡ鎖、という表現をよくする）が相補的に抱き合うように存在しているため、一方のＤＮＡ鎖が傷ついたり、複製の過程でエラーが起こったりしたとしても、もう一方のＤＮＡ鎖があるおかげで塩基配列が保証されており、すぐに修復できるようになっている。しかし、ＲＮＡは通常一本でできているため、そうした保証が効かず、ＤＮＡに比べて変異が起きやすい。というか、ＲＮＡウイルスにはそうした修復システムがそもそも存在しないのである。だから、インフルエンザウイルスやノロウイルスのようなＲＮＡウイルスは、天然痘ウイルスのようなＤＮＡウイルスよりも変異しやすいとされている。ただし、ＲＮＡウイルスの中でも、じつはコロナウイルスだけは例外で、ＲＮＡウイルスにしては珍しく修復システムをもっている。というのも、おそらくそのゲノムが三万塩基対ほどもあり、ＲＮＡゲノムとしてはとんでもなく長いため、修復システムをもたなければゲノムを、すなわちコロナウイルスという〝種〟を維持できないからだろうと考えられている（正確にはコロナウイルスというのは「科名」である）。

多くのＲＮＡウイルスのゲノムはたいてい、コロナウイルスのゲノムよりも短いため、もし細胞への感染が常時起こるような環境にいたとするならば、生物において種が変わるほどの変化をもたらすゲノムの変化は、生物に比べてより早く達成されると考えられる。ひとたび細胞に感染すれば爆発的に増殖するウイルスは、それがさらに繰り返されて指数的に増えていくたび、どんどんゲノム（の塩基配列）が変化していくはずであり、その結果、ウイルスの〝種内〟変異はどんどんスピードを増して増えていく。そうしたとき、いったいウイルスはどのようにして、「同一の種であり続ける」ことを保証しているのだろうか。

ウイルスの場合、変異を繰り返していき、ゲノムの何パーセントが変わったらその時点で異なる〝種〟になるという基準があるのかというと、決してそういうわけではない。その一方で、ガラッとゲノムが変化したら、それに伴って粒子の形や表現型も変化するため、もはや同一の〝種〟であるとはいえなくなる。感染機会が増えれば増えるほど、ウイルスたちは突然変異を起こし、やがては新しい〝種〟となる可能性も高くなる。ただ、ウイルスこそ「有性生殖」のしくみを保有していないから、当然のこととして生物学的種概念はあてはまらない。何をもって〝新種〟とみなすのかというと、それが発生した後になって、僕たち人間がゲノムを調べ、それまでのウイルスのゲノムと比べて「あ、違うね」と判断するしかないのである。だからそもそも、ウイルスには〝種〟という概念すらあてはまらないともいえる。何億年前かに生まれた、起源を同一にするウイルス同士のみを〝同じ種〟とし、あとは分子系統解析によって、分子系統樹のどの枝に位置するかで、同じ〝種〟の中で「違うもの」なのか「同じもの」なのかを判断するほかはない。そう考えると、「コロナウイルス科」としてまとまっているものは、むしろ「コロナウイルス」という〝種〟そのものであり、その中にたくさんあるそれぞれのコロナウイルスは、単にゲノムや宿主が「違うもの」というだけの位置づけにあると、そう考えておいた方がよいのかもしれない。だから、新型コロナウイルスがこの先も変異をくり返していき、やがては〝新種〟が登場する可能性はある。なにをもって〝新種〟と判断するのかという問題はあるが。

ウイルスの多様性

先ほども述べたように、二〇〇三年に世界で初めて発見された巨大ウイルス「ＡＰＭＶ（ミミウイルス）」と、僕たちが日本で初めて発見したミミウイルス「*Acanthamoeba castellanii mimivirus*」（ミミウイルス・シラコマエ、ミミウイルス・カサイイという二つの〝種〟がある）のゲノムを比較すると、じつはほとんど同じである。しかし、ほとんど同じとはいえ異なる部分もあるし、さらに採取場所が異なるがゆえに、両者の実質的なつながり（前者が変異を繰り返して後者になったという実験的な裏付けのようなもの、といえばよいだろう）は確認されていないから、〝種〟が違うとまではいえないけれども、少なくとも「株（strain）」は違うなどと僕たちは考える。同じ〝種〟なんだけれども違う株。ではその来歴はどういうことなのかというと、あくまでも推測にすぎないが、少し前には共通の祖先がいて、そこからどういうわけか地理的隔離が生じ（ヨーロッパと日本）、わずかなゲノムの違いが生じて異なる「株」となった、ということである。ミミウイルスは有性生殖をしないから、マイアの生物学的種概念では同一種であるかどうかは検証できない。先ほども述べたように、ウイルスというのは種という概念が極めて曖昧だからだ。

　視点を大きくして、ミミウイルス「科」で考えてみる。繰り返しになるが、ミミウイルス科には、「メソミミウイルス亜科」と「メガウイルス亜科」があり、後者にはさらにミミウイルス属、ムームーウイルス属、メガウイルス属、ツパンウイルス属という四つの属が含まれる。これらのうち、ミミウイルス属を系統A、ムームーウイルス属を系統B、メガウイルス属を系統Cとよんでいるが、AとBとCとの間には、表面繊維の長さやら粒子の大きさやら、そしてゲノムサイズやらを総合的に鑑みて（政治家みたいだが）、明らかに〝別種〟であるとみなしてよいくらいには違いがある。系統Aの中では一〇〇％塩基配列が同じ遺伝子であっても、系統Aと系統Bでは七〇〜八〇％ほどしか似ていない。しかし、おそらく系統AもBもCも、その祖先は同じであると考えられているから、過去の進化のいずれかの時点において、これら三つの系統それぞれの共通祖先が、お互いに〝種分化〟を起こしたものであることは想像に難くない。

　ミミウイルス科のほかの亜科である「メソミミウイルス亜科」でも同様なことが起こってきたであろうし、ほかの巨大ウイルスであるマルセイユウイルス科、パンドラウイルス属でも同じような多様化が起こってきたはずである。同様に、ヘルペスウイルス科、インフルエンザウイルスを含むオルソミクソウイルス科、そして新型コロナウイルスを含むコロナウイルス科でも、同様な進化と、その科に含まれるウイルスの多様化が起こってきたはずだ。

　突然変異のうち、そのウイルスの性質がガラッと変わってしまうような突然変異は、ウイルスにとって「吉」とも出るし「凶」とも出る。たとえば、突然変異によって強毒化（宿主に対する毒性が強くなること）してしまうと、感染した宿主が次々に死んでしまい、それと共に自らも次の感染の機会を失ってしまうというリスクが生じるから、そうしたウイルスはおそらく、自然選択によって除かれていくだろう。逆に、突然変異によって弱毒化すると、感染した宿主に対する不顕性が増し、知らず知らずのうちに感染が広がるから、宿主に対して悪さをせず、自らを複製させるというウイルス本来の戦略に合致して、より自然選択の下で生き残りやすくなるだろう。新型コロナウイルスがどうなるかはわからないが、僕はいずれ、今よりももっと弱毒化した新型コロナウイルスが生き残り、人間社会に定着していくと考えている。人間の側もある程度免疫をもち、ウイルスの側も宿主を病気にさせず、むしろ健康な生理機能にプラスのはたらきをするようなウイルスへと変化する、といったようなことが起これば、まさに人間との「共生」が成立することになるだろうが、それにはおそらく膨大な時間がかかるであろう。だから現段階では、新型コロナウイルスも、インフルエンザウイルスやこれまでのコロナウイルスのように、人間社会に定着し、毎年いずれかの季節になるとエピデミックレベルで感染が拡大し、すぐに収束するというようなサイクルを見せるような状態へと推移していく、と考えるのがもっとも合理的なのではないかと考えている。

ウイルスの多様化は、そのゲノムの構造、粒子の形、どのような宿主に感染するのかという視点だけではなく、生物との「共生」の意味でも重要な概念である。多様化するからこそ、生物にとってはあまり好ましくなかったウイルスの中から、生物にとって好ましいウイルスが出てくる可能性が広がっていくからである。もちろん、逆もまた然りであって、生物にとってより好ましくないウイルスも、突発的に生じることもあるだろう。

ウイルスも千差万別である。現在の新型コロナウイルスのように、宿主（本来の自然宿主とは異なる宿主であるヒト）への感染機会がすこぶる多いものもいれば、夏場のインフルエンザウイルスのようにそれほどでもないもの、デングウイルスなどのようにもっとその機会が少ないもの、そして巨大ウイルスのように、おそらくさらに感染機会が少ないと思われるものまで。したがって、その変異のスピードも千差万別である。僕たち生物もまた、それぞれの生物の実状に応じて、さまざまな変異速度で突然変異が蓄積し、リアルタイムに新たな種が進化しているということもある。そうした両者の多様化に応じて、両者の相互作用のあり方もまた多様化していく。それこそが、この地球に存在する、生物とウイルスの生態系のありようなのであろう。

ウイルスが細胞に感染する方法

ここで、ウイルスの細胞への感染プロセスについて概観しておこう。

何段階かのプロセスがある中で、ウイルスのもっともウイルスらしい局面は、「脱殻」とよばれる局面であるといえる。脱殻というのは、ウイルスが細胞内で子ウイルスを大量に合成するためにはなくてはならないステップである。ウイルスの殻はタンパク質でできているから、細胞膜のように餅を引きちぎるようには分裂することができない。したがってウイルスは、細胞に侵入したらタンパク質の殻（カプシド）を脱ぎ捨てて、ゲノム（ＤＮＡもしくはＲＮＡ）を細胞質内に放出する必要がある。そうして、ゲノムだけになったウイルスは、宿主の細胞質において思う存分、それぞれのウイルスの思うがままに複製するのである。そういうシステムであるがゆえに、ウイルスは細胞のように分裂によって二倍ずつゆっくり増えていくのではなく、一気にゲノムを複製し、一気にカプシドなど粒子の構造に必要なタンパク質を合成し、一気に組み立てて、そして一気に大量の子ウイルスを細胞から放出するという戦略を選択することができたのだ、ともいえる。

ウイルスによる細胞への感染には、いまの脱殻も含めて、「吸着」、「侵入」、「脱殻」、「合成」、「成熟」、「放出」という六つのステップがある。順に見ていこう。

ステップその1・吸着

脱殻の前にウイルスがやらなければならないことは、感染する相手の細胞への「吸着」と、それに引き続く「侵入」である。要するに、「細胞の中に入り込む」というステップだ。これがなければ当然先には進めない。

インフルエンザウイルスの場合を見ていこう。インフルエンザウイルスはエンベロープウイルスであるから、そのエンベロープに、細胞に吸着するためのタンパク質を大量に埋め込んでいる。「ヘマグルチニン（ＨＡ）」というタンパク質である。ヘマグルチニンとは、「ヘム（heme-）」を「凝集させる(agglutination)」タンパク質であることから名付けられたもので、ヘムというのはいわば赤血球のことであると考えていただければよい。ヘマグルチニンは、日本語でいえば「赤血球凝集素」というものの仲間で、それがインフルエンザウイルスのエンベロープに埋め込まれている。インフルエンザウイルスは、このヘマグルチニンを宿主細胞の細胞膜表面にあるタンパク質（にくっついている糖の分子）に結合させ、吸着するのである。

といっても、ヘマグルチニンが結合するタンパク質（にくっついている糖の分子）を、細胞が「ウイルスに吸着されるために、わざわざ」細胞膜表面にもっているわけではない。細胞は、さまざまなタンパク質を細胞膜に埋め込んでいて、これを使って外部からの情報を受け取り、それに応じて分裂したり、逆に分裂を止めたり、特殊なタンパク質を分泌したり、すばやく動いたりといった反応を引き起こすのである。だから細胞にとって、細胞膜に存在するタンパク質（と、それにくっついている糖の分子）は、外部からの情報の「受容体（レセプター）」になっており、とても重要なのである。だから、その重要なタンパク質を、ウイルスはまんまと利用して、細胞表面に吸着する、というのが正しい捉え方であろう。
先ほどからうっとうしく「～にくっついている糖の分子」という表現を用いているように、こうした細胞表面タンパク質の多くは、その表面に「糖鎖」とよばれる分子をくっつけている。グルコース（ブドウ糖）、ガラクトース、N-アセチルグルコサミンなどの「単糖」とよばれる分子が複数個、鎖のようにつながってできているので糖鎖とよばれる。ヘマグルチニンは、「レクチン」と総称される糖鎖と結合するタンパク質の一種であり、この糖鎖の比較的先端にあることが多い「シアル酸（ノイラミン酸）」とよばれる糖の分子に結合するのである。

別のウイルスではどうだろうか。ヒト免疫不全ウイルス（ＨＩＶ）の場合、これもエンベロープウイルスだから、エンベロープに吸着用のタンパク質「ＥＮＶ」をもっている。ヒト免疫不全ウイルスは、ヒトの免疫系においてもっとも重要なはたらきを担う「ヘルパーT細胞」とよばれるリンパ球に感染する。その細胞表面に「ＣＤ４」とよばれる分子があり、ヒト免疫不全ウイルスのＥＮＶタンパク質は、このＣＤ４に吸着する。

エンベロープウイルスである新型コロナウイルス（SARS-CoV-2）は、その表面にスパイクタンパク質（Sタンパク質）とよばれるタンパク質を埋め込んでおり、そのタンパク質が細胞表面の「ＡＣＥ２（アンジオテンシン変換酵素2）」とよばれるタンパク質を受容体にして結合する。このＡＣＥ２は、体の多くの細胞表面に存在しているため、新型コロナウイルスは肺や気道の細胞のみならず、ＡＣＥ２をもつ細胞の多くに吸着することが可能なことが示唆されていて、これが重症化する場合の原因の一つなのではないかと考えられている（図14）。

一方、エンベロープが存在せず、カプシドがむき出しになっているノンエンベロープウイルスも、やはり細胞表面のタンパク質に吸着する。たとえばポリオウイルスというウイルスは、カプシドを構成する「ＶＰ１」というタンパク質が、宿主の細胞表面にある「ＣＤ１５５」というタンパク質に結合することが知られている。

われらがミミウイルスはどうかというと、アメーバに「食べられる」ことはわかっているが、アメーバがミミウイルスをエサとして認識する際に、あるタンパク質がミミウイルスの認識にかかわっているのか、それとも単に細胞膜にミミウイルスの表面繊維がそのべたつきやすさによって結合すると、自動的に食作用がはたらくのか、じつはよくわかっていない。先述したように、表面繊維が欠失したミミウイルスの変異体というものがすでにあって、それは正常なミミウイルスに比べると感染能力が低いことが報告されている。したがって、ミミウイルスのアカントアメーバへの吸着には、ウイルス側はおそらく表面繊維に存在するタンパク質もしくは糖が関わっているのはほぼ間違いないと思われるが、アメーバ側の〝担当者〟は、不明である。

ステップその２・侵入

ウイルスが細胞表面に吸着すると、続いて細胞内部への「侵入」が起こる。

エンベロープウイルスの場合、侵入の仕方には二種類ある。まず、ヒト免疫不全ウイルスに代表される侵入の仕方は、エンベロープそのものが宿主細胞の細胞膜と同じ成分（リン脂質を主成分とする脂質

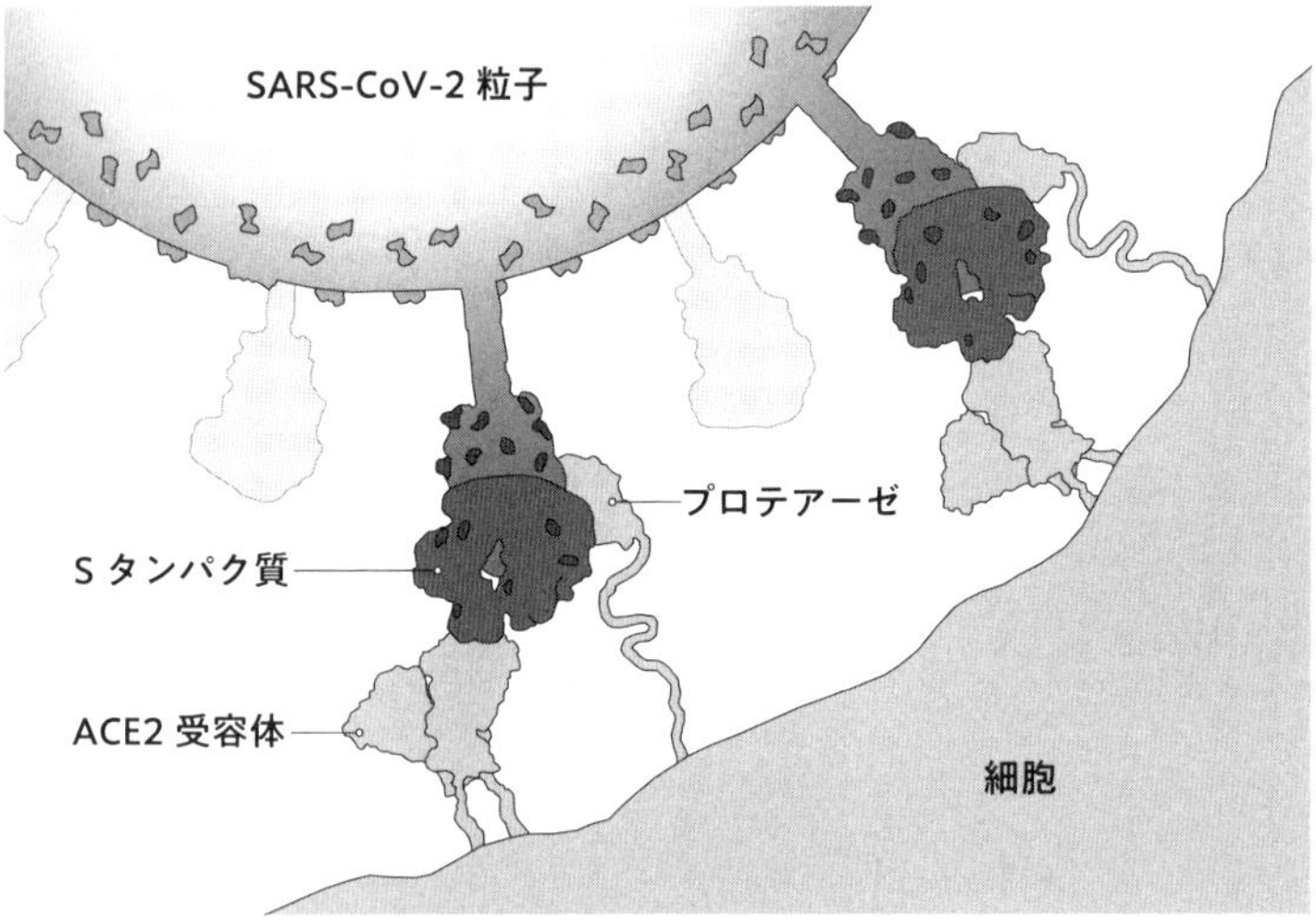

図14：新型コロナウイルスの吸着

SARS-CoV-2 粒子の S タンパク質が細胞の ACE2 受容体に結合すると、宿主のプロテアーゼにより、S タンパク質の先端部分が切断される。

[参考資料：『日経サイエンス』2020年 8 月号、「特集：解明進む新型コロナウイルス　図説 感染・増殖・防御の仕組み」]

二重層）でできているため、吸着後にエンベロープと細胞膜が融合し、中身（ウイルスのタンパク質とゲノム）だけが細胞質に侵入するという方法である。新型コロナウイルスも、この方法で侵入するのではないかと考えられている。すなわち、まずSタンパク質が宿主細胞表面のACE2に結合すると、その脇に存在する宿主のプロテアーゼが、このSタンパク質の先端部分を切断する（図14）。すると、Sタンパク質の内部からブリッジのような構造が伸びてきて宿主の細胞膜にとりつき、それを自身のエンベロープに引き寄せて、融合させるのだという（図15）。そうして新型コロナウイルスは、そのまま中身を細胞質内に放出し、「侵入」を成功させるのだ。

一方、インフルエンザウイルスなどは、少し複雑な侵入の仕方をする。彼らは、細胞表面に吸着しても、ヒト免疫不全ウイルスのように、エンベロープと細胞膜を融合させることはしない。細胞には、表面にくっついた「何か」を、そのまま細胞質内に引きずり込む「エンドサイトーシス」とよばれる作用がある。食作用（ファゴサイトーシス）は、このエンドサイトーシスの一種である。インフルエンザウイルスは、細胞表面に吸着すると、エンベロープごと細胞膜に完全に覆われるようにして内部に取り込まれ、「エンドソーム」とよばれる膜の袋に閉じ込められた状態になる。つまり、細胞内に侵入したとはいえ、その周囲は細胞膜由来のエンドソーム膜に包まれているため、このエンドソームというのはいってみれば僕たちでいう〝胃袋〟のようなものだから、ほんとうの意味で細胞「内」に侵入した状態であるとはいえない。新型コロナウイルスにも、じつはこのように侵入する経路もあるようである。

ポリオウイルスのようなノンエンベロープウイルスでも、細胞膜表面に吸着したウイルスは、やは

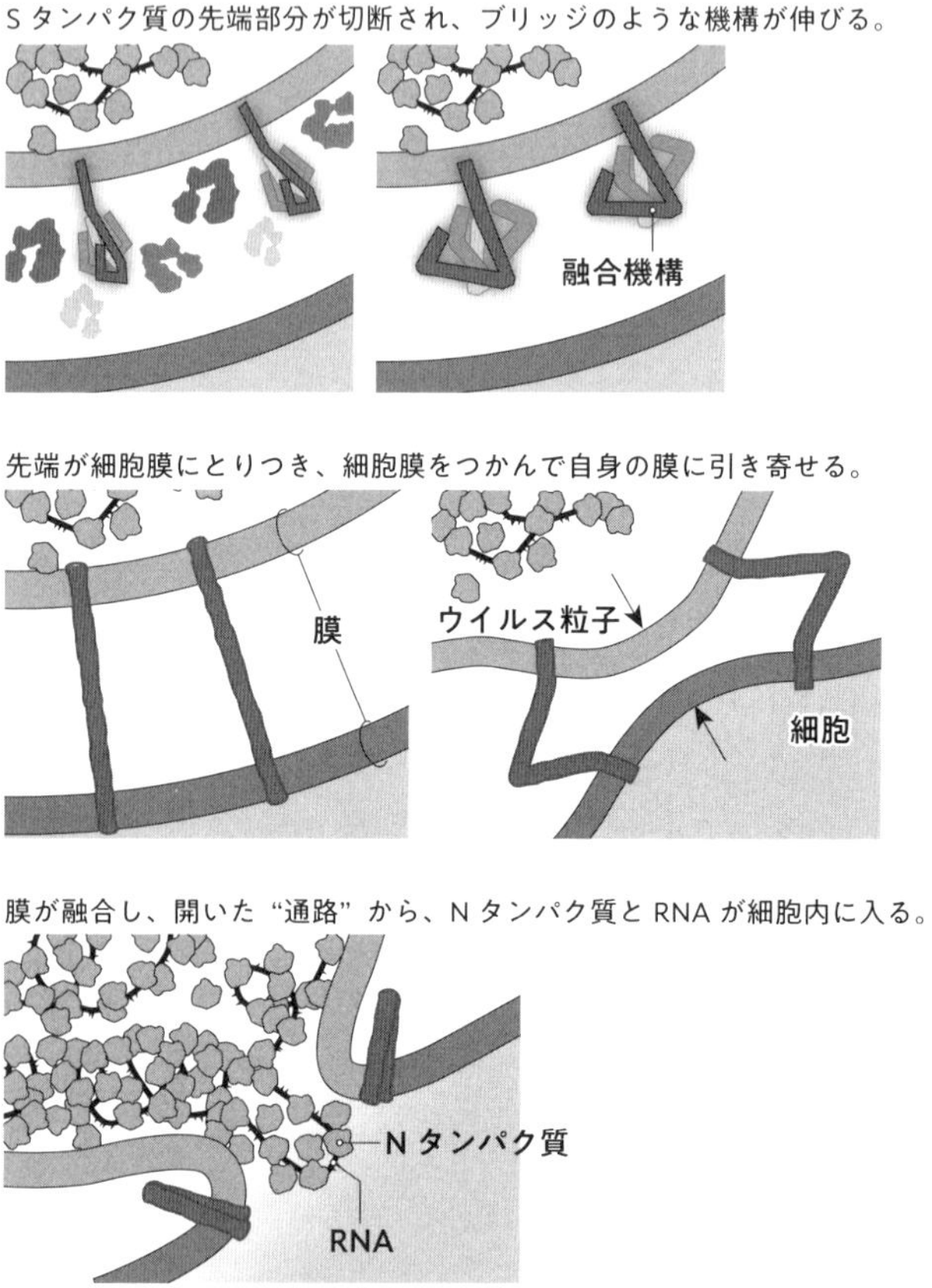

図15：新型コロナウイルスの侵入と脱殻

Sタンパク質の先端が切断されると、ブリッジのような構造が伸びて細胞膜とエンベロープを引き寄せ、その結果両者が融合する。

［参考資料：『日経サイエンス』2020年8月号、「特集：解明進む新型コロナウイルス　図説 感染・増殖・防御の仕組み」］

りインフルエンザウイルスと同じような方式で、細胞膜ごとエンドサイトーシスによって細胞内部に取り込まれる。

われらがミミウイルスもまた、アメーバによる食作用（ファゴサイトーシス）によって細胞内部に取り込まれ、「ファゴソーム」という袋の中に閉じ込められる。先ほども述べたように、ファゴサイトーシスはエンドサイトーシスの一形態であり、ファゴソームもエンドソームの一種であるといえるから、インフルエンザウイルスと同様、ミミウイルスも宿主の〝胃袋〟の中に閉じ込められているという状況になる。だから、この時点ではまだ、ほんとうの意味で細胞内に侵入したとはいえない、ということになる。

ではいつほんとうの意味で侵入が達成されるのかというと、それは次のステップである脱殻を待たねばならないのである。

ステップその3・脱殻

脱殻という、いわば「服をぬいで」ゲノムを細胞内に放出する行為は、ウイルスがその特徴をそのまま体現するものであるから、ウイルスそれぞれが、それぞれ特有の脱殻メカニズムをもっている。

ヒト免疫不全ウイルスの場合、細胞表面に吸着すると、そのままエンベロープと細胞膜が融合して、中身（タンパク質と核酸）だけが細胞内部に侵入を果たすわけだから、じつはこの侵入の時点でもう、すでに脱殻の第一段階目が終了していると見てよい。しかし、この中身というのは、核酸（RNAゲノム）がタンパク質で覆われた「ヌクレオカプシド」とよばれるものであるため、ほんとうの意味での脱殻は、このヌクレオカプシドを構成するタンパク質が、細胞質にあるタンパク質分解酵素によって分解され、ＲＮＡゲノムが裸になって解き放たれたときをもって完了したといえる。

新型コロナウイルスの侵入も同様で、引き寄せられて融合した細胞膜とエンベロープの間には、ゲノムＲＮＡが細胞内に侵入するための〝通路〟が形成されるので、そこから、新型コロナウイルスのヌクレオカプシドが細胞質内へと侵入し、タンパク質分解酵素によってタンパク質部分が分解され、ＲＮＡゲノムが解き放たれた時点で、脱殻が完了したことになる（図15）。

エンドソーム内に閉じ込められたインフルエンザウイルスの場合はどうだろうか。先ほど、エンドソームは僕たちでいう〝胃袋〟だと述べたが、細胞はこのエンドソーム内に取り込んだ〝異物〟もしくは〝食べ物〟を消化するために、エンドソーム内をやがて酸性化させる。ある場合には、「リソソーム」という消化酵素がたくさん詰まった別の袋をエンドソームに融合させることもある。いずれにしても、エンドソーム内の酸性化によって、インフルエンザウイルスのエンベロープが緩み、さらにエンベロープに存在するヘマグルチニンのはたらきによって、エンドソームの膜とエンベロープが、このときになって初めて融合する。その結果、エンベロープ内部と細胞質との間に〝連絡通路〟ができ、そこを通って、インフルエンザウイルスの中身であるヌクレオカプシド（ＲＮＡゲノムとカプシドタンパク質の複合体）が細胞質に放出され、さらにカプシドタンパク質がタンパク質分解酵素によって分解され、ＲＮＡゲノムが細胞質に解き放たれる。ほんとうの意味での「侵入」はこの時になってようやく果たされるというわけである。

一方、エンドソームに取り込まれたノンエンベロープウイルスであるポリオウイルスは、エンドソームの膜に無理やり穴をあけ、その穴から自身のＲＮＡを、水鉄砲か何かのようにちゅーっと細胞質へと注入する。

このように、ウイルスはそれぞれさまざまな方策による脱殻を行い、自らのゲノムを宿主細胞の細胞質へと解き放つのであるが、それではわれらがミミウイルスはどうだろうか。

スターゲート構造

ミミウイルスの脱殻の仕方は、ウイルスの世界においては「常軌を逸している」という言葉がふさわしいため、項目を別に立てて述べたいと思う。

というのも、ファゴソーム内に取り込まれたミミウイルスは、ファゴソーム内の酸性化に伴い、すでに54ページでご紹介した「スターゲート」とよばれる構造を、映画『デューン／砂の惑星』に登場する巨大ミミズか何かのようにもがーっと開けるという、常軌を逸した行動をとるからである（図16）。これは、正二十面体の一二個ある頂点のうちのある一点を中心に、三角形の五枚のカプシドの平面（平面といってもそれ自体三層構造になっている）が、まるでゲートを開くようにして五放射対称に開くようになった構造である。これがスターゲートの名の由来で、ヒトデ型構造ともよばれる。

すでに述べたように、ミミウイルスは三層のカプシド構造が無数の表面繊維に覆われた形をしており、新型コロナウイルスやインフルエンザウイルスなどのエンベロープウイルスとは異なって、カプ

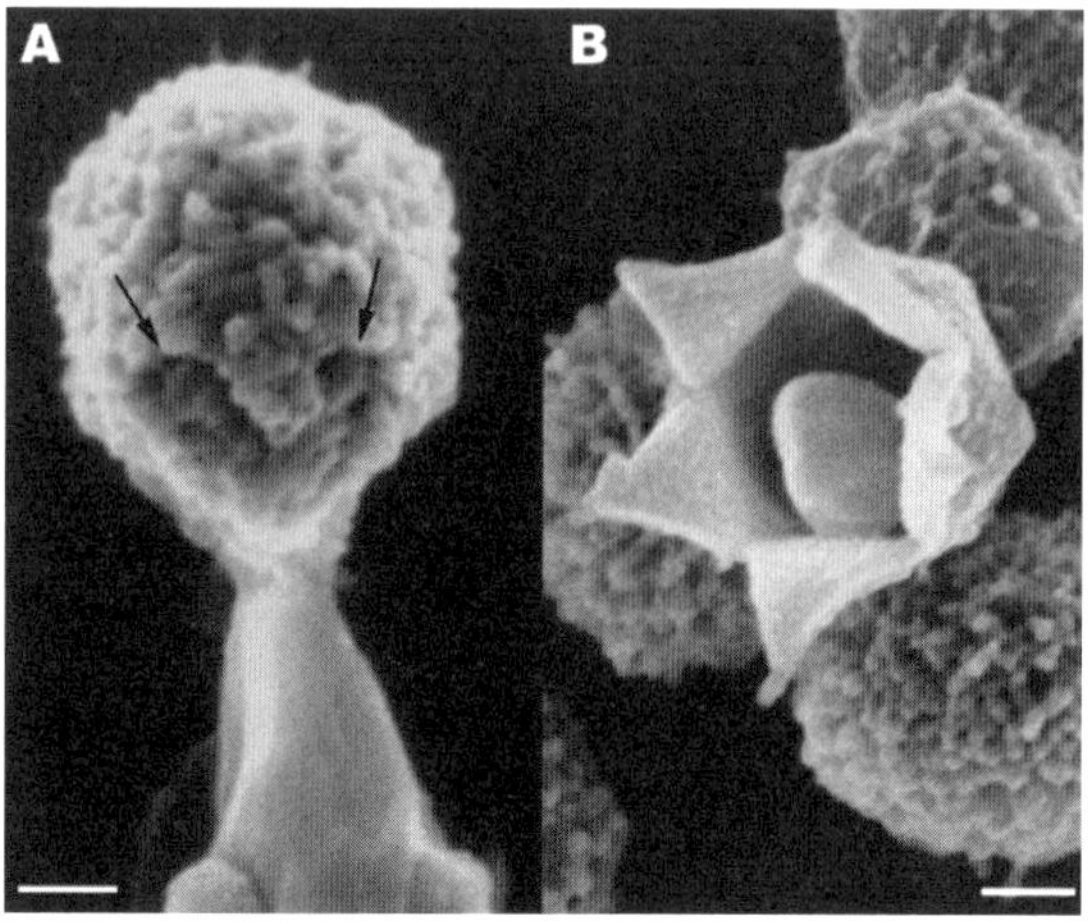

図16：スターゲートを開けるミミウイルス
ミミウイルス粒子に人工的な処理を施し、スターゲート構造を開けさせた走査型電子顕微鏡像。（左）スターゲート構造が開き、内部からインナー・メンブレンが放出されている様子。（右）スターゲート構造が開いた状態を外から覗いた走査型電子顕微鏡像。
[引用：Zauberman N. et al.（2008）Distinct DNA Exit and Packaging Portals in the Virus Acanthamoeba polyphaga mimivirus. *PLOS Biol.* 6, e114.]

シドの「内側に」脂質二重層をもっている。したがってこの脂質二重層は「エンベロープ」とはよばず、単に「内膜」あるいは「インナー・メンブレン」とよぶ。このインナー・メンブレンの内部に、ミミウイルスはゲノムDNAを隠し持っていることになる。

　ファゴソーム内でスターゲート構造を開いたミミウイルスは、内側にあるインナー・メンブレンを押し出し、ファゴソームの膜と融合させる（こう書くと、まるでミミウイルスが意思をもって行動しているかのように思えてしまうかもしれないが、実際にはこれらの行動は自発的に起こると考えられる）。その結果、ミミウイルスのゲノムとアメーバの細胞質が〝連絡通路〟でつながり合い、ゲノムがその〝連絡通路〟を通って、アメーバの細胞質へと放出される。

このような構造は、外側が脂質二重層でできたエンベロープに覆われ、その内部にヌクレオカプシドが詰まった新型コロナウイルスやインフルエンザウイルスのようなウイルスには必要ない。最外層にあるエンベロープと細胞膜、もしくはエンベロープとエンドソーム膜が融合すれば、あとはその中身がそのまま細胞質内に侵入を果たすことができるからである。

しかしミミウイルスのもっとも外側にあるのはエンベロープではなく、三層にもわたってゲノムを取り囲むカプシドの硬い層であり、さらにその表面を覆いつくす厚い表面繊維層である。これを壊さない限り、中のゲノムが出てくることはないし、壊すにしたって三層もあるカプシドを壊すのはなかなか骨が折れるはずである。実際、僕たちも普段からミミウイルスを研究で取り扱っていて、そのカプシドを人工的に壊し、中のゲノムを取り出すという操作をよくやるが、ミミウイルスのカプシドは結構〝頑固〟で、かなり強烈な条件に晒さないと完全に壊すことはできない。そこでミミウイルスは、周囲の酸性化を利用してスターゲート構造を開くという賢いやり方を選択し、硬いカプシドを壊すことなく、すんなりと内部のインナー・メンブレンを外側に押し出し、ゲノムを細胞質へと放出する複雑な「脱殻」法を編み出したのであろう。

ミミウイルスがなぜ、カプシドを三層にもわたって構築するように進化したのかはわからないが、三層のカプシドとスターゲート構造は、おそらくほぼ同時に獲得したものに違いない。カプシドが一層だけだったら、スターゲート構造のような大仰な構造は必要なく、簡単に脱殻を達成できたであろうから。

ステップその4・合成

宿主の細胞の細胞質に放出されたゲノムは、引き続いて「複製」の段階へと突入する。つまり、いよいよ子ウイルスの生産が始まるのである。

インフルエンザウイルスや新型コロナウイルスなどの場合、ゲノムの本体はＲＮＡであるから、自身がコードするＲＮＡ依存ＲＮＡポリメラーゼによるＲＮＡ複製が始まる。脱殻後、インフルエンザウイルスのＲＮＡは、宿主の細胞の細胞核へと移行し、そこで複製が行われる。一方新型コロナウイルスのＲＮＡは、宿主の細胞の「小胞体」へと移行し、そこで複製が行われる。このとき、新型コロナウイルスのＲＮＡは、小胞体の一部をあたかも自分の複製用の部屋のように改変し、そこを根城として複製を行うと考えられている（図17）。小胞体は、真核細胞に存在する扁平な袋が何層にも積み重なったような構造をした細胞小器官で、リボソームで合成されたタンパク質を、その内腔で適切な形に調整し、使えるようにするという非常に重要なはたらきがある。いうなればタンパク質の「控室」のような場所で、細胞質とは膜で隔てられた空間になっており、コロナウイルスにとっても〝居心地〟がよいのだろう。

ボルナウイルスという別のＲＮＡウイルスは、小胞体の一部を同じように改変し、さらに複雑な構造をもつ「複製オルガネラ」とよばれる構造体を構築することが知られている。すなわち、小胞体の内腔というのはいうなれば細胞質、すなわち細胞の「中」ではなく、その後のタンパク質の分泌経路を考えると細胞の「外」であるといえるわけだから、新型コロナウイルスやボルナウイルスなどから

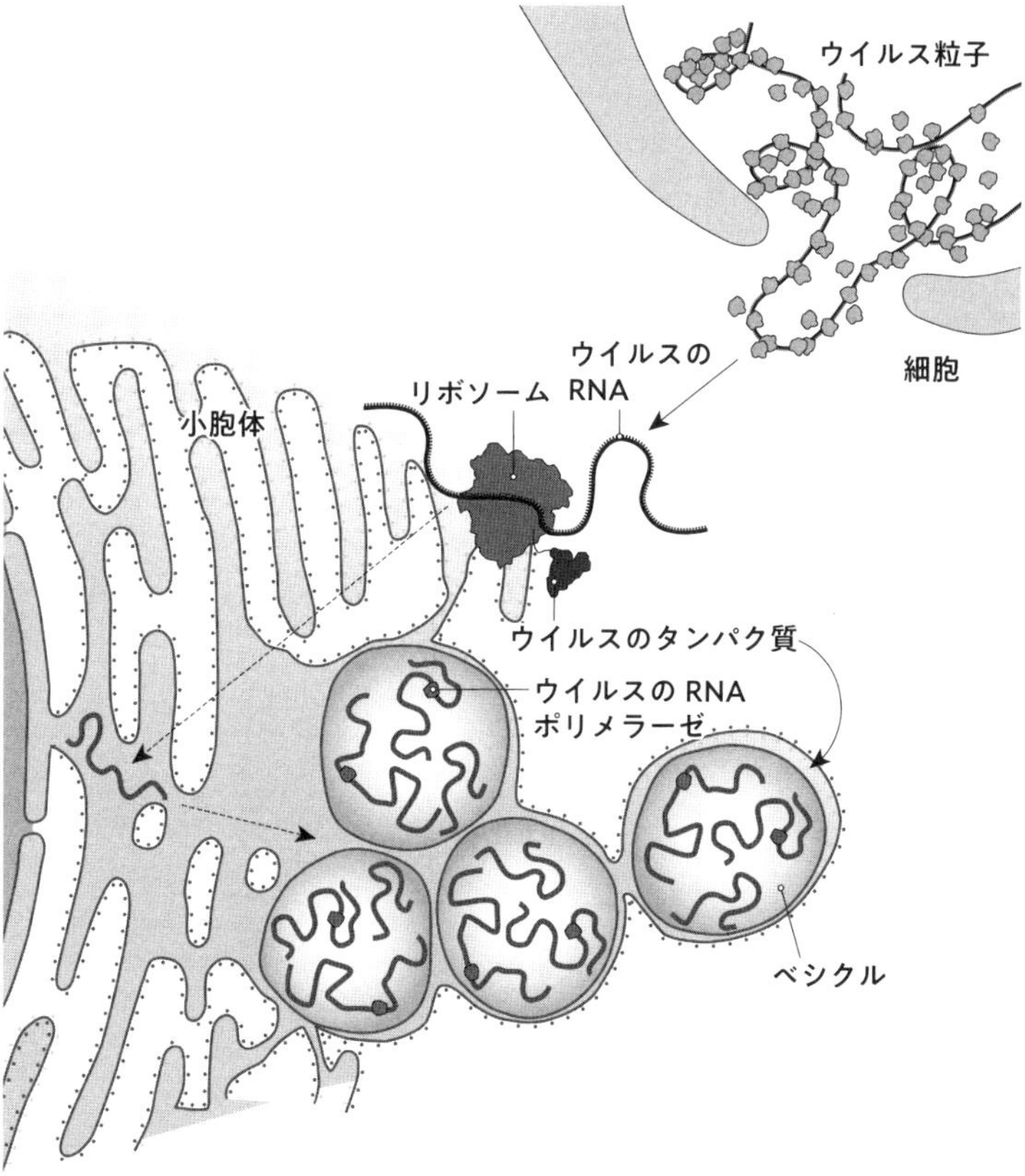

図17：新型コロナウイルスの合成

細胞内に侵入したウイルス RNA は、宿主のリボソームでタンパク質をつくり、その一部が小胞体の一部に「ベシクル」を形成する。ウイルス RNA はこのベシクルの内部でポリメラーゼを利用して複製する。

[参考資料：『日経サイエンス』2020年 8 月号、「特集：解明進む新型コロナウイルス　図説 感染・増殖・防御の仕組み」]

すると、細胞質に存在するウイルス攻撃システムの一つ「核酸分解酵素」にさらされることなく、〝安心〟して複製することができる部屋を用意するのは、非常に重要なことだったのであろう。

そしてＲＮＡが複製されるのと同時に、宿主の細胞のリボソームではウイルスのタンパク質が大量に合成され、子ウイルス粒子の組み立てに用いられる。

われらがミミウイルスの場合、ゲノムの本体はＤＮＡである。スターゲートから放出されたＤＮＡは、細胞質の中で大量に複製され、すでに述べた「ウイルス工場」とよばれる巨大な区画を作り、そこでさらに複製される。ミミウイルスのカプシドなどのタンパク質は、ウイルス工場周囲に存在するリボソームで合成され、ウイルス工場の表面あたりに集積されると考えられている。

脱殻によって形が壊れ、核酸のみになったウイルスたちは、こうした細胞内のさまざまな場所を使って自らを複製するのである。この期間のウイルスは、たとえ電子顕微鏡を使ったとしても、僕たち人間にはそこにいるようには見えない。ウイルスの核酸を特異的に検出できるような特殊な電子顕微鏡であればできるが、通常はできない。そのため、この期間に細胞を観察しても、僕たちにはその細胞にウイルスが感染しているかどうかを確認することができない。このことから、脱殻から合成を経て次の「成熟」に至る過程は、ほんとうはそこにいるにもかかわらずウイルスを観察することができないという意味を込めて、「暗黒期（eclipse phase）」とよばれる。エクリプスとは日蝕・月蝕のことを指す言葉だから、日本語でもほんとうは「日蝕期・月蝕期」の方がよいようにも思われるが、とにかく「暗黒期」とよぶことになっている。感染される僕たちからすると、ウイルスがいるのに見えないという状況は、まさに闇夜の中の「悪夢」なのだろう。

ステップその5・成熟

複製されたＤＮＡもしくはＲＮＡと、合成された粒子構成用タンパク質、そしてエンベロープウイルスの場合はエンベロープをそれぞれ組み立てて、一個のウイルス粒子を再構築する過程が「成熟」である。合成の過程で作られた核酸、タンパク質、エンベロープは、分子レベルであらかじめ決まっている筋書きに沿って、自動的に淡々と、子ウイルス粒子へと組み立てられていく。

成熟の場所は、これもまたウイルスによって大きく違う。

エンベロープウイルスの場合、多くは次のようなステップで成熟が行われる。

ヒト免疫不全ウイルスでは、合成されたタンパク質とＲＮＡは、宿主の細胞膜の内側で一緒になり、「ヌクレオカプシド」が再構築される。エンベロープに埋め込まれる予定のＥＮＶタンパク質は、細胞質のリボソームで合成されると宿主の細胞膜へと移動して、その内部に埋め込まれ、細胞の外側に向けて突き出された状態になる。そうして、細胞膜直下に存在するヌクレオカプシドが、ＥＮＶが突き出た細胞膜の部分を内側から押し出すようにして「出芽」し、成熟した粒子が作られる。要するに、押し出された「ＥＮＶ付き細胞膜」そのものが、ヒト免疫不全ウイルスのエンベロープそのものになるということだ。

インフルエンザウイルスも、ほぼ同じメカニズムによって成熟粒子が作られる。インフルエンザウイルスでは、細胞核の中で複製されたＲＮＡは、細胞質のリボソームで合成され、核膜孔を通って細胞核内に運ばれたカプシドタンパク質と複合体を形成し、「リボ核タンパク質粒子（ＲＮＰ）」、すなわちヌクレオカプシドを作る。このＲＮＰが再び核膜孔を通って細胞質へと運ばれ、やがて細胞膜直下へと移動する。インフルエンザウイルスでは、細胞膜に埋め込まれるのはＥＮＶではなく、ヘマグルチニンやノイラミニダーゼである。そうして、ヒト免疫不全ウイルスのときと同様、ＲＮＰが、ヘマグルチニンやノイラミニダーゼが埋め込まれた細胞膜を内側から押し上げ、細胞膜そのものをエンベロープとして身に纏い、ウイルス粒子として成熟する。

新型コロナウイルスの場合、小胞体内部で複製されたＲＮＡは、小胞に包まれた状態で小胞体から細胞質へと飛び出す。一方、細胞質で合成されたスパイクタンパク質などのエンベロープタンパク質は、ゴルジ体の一部の膜にぐさぐさと突き刺さる。このゴルジ体由来のエンベロープが、ＲＮＡを含む小胞と融合して子ウイルス粒子となり、分泌小胞（エキソソーム）の内部に封じ込められて、次の過程である「放出」を待つ段階へと成熟する（図18）。

われらがミミウイルスは、ウイルス工場の内部でＤＮＡが複製され、ウイルス工場の周辺領域にカプシドタンパク質やインナー・メンブレン用の膜成分が集積されるため、複製されたＤＮＡがウイルス工場内部から外側へ出ていく際に、インナー・メンブレンで覆われた上でカプシドタンパク質に覆われる、と誰もがそう思うところであろうが、じつはそうではない。ミミウイルスは、じつに不思議な成熟の仕方をする。

ミミウイルスの場合まず最初に、インナー・メンブレンが三層のカプシドに覆われただけの、中にＤＮＡが入っていない空の粒子が、ウイルス工場の周辺領域で組み立てられる。そして組み立てが完了した後、スターゲート構造とは反対側付近にあるカプシドから、ストロー状の構造が伸び、ウイル

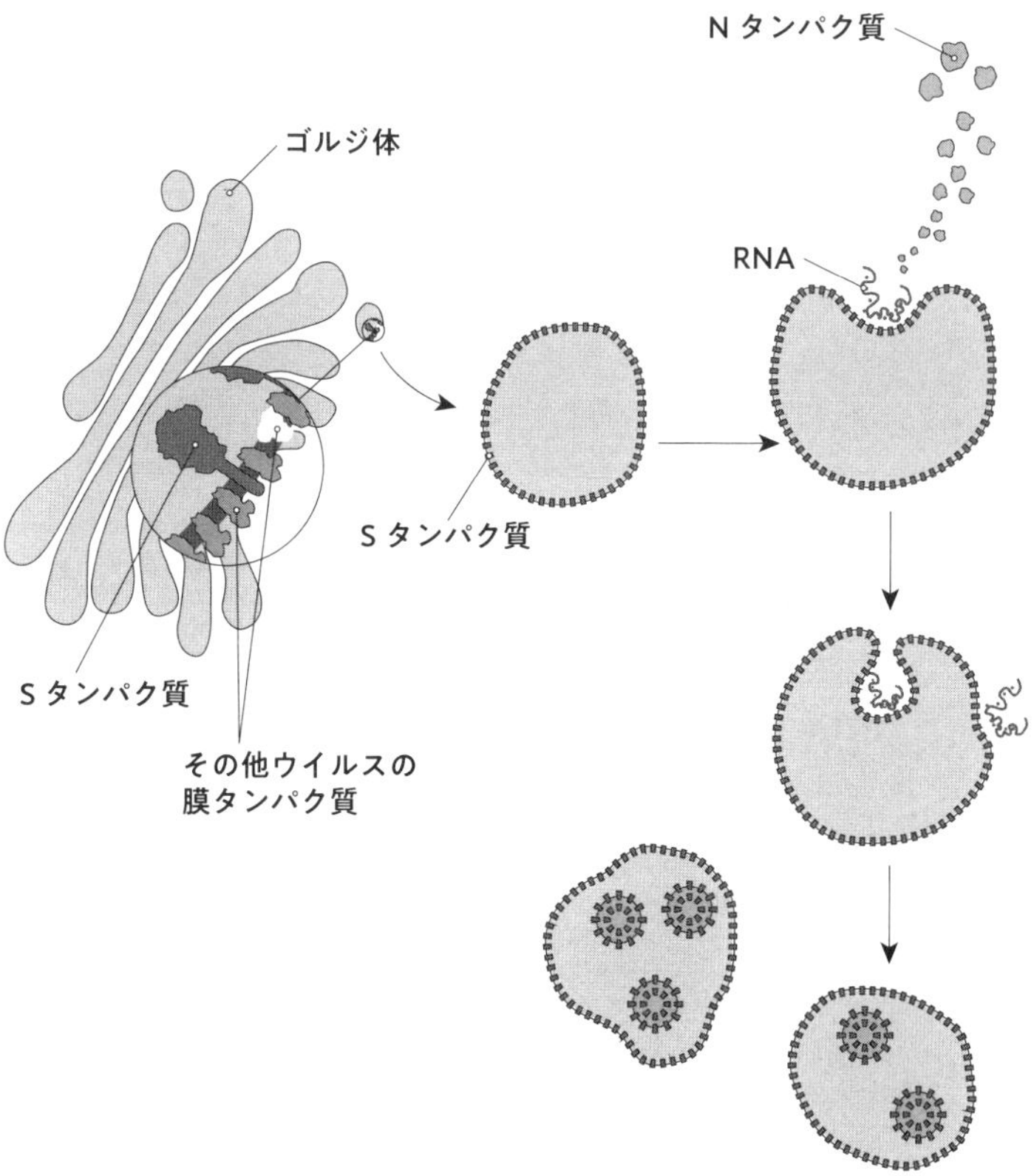

図18：新型コロナウイルスの成熟

ゴルジ体に由来する分泌小胞の膜には、Sタンパク質などが埋めこまれ、そこに複製されたRNAがNタンパク質とともに入りこみ、ウイルス粒子が作られる。

[参考資料：『日経サイエンス』2020年8月号、「特集：解明進む新型コロナウイルス　図説 感染・増殖・防御の仕組み」]

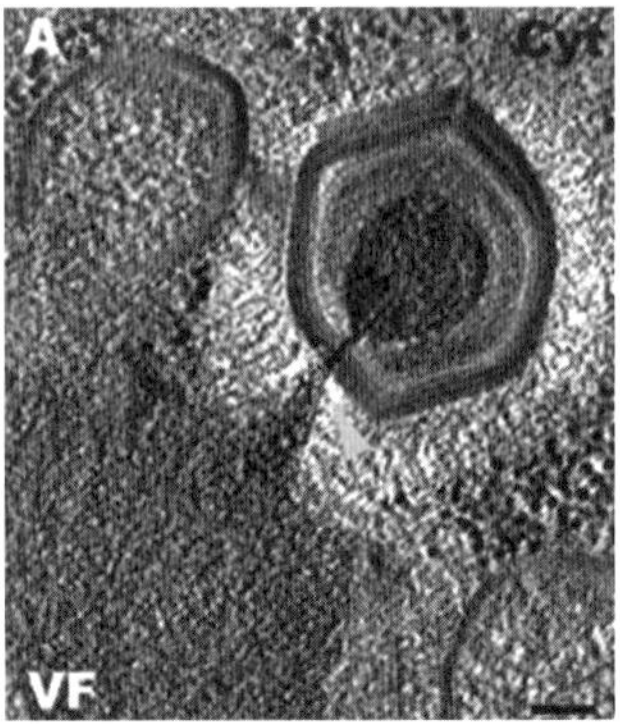

図19：ミミウイルスのストロー構造

カプシドが組み立てられた後、ミミウイルスはウイルス工場（VF）からゲノムを１本だけ吸い取る。
[引用：Zauberman N. et al. (2008) Distinct DNA Exit and Packaging Portals in the Virus Acanthamoeba polyphaga mimivirus. *PLOS Biol.* 6, e114.]

ス工場の内部に存在する大量のゲノムDNAのうち一本（すなわち一セットのゲノムDNA）だけを吸い上げるようにして、インナー・メンブレンの内側に納めると考えられている（図19）。ゲノムを放出するスターゲート構造も奇妙だが、まるで太いストローでタピオカを吸い取るようにゲノムを吸い上げるストロー構造もまた奇妙である。ほんとうに不思議なウイルスだ。

そうして、ゲノムを吸い上げ終わった子ウイルス粒子の周囲に表面繊維がびっしりと貼り付き、子ウイルス粒子が成熟するのである。

ステップその6・放出

インフルエンザウイルスならびにヒト免疫不全ウイルスは、上述したように、成熟の完了時点ですでに細胞の外側にいるので、これをもって「放出」とみなしてよい。

新型コロナウイルスの場合は、成熟したウイルス粒子は、エキソソームとよばれる分泌小胞の膜に包まれた状態にあり、これが細胞膜と融合するようにして（このようなしくみをエキソサイトーシスという。

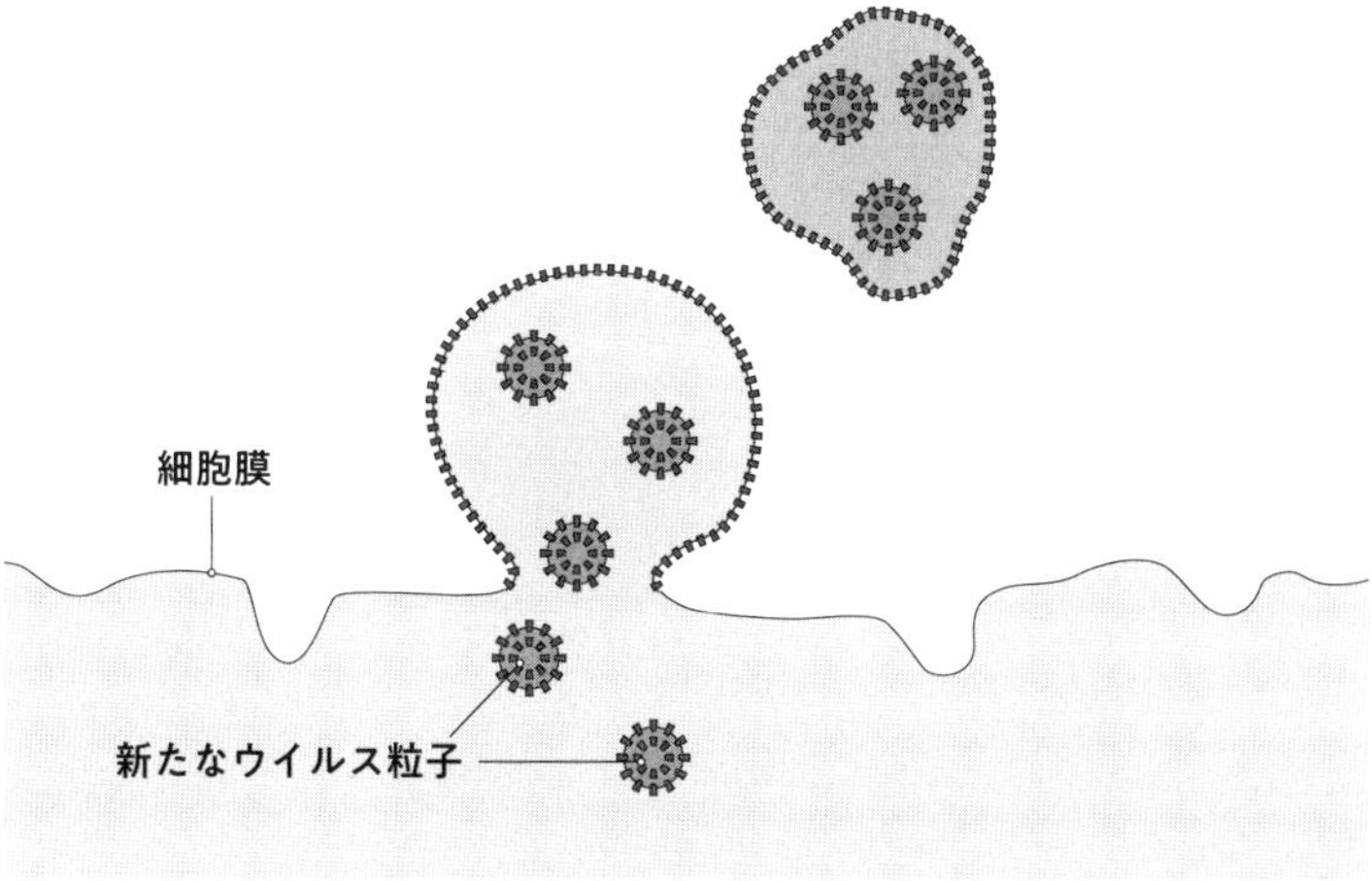

図20：新型コロナウイルスの放出

ウイルス粒子が入っていた分泌小胞は、細胞膜と融合して、ウイルス粒子を外へと放出する。

［参考資料：『日経サイエンス』2020年８月号、「特集：解明進む新型コロナウイルス　図説 感染・増殖・防御の仕組み」］

いわば、エンドサイトーシスの逆反応である）細胞外へと放出される（図20）。

　このように、もっとも外側が細胞膜と同じく脂質二重層で包まれているエンベロープウイルスが放出される際は、細胞膜そのものを持ち上げるようにしてエンベロープにしたり、エキソサイトーシスによって外へ出ていったりと、比較的緩やかな感じで細胞から放出される。とはいっても、その頃には細胞内のリボソームはウイルスのタンパク質の合成のためにほぼ乗っ取られてしまっていると考えられるため、細胞自身はヘロヘロな状態になっていると思われる。したがって、細胞膜から大量の子ウイルスが出ていくという「ちょいとした刺激」だけでも、細胞が壊れて死ぬ可能性はある。もっとも多くの場合、こうした細胞は免疫系によって「ウイルス感染細胞」として処理され、どちらにせよ殺されてしまうのだが。

一方、外側がエンベロープで覆われていないノンエンベロープウイルスの場合は、エキソサイトーシスで外部へ放出されるものももちろんあるが、中にはものすごく劇的に、宿主の細胞膜を文字通り「蹴破って」出ていくものもある。われらがミミウイルスは、その最右翼であろう。

ミミウイルスは、細胞質に作り上げたウイルス工場で組み立てられ、その周辺領域で成熟するため、そもそも細胞質の中に直に存在し、エキソソームなどの膜で包まれた状態にはなっていない。したがって、アカントアメーバ細胞がパンパンに膨れ上がるまで大量のミミウイルス粒子が作られ、これ以上はもうもたないということになると、細胞膜の一部が破れ、そこから一気に大量のミミウイルス粒子が放出される。このミミウイルス粒子によるアメーバ破壊の様子をタイムラプス撮影により時間を縮めてみると、ほんとうにアメーバ細胞が大爆発し、ウイルス粒子が周囲に飛散している様子がよくわかる（図11）。ただ、それも一つの例にすぎない。ミミウイルスの観察を続けていると、少しずつ小分けにして細胞から放出されているように見えるシーンも撮れることがある。すなわち、アメーバの細胞膜が一瞬破れてミミウイルス粒子が外に放出されても、次の瞬間には細胞膜の穴が融合してふさがる。またしばらくするとミミウイルス粒子が増えて、また細胞膜が破れてウイルスが放出される、といった具合に、ミミウイルスの放出が何回かに分けて起こる場合もあるようだ。

ミミウイルス以外の巨大ウイルスも、基本的にはこの方法で、すなわち細胞膜を蹴破って外に出ていくという方式で、外界へ放出されるようである。

ウイルスと免疫

新型コロナウイルスの感染拡大、いわゆる「コロナ禍」においては、社会のさまざまな分野で良くも悪くも多くの変化が起こったが、同時に人々の心の中でも、ある変化が生じたということがあった。それは、人々の興味関心が、それまで向けられていなかった分野に向いたということである。具体的にいうと「ウイルス」に対する興味関心と、「免疫」に対する興味関心である。

ウイルスに対するものとして注目すべきは、新型コロナウイルスだけでなく、ウイルス全般に対する興味関心が向上したらしい、ということがあった。「はじめに」でも書いているし自分のことで誠に恐縮だが、このことは、僕のウイルスに関するこれまでの著作（講談社ブルーバックス刊『新しいウイルス入門』ならびに『生物はウイルスが進化させた』、さくら舎刊『ヒトがいまあるのはウイルスのおかげ！』）が軒並み、連続して増刷となったことからも予測できる。これまで僕の本がこれほど連続して増刷されたことはほとんどなかったので（自虐気味である）、これはもう確信をもってそう断言できる。

一方において、免疫に対する興味関心もまた、新型コロナウイルス関連で向上したものであろう。たとえば、体内に侵入したときに、体の免疫はどのようにして新型コロナウイルスをやっつけるのか、新型コロナウイルスに打ち勝つためには免疫はどうあればよいのか、免疫力が下がった人は重症化率が高くなるのかといったことに、多くの人が興味をもったものと思われる。いずれにせよ、感染症に限らず病気になるかならないかに免疫力の強さ、弱さが関わっていることは明らかで、その重要さもまた、高校生物のカリキュラムにおいてほとんどの生徒が学ぶであろう科目「生物基礎」で詳しく取り上げられていることからも明らかである。

免疫は、脊椎動物などいわゆる〝高等〟真核生物がもっているしくみだが、無脊椎動物や植物にもそれに該当する「生体防御」のしくみがある。免疫も生体防御のしくみの一つだから、どことなくしっくり来ない話ではあるが、要するにすべての生物は「生体防御」のしくみをもち、特に複雑なのが僕たちがもつ免疫だということである。すべての生物がもつということは、単細胞生物にも生体防御のしくみがあるのか？　と思われたかもしれない。そう、じつはあるのだ。

たとえばバクテリア（細菌）である。バクテリアには、バクテリオファージとよばれるウイルスが感染することが知られている。「ファージ（phage）」というのは「食べるもの」という意味だけれども、「バクテリアを食べる」＝「バクテリアに感染する」ということだから、結局のところ、ウイルスのことである。バクテリアには、このバクテリオファージに対抗する手段、すなわちバクテリオファージから身を守るための「生体防御」が備わっていることが知られている。バクテリアは、自身のゲノムＤＮＡのある部分に「ＣＲＩＳＰＲ（クリスパー）」とよばれる領域をもち、この領域に〝敵〟の情報、すなわちバクテリオファージの遺伝情報の一部を写し取り、保存しているのである。そうして、いざ〝敵〟が細胞内に侵入してくると、クリスパー領域にある〝敵〟の情報、すなわちバクテリオファージの遺伝情報をもとにＲＮＡを転写し、侵入した〝敵〟のＤＮＡに、そのＲＮＡを無理やり相補的に結合させるのだ。そうして、自分がもっている核酸切断酵素（キャス９とよばれるタンパク質）を作用させ、ＲＮＡが結合しているバクテリオファージＤＮＡを切断するのである。まさに、バクテリオファージから身を守るための「免疫」といっても過言ではない。なおこの「クリスパー」ならびに核酸切断酵素キャス9は、ゲノム編集とよばれる最先端の分子生物学技術に応用されていることで知られている。その開発者であるダウドナ、シャルパンティエの両博士が二〇二〇年のノーベル化学賞を受賞したことも、まだ記憶に新しい。

さて、おもしろいのはこれからである。バクテリアがかくも見事な生体防御のしくみをもっているのであれば、それと同じくらい大きく複雑な巨大ウイルスも、同様の生体防御のしくみをもっていても決しておかしくはない。じつはわれらがミミウイルスにも、バクテリアの「クリスパー」と同様の生体防御のしくみが存在するのである。ウイルスごときが自分の身を守るためのしくみをもっているなんて！などとは思わないでいただきたい。というのも、バクテリアに感染するウイルス、バクテリオファージと同じように、じつはミミウイルスにもまた、「ヴァイロファージ」という、ミミウイルスに感染するウイルスが存在することが知られているからである。

ただしヴァイロファージは、ミミウイルスそのものに感染するわけではなく、ミミウイルスと同じく、その宿主であるアカントアメーバに感染する。（ミミウイルスにとって）厄介なのは、ヴァイロファージはアカントアメーバに感染することはするが、それ単独ではアカントアメーバ細胞内で増殖することはできず、一緒に感染したミミウイルスのしくみを使って、ようやくアメーバ細胞内で増殖することができるという点である。ヴァイロファージによってそのしくみを使われた（あるいは奪われた？）ミミウイルスは、いってみれば自分のしくみをヴァイロファージに乗っ取られたということになり、アメーバの中で正常な増殖ができなくなってしまい、数が減ったり、おかしな形をした粒子ができてしまったりする。だからヴァイロファージは、本来はアカントアメーバに感染するのだけれども、実質的にはミミウイルスに感染する、といっても差し支えない、という塩梅である。したがって、ミミウイルスにとってみればヴァイロファージはあまり一緒にいてほしくない連中ということになり、もしミミウイルスが生体防御のしくみをもっているとすれば、明らかにヴァイロファージはその対象となるのである。

そして実際にミミウイルスは、ヴァイロファージに対する生体防御のしくみをもっている。それは、バクテリアにおける「ＣＲＩＳＰＲ」と同様、ヴァイロファージのＤＮＡの一部の塩基配列を自らのゲノムの中に隠し持っていて、ヴァイロファージが一緒に侵入するような事態になると、ミミウイルスはその〝敵〟の遺伝情報からＲＮＡを作り、バクテリアの生体防御と同じ方法で、ヴァイロファージのＤＮＡに結合させ、それを目印として、核酸分解酵素によりヴァイロファージのＤＮＡをぶった切るのである。

この、ミミウイルスがもっている、バクテリアにおける「ＣＲＩＳＰＲ」に該当する領域は、「ＭＩＭＩＶＩＲＥ」（ミミヴァイア）とよばれている。この生体防御のしくみの発見は、世界的な科学誌『ネイチャー』誌上で発表された。いかにインパクトが高い発見であったかが、それからだけでもわかるというものである。

ミミウイルスが生体防御のしくみをもっていることの意義

それでは、ミミウイルスがこうした生体防御のしくみをもっていることには、いったいどのような意義が存在するのだろうか。

　まずすぐに思いつくのは、ミミウイルスがそれだけバクテリア、すなわち生物のしくみに近い複雑なしくみをもったウイルスである、ということだ。それまでのウイルスは、自ら代謝活動を行っていないがゆえに、生体防御のしくみをもつなどということはありそうもなかったし、また誰に対する生体防御なのかということを考えても、その存在意義はなかったろう。そもそも「生体防御」という言葉の意味に鑑みて、それは生体、すなわち「生物の体」を守るためのしくみであって、生物ではないウイルスは、防御される対象にすらならなかったはずである。そのしくみを、ミミウイルスはもっていた。ヴァイロファージという、「ウイルスに感染するウイルス」に対抗する手段として。ウイルスというのは他者に感染するものであって、「他者から感染される」というシチュエーションは、ウイルス学者も予想していなかった。「他者から感染されるんだったら、生体防御のしくみをもちゃあいいじゃん」などというのは、あくまでも生物的な考えである。

　このことは、「ウイルスの本体は何か」という、根源的な問いとも関係する。というのも、ミミウイルスが生体防御を発動するのは、ミミウイルス粒子の中ではなく、感染したアメーバの細胞の中だからである。

　多くの人は、ウイルスという言葉を聞いたとたん、幾何学的な正二十面体で、表面がなんだか知らない棘のようなもので覆われている、宇宙船のような姿（図3のノンエンベロープウイルスのようなもの）をイメージするだろうし、実際のウイルス粒子もまあ大差なくそのような構造をしている。しかし、僕たちウイルス学者は、あれを「ウイルス」と表現することももちろんあるが、「ウイルス粒子」と表現することもよくある。この本でも、これまで何回もこの言い方が登場してきた。「ウイルス」という表現も使うけれども、「ウイルス粒子」という言葉もよく使う。いったい、この両者の違いは何なのだろうか。

平たくいうと、「ウイルス粒子」といった場合、あれは「ウイルス」である一方で、そのウイルスの「粒子状の形態」であるという意味が言外に含まれると見ていい。つまり、ウイルスには複数の形態があって、そのうちの一つが、僕たちがよくイメージするあの「粒子」の形なのだということだ。では、粒子以外の形態とはいったい何か。それこそが、ミミウイルスが生体防御を発動する形態である、「宿主の細胞に感染している形態」なのである。アメーバに、アメーバ運動で動き回る栄養体と、休眠状態に入ったシストという二つの状態があるのと同様に、ウイルスにも、そのあたりを飛び回って宿主にとりつくのを待っている粒子と、宿主にうまくとりついて中で増殖しているウイルス性細胞の二つの状態がある。これはすなわち、59ページですでに述べた、フランス・パスツール研究所の微生物学者パトリック・フォルテール博士が提唱した「ヴァイロセル仮説」における考え方である。ウイルスのほんとうの姿とは、後者の状態、すなわち宿主にうまくとりついて、その中で増殖しているウイルス性細胞の状態なのである。言い換えると、ウイルスの本体とは、宿主の細胞の中で、宿主のリボソームを使って自らのタンパク質を活発に作り出している、その宿主の細胞そのものである、ということである。その細胞ではもはや、もともとの細胞のタンパク質は作られておらず、もっぱらウイルスのタンパク質のみが作られているから、いわば細胞全体がウイルスに乗っ取られた状態になっている。これがウイルス性細胞、すなわち「ヴァイロセル（ヴィロセル）」だ。このヴァイロセルこそがウイルスの本体であって、僕たちが普段イメージするあの「粒子」は、ヴァイロセルが仲間を増やすために飛び出させた、いってみればウイルスの生殖細胞である。

　ヴァイロセル仮説の考え方で見れば、ミミウイルスが生体防御のしくみをもっていて、それを発動している状態、すなわち「ヴァイロセル」の状態こそがウイルスの本体なのだといわれると、大いに合点がいく。ウイルスというのは、細胞とは異なり自己複製せず、自立した代謝も行わないというふうに捉えられてきたわけだけれども、それはあくまでも、ウイルスの本体をあの「粒子」の状態であるとした場合の話である。ウイルスの本体が「ヴァイロセル」であったとするなら、少なくとも「自立した代謝」をもつかもたないかでいえば、もともとは細胞をベースに構築されたものであるがゆえに、リボソームもきちんとあるし、代謝のためのさまざまな材料もたくさん揃っているわけで、「自立した」という言葉の意味をどうとらえるかという問題はあるにせよ、ヴァイロセルは自立して代謝を行っているとみなすことは十分に可能である。しかも、ヴァイロセルはそれそのものが細胞でできている。ヴァイロセルの中で大量に作られた「生殖細胞」は、ヴァイロセルから飛び出した後、次に感染した細胞の中で、やはり同様のヴァイロセルを作り上げるわけだから、自立して自己複製もしているといえる。となると、ヴァイロセルを本体とするウイルスもまた、「生物」であるとみなしてもいいということになる。

　ミミウイルスが生体防御のしくみをもっているということを突き詰めて議論していくと、ヴァイロセルという考え方を通して、いったいウイルスの本体とは何なのかという問題に、どうしても行きつくことになる。そしてこの問題提起には、ウイルスとは何かという疑問のみにとどまらず、生物とは何か、細胞とは何かという古来の疑問に対しても、その議論を広げていくという、極めて重要な生物学的意義があるといえるのである。

ウイルスと生物のはざまで

本章では、ミミウイルスを題材にして、僕がウイルス学に足を踏み入れるに至った経緯から始め、ウイルスの基本的な行動（感染プロセス）をさらっと概観してきた（これでも「さらっと」なのである）。おおまかにではあるかもしれないが、ウイルスとはどのような存在であるのかについて、おわかりいただけたのではないかと思う。もちろん、細かいウイルスの分類はさらに細かく、本章で触れてきた感染サイクルの一つ一つが、ウイルスの一つ一つで違うので、この程度の字数ではすべてのウイルスを網羅することは到底できるものではない。

リボソームが存在しないがゆえに、また細胞膜という膜で覆われていないがゆえに、ウイルスは生物とはみなされてこなかった。しかし、そのような区分けにほんとうに意味があるのかという疑問が、巨大ウイルスを取り扱っているといつも頭の中でぐるぐる回っている。

連続性という概念を引っ張りだせば、生物の世界にも、独立して生きていくことができる細胞もいれば、独立しては生きられない、リケッチアのようないわゆる偏性寄生性の細胞もいる。とはいっても、独立して生きられるものと生きられないものは、進化・系統的に完全に断絶しているのかというと決してそういうわけではなく、明らかに共通祖先から分岐し、進化してきた系譜において、必ずど

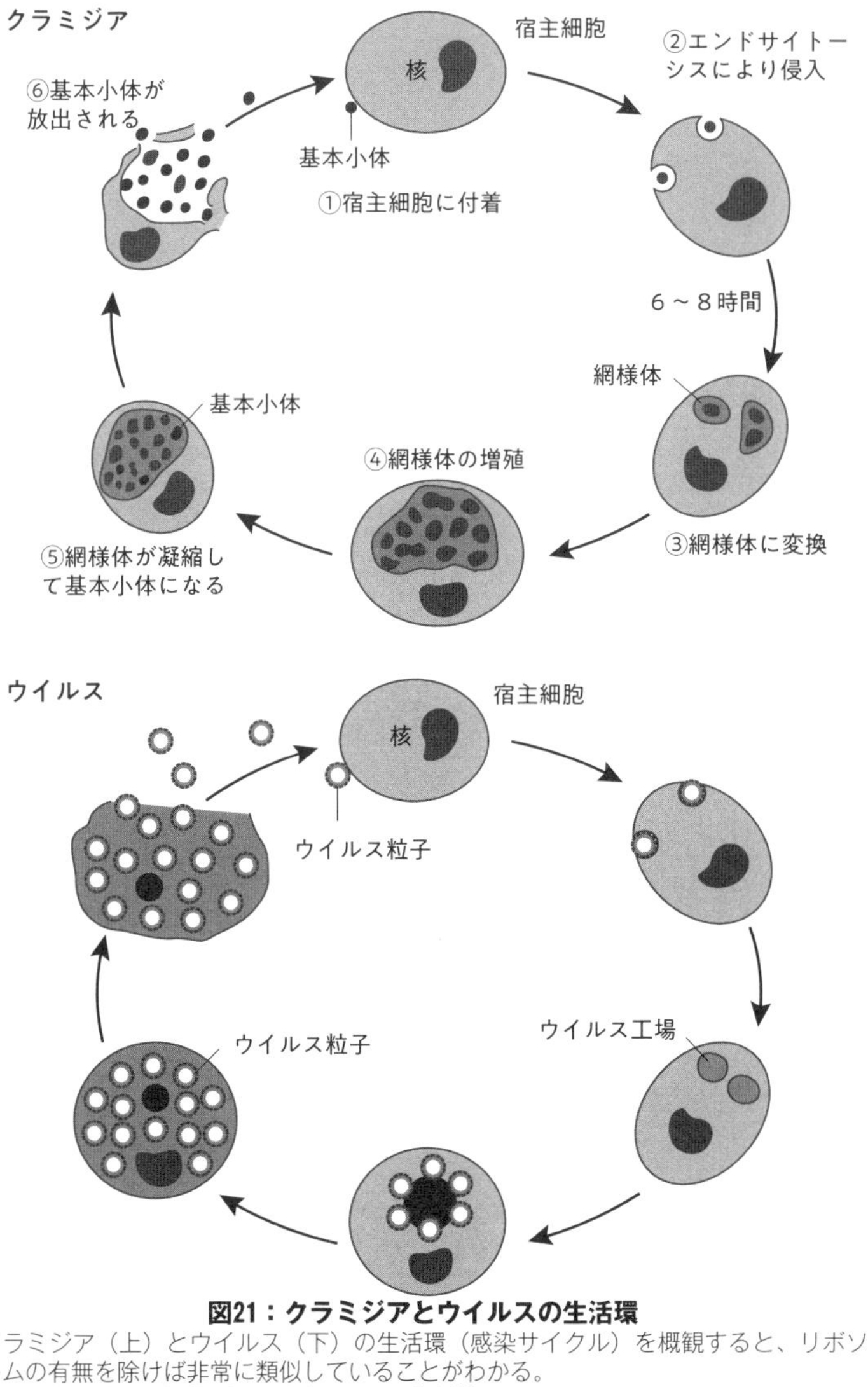

図21：クラミジアとウイルスの生活環

クラミジア（上）とウイルス（下）の生活環（感染サイクル）を概観すると、リボソームの有無を除けば非常に類似していることがわかる。
[参考資料：武村政春『細胞とはなんだろう』講談社]

こかで連続している。たしかにウイルスは生物から独立しては生きられない。しかしこの点においては、リケッチアやクラミジアのような一部の生物と、ウイルスの生活環は非常によく似ているともいえる。というより、たとえばクラミジアの生活環とウイルスの生活環は、誰が見てもそっくりなタイプである（図21）。もちろん、前者にはリボソームがあり、後者にはリボソームがない、という違いは厳然とあるが、生き方が同じ二つのものがあって、ただリボソームがないというだけで、前者を生物、後者をウイルスと、完膚なきまでに完全に分け隔ててしまう必要性は、いったいどこにあるのだろうか。学問的な意味で分ける必要はある程度あるかもしれないし、ウイルスの起源に関してはいくつかの説が拮抗し、結論を得ていない状況もあるが、生物とウイルスは必ずどこかでつながっているはずで、その意味では生物とウイルスもまた、連続しているのである。

巨大であろうとなかろうと、ウイルスはすべて、生物のしくみの中で〝生きている〟。時には宿主である生物と寄り添いながら、時には共生関係を保ちながら、そして時には宿主との間で生き死ににかかわる相互作用を果たしながら、ウイルスたちは〝生きている〟。

ウイルスたちは、やはりほんとうは、生物の仲間であるに違いないのである。

第3章 マルセイユウイルス論
——小さいウイルスたちの生き様

トールキンの『指輪物語』を原作とする映画『ロード・オブ・ザ・リング』は、ホビットという伝説上の種族が、世界を支配しようとする冥王サウロンの力の源泉である一個の指輪を、「滅びの山」の火の中に投げ込んで滅ぼすために、人間やドワーフ、エルフの力を借りながらさまざまな困難を乗り越え、旅をする物語である。ホビットという種族は、ほかの種族に比べて身長が低く、人間やエルフから見れば子どものようだという。しかしながらホビットたちは、その勇敢さと共に、時には自らの身長の低さを利用して有利に戦い、人間の国ゴンドールやローハンを勝利へと導くのである。

本章に登場する「マルセイユウイルス」というウイルスは、その存在としては、巨大ウイルスの中ではそれほど自己主張が激しいウイルスではない。なにしろ「もっとも小さな巨大ウイルス」という形容からもわかるとおり、巨大なのか小さいのかよくわからないというところがあり、その形も普通のウイルスと同じく正二十面体をしていて、ミミウイルスのスターゲート構造や表面繊維のような、「なんじゃこりゃ」的、「珍百景」的な構造はもたない、かなり地味な存在である。

しかし、マルセイユウイルスにはそうした〝逆境〟を乗り越える、すばらしいしくみが存在していることが近年、徐々にわかってきつつある。小さいなりにその矜持を示し、存在感をアピールしているかのように見えるそのしくみは、どうやらウイルスの中でもたしかに異彩を放っているように見え、物語の中のホビットにも似た、魅力的な〝身体能力〟を持ち合わせているようにも見える。いったいマルセイユウイルスとは何者なのだろうか？

本章では、マルセイユウイルスの姿を通じて、「小さきもの」としてのウイルスの、真の姿に迫っていこう。

小さいものは弱いのか

どうも世の中の人たちは、小さいものよりも大きいものの方に興味を惹かれるようである。たとえば、極小な生物よりも、巨大な生物の方にその興味関心が向けられる傾向にあるように感じる。たとえば太古の恐竜とかダイオウイカとか、巨大ウナギとか巨大なエチゼンクラゲとか、そういったものの話題がＳＮＳなどでも人気を博しているように思われる一方で、その逆、すなわちより小さな体をもった生物の話題は比較的少ないように思う。というか、ほとんどない！　もっとも、小さな体をもった生物はそれだけ発見されにくいし、また人々の目もそれを捉えるだけの精密さをもっていないから、仕方がないとはいえる。かく文句を垂れる僕自身も、「巨大」ウイルスに強烈なおもしろさを感じ、その研究を行っているわけだから、文句をいえる立場でもない。

大きい生物と小さい生物のどちらが「強いか」という話を時々聞くことがある。食物連鎖という自然界の法則によると、小さい生物が大きい生物に「食べられやすい」ことは自明の理である。むろん、大きい生物をそれより小さい生物が大きな口をあんぐりと開けて食べてしまうことは自然界でも往々にしてあるが、やはりものを食べる「口」の大きさに鑑みて、小さい生物は大きい生物に「食べられる」というのが、一般的な自然界の摂理であろう（古い言い方ではあるが）。

では、大きい生物よりも小さい生物の方が「弱く」、小さい生物より大きい生物の方が「強い」のかというと、決してそんなことはない。第一に、強いだの弱いだのというのは人間的な物の見方にすぎないのであって、大きい生物の方が「強い」と思うのは、「相手を食べて生きる」方が、「相手に食べられて死ぬ」よりも価値が高いと思い込んでいるからにすぎない。むろん、僕も人間だからその考えに縛られてしまいがちになることは否めないが、冷静になって生物の世界を捉え、それを自らの身に起こることとして考えてみると、いったいどうして、「相手を食べて生きる」方が強く偉く、「相手に食べられて死ぬ」方が弱く偉くないといえるのかという疑問が、ふつふつとわいて出てきてしまうのである。むしろ、食べられて死ぬ生物が、食べて生きる生物を「生かしてさしあげている」と考えた方が、世の中の生物界のありようを正確に理解できると思う。だからこそ、食べられる生物の方が、食べる生物よりも圧倒的に多いのだ。そうでなくては生態系は成り立たない。ウイルスを研究していると、そうした思いがさらに強くなる。

ただそれなら、「小さい生物は積極的に大きい生物に食べられるようにしているはずじゃあないか、自己犠牲の精神をもって」といった反論が出てくるかもしれない。実際、小さい生物には、小さいなりの戦略というものがあって、よりほかの生物（「天敵」といういかにも人間的な考え方でつけられた名が与えられている）に食べられないようにする戦略をとることがほとんどである。有名な例で恐縮だけれども、小さい魚が大きい魚に少しでも食べられにくくするために（と、そういわれる。ほんとうかどうかは知らないが）、集団行動をとるというものがよく知られている。しかし、そうした戦略をとるにもかかわらず、やはり小さな魚は大きな魚に食べられる。これは食物連鎖というしくみ上、仕方がないことだ。小さな魚が食べられないような戦略をとったとしても、食べる側の大きな魚も、より小さな魚をたくさん食べるように戦略を立てるからである。そうした「いたちごっこ」を繰り返して、生物の世界というのは進化してきた。いうなれば、小さい魚も必死だし、大きい魚も必死である。そうした世界では、「強い」「弱い」などという概念はそぐわない。要するに、ライオンやトラのような肉食動物が「強い」、ヌーやキョンのような草食（植物食）動物が「弱い」という固定観念は、生物学的にはふさわしくない。

　僕たちは、普段食卓で魚を食べる。クロマグロやカジキなどは僕たち人間と同じくらいの体長だが、食卓に乗る頃は切り身になっているから、その時点では、僕たちより小さい生物だといえなくもない。イワシ、アジ、シシャモなどは人間の体よりも小さいので、まさに彼らと僕たち人間は、「小さい生物」と「大きい生物」の関係であり、僕たちは明らかに、自分たちより小さい彼らを「食べて」いる。それでは、アジやシシャモよりももっと小さな生物はどうだろう。

　たとえばシシャモの体表についているバクテリアを、僕たちは「食べている」といえるだろうか。「シシャモを食べるときゃあ焼いてから食べるからバクテリアなんか死んどるわい」といったコメントは、この際どうでもいい。もちろん、シシャモが生焼けで、その表面についたバクテリアが生きていることは十分あり得る。それだったら、生で食べる寿司だって同じだ。何をいいたいのかというと、僕たちは、たとえシシャモの体表にバクテリアがついていて、それを口に入れていたとしても、決してバクテリアを食べているような気にはならないし、バクテリアを食べているつもりなど針の先ほどもない。もちろんそれは、バクテリアが目に見えないからであって、それを口にしているとはつゆ気がつかないし、気にもとめないからであるともいえる。しかし、シシャモの体表についているバクテリアからすると、バクテリアにそのような感情があるかどうかは置いておいて、もしシシャモごと口の中に入れられ、むしゃむしゃと咀嚼されたりなんかすると、明らかに僕たち人間に食べられてしまった！と感じるであろう（感じるとしておこう）。口の中に入るわけだし、さらに胃の中で消化されてしまうわけだし。

さらに小さい生物はどうだろう。バクテリアより小さいものといえばウイルスくらいしか思いつかないが、ここでは彼らもまた生物であるとすると、やはりそのウイルスたちもまた、僕たちが意図しようがしまいが、口に入れていることには変わりないことであるし、さらに胃の中で消化されてしまうだろうから、僕たちはそれを「食べている」とみなすに吝かでない。ただ、先ほども例に挙げたように、人間が地球の大きさだとするとウイルスは一匹のネコ程度の大きさしかないから、僕たちがウイルスを「食べている」ことに気づかないし、気にもとめないだけなのである。

バクテリアやウイルスほどにまで小さくなると、僕たちはそれと気づかないわけだから、誰もバクテリアやウイルスは「弱い」もので、それを食べる僕たちは「強い」ものだ、などと思わない。シシヤモは「弱い」と思うくせに、ウイルスは「弱い」と思わないのは、これはもう、目で見えるものだけを尺度の内に考えている人間の、悪くいえば「エゴ」であるといわざるを得まい。要するに、「小さい」ということは決して悪いことではなく、また「弱い」ことを意味しているわけでも決してないのである。

もっとも小さな巨大ウイルス

「巨大ウイルス」というのは正式な分類名ではないが、これにあてはまるウイルスの基準としては、粒子のサイズがだいたい二〇〇ナノメートルよりも大きなもので、かつゲノムサイズがだいたい三〇万塩基対よりも大きなものである、というのが研究者のおおよその合意事項であるとみなしてよい。ミミウイルスは粒子サイズが表面繊維の層を含めると八〇〇ナノメートルにも達し、ゲノムサイズは一二〇万塩基対以上もあるから、十分巨大ウイルスの素質を備えているといえる（もっとも、ミミウイルスが発見されたから「巨大ウイルス」という概念ができたわけだけれど）。

そんな大きなウイルスたちの中で、「もっとも小さな巨大ウイルス」とよばれるウイルスが、マルセイユウイルスで、二〇〇九年にパリで最初に発見された「マルセイユウイルス・マルセイユウイルス」というウイルスと、その仲間たちである。これらは現在、まとめて「マルセイユウイルス科」の中に分類され、核細胞質性ウイルス門（phylum *Nucleocytoviricota*）に所属している。パリで見つかったのに「マルセイユ」という名前がついたのは、このウイルスを最初に発見した研究者がエクス＝マルセイユ大学に所属していたからである。このウイルスもミミウイルスと同様、宿主はアカントアメーバである（ただし、自然宿主もまたアカントアメーバであるかどうかは、ミミウイルスと同様にはっきりとはしていない）。

マルセイユウイルスは、ミミウイルスよりもはるかにわかりやすい正二十面体構造をとった、典型的なウイルスという感じのウイルスである（図22）。ミミウイルスのようにはっきりと目立つ表面繊維の層がその表面を覆っておらず、かつ小さな粒子であるため、安定的な構造である正二十面体な感じが、ミミウイルスよりも顕著である。

粒子サイズは二〇〇～二五〇ナノメートルと、先ほど述べた巨大ウイルスの最小粒子サイズに近い。これまで多くのマルセイユウイルスの仲間が発見され、その粒子サイズには若干の幅があるが、カプシドを構成するカプソメア（単体のカプシドタンパク質が三個結合してトリマー（三量体）となった、カプシドの基本単位）の数は、おそらくどのウイルスも同じであるようだ。一方ゲノムサイズは、およそ三六万塩基対前後であるから、これもまた、先ほど述べた巨大ウイルスの最小ゲノムサイズに近い。このような粒子サイズ、ゲノムサイズの特徴から、マルセイユウイルス科は、巨大ウイルスの中でも最小といわれるのである。

マルセイユウイルス科は、二〇〇九年の〝創始者〟たるマルセイユウイルスが発見されたのを皮切りに、世界各地から分離されてきており、たいていの場合、分離された都市名、あるいは分離者が所属する大学名などがその名としてつけられている。たとえばスイスのローザンヌ大学に所属する微生物学者ギルバート・グリュウブ博士によって分離されたローザンヌウイルス、オーストラリアのメル

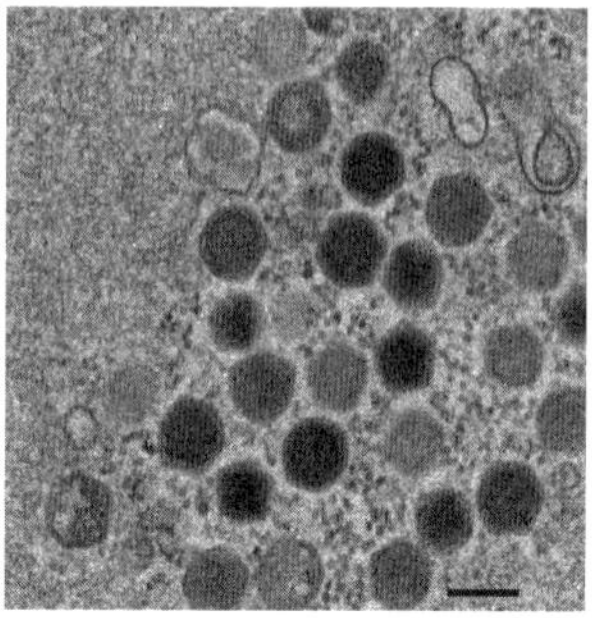

図22：マルセイユウイルス
日本で分離されたマルセイユウイルス科トーキョーウイルスの透過型電子顕微鏡像。
［写真：東京理科大学武村研究室］

ボルンの水環境から分離されたメルボルンウイルス、チュニジアの首都チュニスの水環境から分離されたチュニスウイルス、インドのクラという地域から分離されたクラウイルス、セネガルの成人男性の体内から分離されたセネガルウイルス、といった具合である。

僕が二〇一六年に荒川の河川敷の泥水から分離したマルセイユウイルス科の新規ウイルスは、この慣例に則って、トーキョーウイルスと名付けられ（というか、僕が名付けた）、東アジアで初めて分離された巨大ウイルスとなった（図22）。ただし、狭い意味での巨大ウイルスとしては東アジア初ということであって、核細胞質性ウイルス門に含まれるウイルスすべてに広げると、東アジア初ではない。なぜならすでに一九七〇年代に、広島大学の川上襄博士によって、広島大学の池の中から、フィコドナウイルス科クロレラウイルスが発見されていたからである。

このように、都市名などがつけられることが多いマルセイユウイルスだが、ある昆虫の体内から分離されたときには、インセクトマイムウイルスという、およそ地名とは関係がないネーミングがなされることもあり、必ずしも都市名がつけられると「決められている」わけではない。ほかにも、「ゴールデン・マルセイユウイルス」などのように、およそ都市名とは関係のない名前がつけられている例もある。

ウイルスと巨大ウイルスの境界線

マルセイユウイルスは、もっとも小さな巨大ウイルスという、当のマルセイユウイルスからするとありがたいのかありがたくないのかよくわからないレッテルが貼られているため、読者諸賢の中には、もっとも小さな巨大ウイルスであるということは結局のところ〝普通の〟ウイルスとそうは変わらないのではないかという疑問が生じるかもしれない。たしかにサイズ的にはそうなのだが、そうは変わらないといってもそれは見た目だけであって、実際のマルセイユウイルスは、その遺伝子数は五〇〇種類にも到達せんとするくらい多く、これは〝普通の〟ウイルスのもつ遺伝子数よりもはるかに多い。また、〝普通の〟ウイルスには存在しない「翻訳」用の遺伝子や、真核生物（と一部のアーキア）にしかないと考えられていた「ヒストン」遺伝子をもつことも知られており、その遺伝子の多様さから、巨大ウイルスの一つとして数えられることに、僕としてはそう違和感はない。

　では〝普通の〟ウイルスと、マルセイユウイルスとの間には、厳然たる、決して破ることのできない壁が立ちはだかっているのかというと、これはなかなか難しい問題である。ウイルスの基本的な性質である、宿主に依存し、宿主のリボソームを用いてタンパク質を合成するしかない、というのは普通のウイルスもマルセイユウイルスも同じである。ヒストン遺伝子をもっているからといって、そのヒストン遺伝子をどのように使用しているのかはまだよくわかっておらず、翻訳用の遺伝子をもっているといっても、実際にそれを使って自分でタンパク質を合成できるわけでもない。形は正二十面体をしているし、暗黒期もある。要するに、マルセイユウイルスと「普通のウイルス」を分ける基準は、やはりどうも曖昧なのである。

実際のところ、研究者の間には、二〇〇三年のミミウイルス以降に見つかった、粒子サイズが二〇〇ナノメートル以上、ゲノムサイズが三〇万塩基対以上のものを「巨大ウイルスって言おうぜみんな〜!」という、いわば〝お約束〟ができているだけなのだ。2章の最後に「連続性」の話をしたが、ウイルスと生物との間には、科学者により作られた厳然たる境目はあるけれども、〝普通の〟ウイルスと巨大ウイルスとの間には、そのような境目は存在しないのである。平たくいえば、ウイルスのネーミングも含め、ウイルスの分類というのは、結局のところ人間(というかウイルス学者)のエゴである、ということだ。もっともそれは、きちんとした「科学的根拠をもったエゴ」ではあるのだが。

とはいえ、巨大ウイルスの場合は、すでに紹介した「核細胞質性ウイルス門」という二〇一九年にＩＣＴＶが新たに設定した「門(Phylum)」に属するという共通の帰属先があるがゆえに、広い意味での使い分け、すなわち「核細胞質性ウイルス門」と、そうでないウイルスとの間の境界線そのものは、ウイルスの分類という土俵の上に、明らかに存在しているといえる。二本鎖ＤＮＡウイルスであること、宿主の細胞質と細胞核の両方もしくは片方において子ウイルス粒子が成熟にまで至ること、そしてカプシドの内部に脂質二重層をもつこと、という共通点がこの門の特徴であり、マルセイユウイルス科は明らかにその定義に合致する。そしてこの門のウイルスたちの重要な特徴として、そのすべての共通祖先が存在していることが挙げられる。ほかの門のウイルスの科は、おそらく科ごとに独自の祖先がいて、複数の科にまたがる共通祖先の存在は知られていないが(というより、そもそもウイルスの起源には諸説あるため、そもそも共通祖先という概念が成立するかどうかさえ微妙なところである)、核細胞質性ウイルス門に含まれる科（ポックスウイルス科、アスファウイルス科、アスコウイルス科、フィコドナウイルス科、イリドウイルス科、ミミウイルス科、マルセイユウイルス科）には、そのいずれの科にも共通する祖先があることが示唆されており、さらに未分類のパンドラウイルス（第4章の主役）やメドゥーサウイルス（第5章の主役）もまた、その共通祖先の子孫であるということである（図23）。ま、この考え方もまた人間たちの「科学的根拠をもったエゴ」なのかもしれないが。

　そのように考えると、リボソームをもっているかもっていないかで「生物」と「非生物」を分けるという生物の定義そのものもまた、生物学者による「科学的根拠をもったエゴ」にすぎないともいえる。いやそもそも、科学そのものも、人間たちによる「科学的根拠をもったエゴ」であるともいえるし、「科学的根拠をもった」という前提条件をつけなければならないということそのものもまた、ある種のエゴであるといえなくもない。科学はもともと「哲学」に由来する。人々が自らの脳で思索したさまざまな事象に対して、やがてそれを客観的に測定することができるようになって、「データ」を根拠にして事象のありようを解明する科学へと発展してきたわけだけれど、これはいつの世にもあることだが、その「データ」をどのように解釈するかという方法論もまた、人間たちが作り出したものであるから、「科学的根拠をもったエゴ」という見方をすると、たとえ客観的であると僕たちが考えていたとしても、それを客観的だと思うことそのものもまた恣意的である可能性も考えなければならなくなる。

　リボソームをもとうがもつまいが、生物たちはそんなことにお構いなく進化してきたものであろうし、ウイルスにしたって、リボソームをもとうがもつまいが、ほかの生物に感染しようがしまいが、

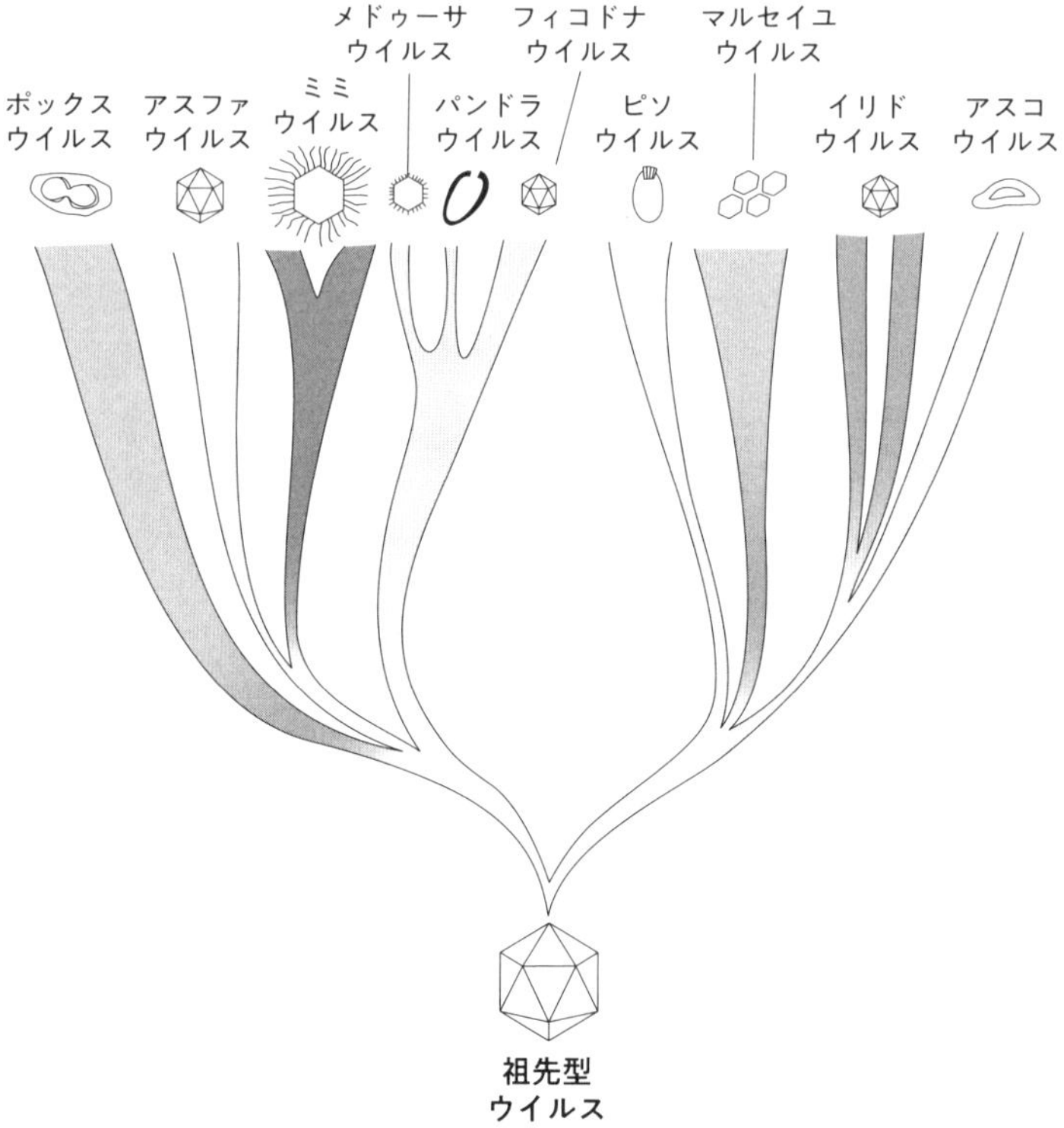

図23：核細胞質性ウイルス門の系統樹

複数の先行研究からこの本独自に再構築した系統樹のため、正確性に欠けるところはあるが、だいたいこんな感じではないかと推測される。

おそらく自然の法則にしたがって、それこそ「客観的に」進化してきたはずである。そこに、「生物である」とか「生物でない」とか、そういった線引きをしているのは僕たち人間だけであって、そして世界をその線引きによって色分けして見ているのもまた、僕たち人間だけなのである。

小さきものへの勝手な言いがかり

　生物たちを「大きな生物」と「小さな生物」に無理やり分けて、小さな生物は「食べられるから弱いんだ」とみなすのは、そうした人間のエゴ（科学的根拠をもったエゴではない）の延長線上にあるものであって、かつそのエゴの一部である。そうしたエゴを、ここで仮に「小さきものへの勝手な言いがかり」と表現しておこう。

　肉眼で見えないものに関して、僕たち人間は、頑なまでにその存在を「無視」しようとする。顕微鏡という特殊な装置を使うことでしか見ることができないという事実は、知性があるはずの人間たちを、真実から遠ざけているともいえる。現代において、普段から顕微鏡を持ち歩いてその都度身の回りのミクロな世界に触れようという、その昔のレーウェンフクのような人間はおそらく皆無であるから、それも仕方がないことである。しかもそれがウイルスであるときた日には、通常の顕微鏡どころか、下手をすると設置するのにまるまる大きな部屋が一つ必要になるような電子顕微鏡を使わないと見ることができないのだから、なおさらである。

　しかし、そういう存在だからこそ、僕たち人間には冷静な物の見方が必要である。たしかにバクテリアやウイルスは僕たちの身の回りに存在し、時には病原体となることもあるが、それはあくまでも「時には病原体となることもある」にすぎないのであって、ほとんどのバクテリアやウイルスは、僕たち人間には無害なはずなのだ。それなのに僕たちは、バクテリア＝汚いもの、ウイルス＝危険なものという認識を、確固たる科学的根拠がないままに（一部のものは、科学的根拠はきちんとあるけれども）信じ込んでしまっている。いったいどうしてなのだろうか。

　その理由は、こうした「小さきもの」たちの存在を、僕たち人間がどうやって知るようになったのか、その経緯を考えてみれば、ある程度推測がつく。

　バクテリアもウイルスも、あるきっかけがなければ、その存在は人間たちに知られなかっただろう。そのきっかけとは、僕たち人間に「病気を起こした」ことである。バクテリアもウイルスも、そもそも「僕たちはいったいどうして病気になるのだろう」と人間たちが不思議に思い始め、その原因をたぐっていった先に見つかったのだ。ウイルス（virus）などは、そのものずばり「毒」という意味のラテン語に由来する言葉である。僕たち人間を病気にする、なんだかわからない目に見えない「毒」があるらしい、ということに古代ギリシャのヒポクラテスが気づいてから、二千年以上にもわたる年月を経て、人間にではないけれども、タバコの葉にモザイク状の模様をつける病気をもたらす「毒」としてタバコモザイクウイルスが見つかり、牛に口蹄疫という病気をもたらす「毒」として口蹄疫ウイルスが見つかったのが一九世紀の末。言い換えれば、これらのウイルスが「タバコモザイク病」をもたらさなければ、そして「口蹄疫」をもたらさなければ、僕たち人間は、これらのウイルスの存在に気づかなかったかもしれない。

ウイルスが何らかの病気を起こさなければ、僕たち人間は「ウイルス」という存在を発見しなかったろうし、今でもその存在に気づいていなかった。そうした経緯があるがゆえに、僕たちはウイルスを「毒」とみなし、人間や家畜に病気をもたらす「悪い奴ら」というレッテルを貼ってきたのである。

しかし、そこまでならまだよかった。ウイルスが単に「悪い奴ら」に過ぎないのであれば、まだよかった。問題は二〇世紀も後半になってから、僕たちに病気を起こすことがないウイルス、僕たち人間とはまったく関係なく生息するウイルスたちが見つかってから、そして分子生物学の発展によってヒトゲノムが解読され、ゲノムの多くの領域に、ウイルスの痕跡と思しき塩基配列が見つかってから、ウイルスの別の側面が明らかになってきたことである。いや問題というより、それこそがウイルスの真実に近いことだったのであるけれども、そうしたウイルスの「悪い」以外の側面が徐々に明らかになり、じつはウイルスというのは、僕たち生物にとんでもなく必要なものたちだったのではないかということが徐々にわかってくると、ウイルスに対する僕たちのこれまでの態度は、大きな転換を迫られることになった。いうなれば、「悪い奴」というレッテルがじつはとんでもなく間違った、単なる「言いがかり」にすぎないものだったのではないか、ということだ。

僕がここで、「小さきものたちへの勝手な言いがかり」という項目を立てて論じるのは、そもそもそういう背景があったところに、人間社会が「新型コロナウイルス感染症」のパンデミックにさらされてしまったからである。新型コロナウイルスに対する僕たち人間の態度こそ、まさにこの「小さきものへの勝手な言いがかり」を助長するものであるといえるからだ。

社会現象としての「フル」

僕自身、いったい何の専門かと問われると、学生の頃は農芸化学を学び、大学院から助手時代にかけてはＤＮＡポリメラーゼに関する生化学・分子生物学をやり、東京理科大学に赴任してからは生物教育学に手を染め、現在は巨大ウイルス学を研究しているという複雑な経歴をもつため、なかなか答えに窮するところがある。巨大ウイルスは生物ではないという注釈はつくものの、一貫して生物学の分野に身を置いているから、僕の専門は一応、「生物学」でいいのだろう。学位は博士（医学）をもっているが、それは博士課程が医学研究科に所属していたからというだけであって、僕自身、医学研究者であるという実感は当時からなかったし、実際、今でもそうである。

その生物学者という立場から、社会学的な現象に口をはさむことはすこぶる勇気がいることであって、往々にして見当違いな論を展開する可能性を知りつつ、あえてここでは口をはさむことにしよう。その社会現象が、ウイルスと同様の「複製」メカニズムをもつ現象で、その意味では生物学的現象に非常に近い、いわばアナロジーとでもいうべき様相を呈しているがゆえである。

ウイルスにまつわる社会現象といえば、古くは「スペイン風邪」に始まり（実際にはもっと古くからある）、現在に至るまで毎年のように人間たちを悩ませる「インフルエンザ」の蔓延である。略して「フル」ともよばれている。インフルエンザの原因は「インフルエンザウイルス」である。

インフルエンザウイルスにはＡ、Ｂ、Ｃという三つの型があり、これらのうち毎年のように流行を繰り返すのはＡ型とＢ型で、その中でも特にＡ型が多いことが知られている。Ａ型が毎年のように流行する理由は、このウイルスが変異しやすいためである。

Ａ型インフルエンザウイルスには、そのエンベロープに存在している二種類の膜タンパク質、ヘマグルチニン（Ｈ）とノイラミニダーゼ（Ｎ）の型によって、Ｈ１Ｎ１、Ｈ２Ｎ２などといった、トータルで一四四種類ものタイプが存在していることが知られている。これは、Ｈに一六種類、Ｎに九種類のタイプが存在するためで、その組み合わせが「16×9=144」だからである。インフルエンザウイルスに対するワクチンは、通常この「粒子の外側に飛び出たタンパク質」に対して抗体を作り出すものであるから、ヘマグルチニンとノイラミニダーゼのタンパク質の形が重要となってくるのだが、じつはその形が、毎年のように少しずつ変化するのではないかと考えられていて、それがインフルエンザウイルスワクチンの効きを悪くしていると考えられている。形が毎年のように変化するのは、インフルエンザウイルスがＲＮＡウイルスであり、そのゲノムが複製するたびに、すなわちヒトに感染して増えるたびに、少しずつ突然変異しているからである。一回の突然変異の数はごくわずかであると思われ、時には変異をしないかもしれないが、何度も繰り返し感染し続けていると、何回かに一回かは突然変異を起こすはずである。流行する季節ともなると、インフルエンザウイルスの感染機会は劇的に増えるので、一シーズンに何回もの突然変異が生じることは当然あり得る。それがヘマグルチニンやノイラミニダーゼなどの、ウイルス表面に突き出ているタンパク質の遺伝子に生じ、それがアミノ酸の変化を伴うものであるならば、抗体が効きにくくなるような構造変化をもたらす可能性が出てくるのである。このように、ゲノムの複製に伴う「複製エラー」によって突然変異が生じるように、ウイルスの遺伝子が少しずつ突然変異によって変化していく変異のことを「連続変異」という。

一方、Ａ型インフルエンザウイルスには、この連続変異に加えて「不連続変異」という劇的な変異の仕方がある。Ａ型インフルエンザウイルスは、ＲＮＡゲノムをカプシドタンパク質と共に「ＲＮＰ（リボ核タンパク質粒子）」という形で、八本に分けて保有している。こういうのを「分節ＲＮＡ」という。細胞に感染すると、この八本の分節はそのまま、細胞質へと放出される。このとき、一例としてブタの細胞で起こることが多いとされている、二種の異なるＡ型インフルエンザウイルス（たとえばＨ５Ｎ８型とＨ１Ｎ１型）が一細胞に同時に感染する、ということが起こると、この一個の細胞の中で八つの分節（二個のウイルスの、合計一六の分節）が混ぜ合わされてしまい、子ウイルスがキメラ、すなわち混ぜ合わされたままの状態で放出されることが起こり得る。その結果、新たな「キメラタイプ」であるＨ５Ｎ１型、Ｈ１Ｎ８型がそれぞれ生じるとともに、もとの型であるＨ５Ｎ８型、Ｈ１Ｎ１型も生じる。こうして新たなタイプのウイルスがいきなりぼんっと出現する。近い将来、出現が予想される高病原性インフルエンザウイルスも、この「不連続変異」によって出現するのではないかと考えられている。

こうした高病原性の新型インフルエンザウイルス出現の予想が成されているとはいえ、それに対する人々の関心は、今のコロナウイルスに対する関心ほどには高くないように見える。インフルエンザウイルスに関して、僕たちは昔からその存在を認識し、それに対して何らかのアクションを起こしてきたという経験があるがゆえに、「何とかなるだろう」という漠然とした安心感をもっているからかもしれない。

記録に残るインフルエンザの流行としてもっとも古いものの一つは、一五八〇年に世界的に起こったもので、今でいうパンデミックであったと考えられている。アジアから始まって、アフリカ大陸、ヨーロッパ、そして新大陸であるアメリカへと広がっていったとされ、ローマでは八〇〇〇人あまりが死亡したとする記録があるという。

インフルエンザ史上、最悪のパンデミックとして知られているのが、二〇世紀初頭に起こった「スペイン風邪」である。一九一八年から一九二〇年にかけてヨーロッパを中心に流行したもので、ゼロ号患者（最初の感染者）は、アメリカ・カンザス州の米軍基地に所属し、豚舎の清掃を担当していた兵士であったらしい。ただ、ゼロ号患者がいったい誰だったかに関してはほかにも説があり、フランス起源説、中国起源説などが提唱されている。第一次世界大戦のさなかのことであったが、インフルエンザウイルスには国境や敵味方などはなく、中立国であったスペインでも国王や閣僚などがウイルスにかかり、情報統制をしていなかったために大きく報道され、それゆえに「スペイン風邪」とよばれることになった。日本でもこのときのインフルエンザウイルスは大流行し、三八万人あまりが死亡している（感染者ではなく死亡者である）。

その後、中国南西部から始まり、これもパンデミックとなった一九五七年から一九五八年にかけての「アジア風邪」、一九六八年から一九六九年にかけての「香港風邪」、そして記憶にまだ新しい二〇〇九年から二〇一〇年にかけての「新型インフルエンザ」と、インフルエンザウイルスはなんとなく定期的に、パンデミックを引き起こしてきた。

これらのパンデミックでは、それぞれウイルスの亜型が異なっていた。スペイン風邪を引き起こしたインフルエンザウイルスの亜型はＨ１Ｎ１であり、アジア風邪はＨ２Ｎ２、香港風邪はＨ３Ｎ２であった。二〇〇九年の新型インフルエンザは、じつはスペイン風邪と同じH1N1型であったが、九〇年もの間隔があいていたこと、インフルエンザウイルスは同じ亜型であっても連続変異によって少しずつ変化していくため、免疫をもっていた人がほとんどいなかったことから、大流行になったと考えられている。

二〇世紀になって、新型インフルエンザのパンデミックが本格化したかのように見えたのは、インフルエンザウイルス自身のポピュレーションが何世紀にもわたって徐々に世界中に広がっていったということももちろんあっただろうが、やはり「宿主の移動」という要素が、それまで以上に大きくなったことも原因であろう。分子メカニズムとしてのインフルエンザウイルスの複製は宿主の細胞の中で起こるが、複製されて放出された〝子〟ウイルスがさらに複製するためには、放出されたとき、その近くに新たな宿主が存在していることが重要となる。そうして感染した宿主が、まだそれと気づかない間にまったく別の場所へと移動し、そこで再び、インフルエンザウイルスは新たな宿主と出会う。それの繰り返しによって、インフルエンザウイルスは瞬く間に世界中に広がっていく。宿主が移動し、インフルエンザに罹患していない新たな宿主のそばに立つことで、インフルエンザウイルスは、その複製の機会を増やすことになる。これはいうなれば、インフルエンザウイルスの「複製機会の複製」であるとみなしてよい。ウイルスが体内に侵入してから実際に症状が現れるまでの期間（潜伏期間と言い換えてもよい）が長ければ長いほど（ある上限はあるだろうが）、そのウイルスの複製機会はより複製されやすくなり、結果的にウイルス自身もまた、複製されやすくなるのである。

となると、不顕性感染を起こすようなウイルスは、宿主にそれと知られずに移動することができるため、さらに大きく複製機会が増えるということになる。

社会現象としての「新型コロナ」

目下のところ、人々の興味関心は、「新型コロナウイルス」に向けられている。

新型コロナウイルスは、二〇一九年末に中国・武漢で発生したウイルス性肺炎をきっかけに、二〇二〇年前半にかけて世界中に広まり、二〇二一年には世界中で一億人以上が感染し、二〇〇万人以上が死亡するという、世界史上最悪のパンデミックを引き起こしたウイルスであることは、すでに誰もがご承知のとおりである。

新型コロナウイルスは、正式名称を「ＳＡＲＳコロナウイルス２型（SARS-CoV-2）」という。その名のとおり、コロナウイルス科とよばれるグループに属するＲＮＡウイルスである。コロナウイルスそのものは、昔から人間社会に定着していて、多くの人が感染するいわゆる「普通感冒（風邪）」の原因ウイルスとして、数種類のコロナウイルスがすでに同定されていた。さらに、二〇〇〇年代初頭に「ＳＡＲＳ（重症急性呼吸器症候群）」の原因ウイルスとしてＳＡＲＳコロナウイルスが見つかり、二〇一〇年代初頭には「ＭＥＲＳ（中東呼吸器症候群）」の原因ウイルスとしてＭＥＲＳコロナウイルスが見つかって、普通の風邪以外にも重症化を引き起こすコロナウイルスがいることが明らかとなった。そして今回の新型コロナウイルスは、ＳＡＲＳウイルスに比較的近縁のウイルスであることが明らかとなり、SARS-CoV-2という名前が付与された。そして、このウイルスが原因となる病気は「新型コロナウイルス感染症（COVID-19）」とよばれるようになった。

　新型コロナウイルスは、感染しても発症しない、いわゆる「不顕性感染」が多いことがわかってきた。これに加えて、高齢者や基礎疾患保持者が重症化しやすいことなどから、制御しにくいウイルスであることも明らかになってきた。有効なワクチンや治療薬がまだ市場に出回っていないということも相まって、世界的な大混乱を引き起こしたことは記憶に新しい（というか、現在進行形である）。さらに、人々がいかにウイルスのことを知らないかということ、感染症の専門家＝ウイルスの専門家ではないということ、ウイルスの専門家が政府の専門家会議にほとんど参加していない（ように見えた）ことなどから、いかに人々が「小さきものたちへの勝手な言いがかり」から脱却できていないか、いかに人々がウイルスのことを知らないかということが露呈した。中には、ウイルス研究者の冷静な提言に対して「殺す」などの脅迫がなされるなど、いかに恐怖にとりつかれた人々が冷静な判断を忘れてしまうかという、人間行動学的に興味深い事例もいくつか見られるなど、ネット社会特有の特徴も垣間見えた。

　僕自身もウイルスを間近に見たことがないため、ある意味、推測でものをいっているという面もある。推測でものをいうなと思われるかもしれないが、それをいってしまうと、分子生物学やウイルス学はそもそも学問としては成り立たない。なぜならこうした学問は、あまりにも対象がミクロすぎて間近に見ることができないがゆえに、さまざまな手法によって得られる実験データから、真実を「推測」する学問だからである。だからその推測は、データを根拠にしたもので、「科学的には意味のある推測」だ。多くの実験データを総合し、科学的に意味のある推測をさまざまな角度から行うことで、僕たち分子生物学者やウイルス学者は、生命の何たるかを知ろうとしているのである。
だから、たとえウイルスを間近に見たことがなくても、ウイルスを扱う研究によって得られたデータから、ウイルスのありようを推測することができ、その推測には科学的な根拠がある。
ノロウイルスのような例外（数十個のレベルで感染が成立する）はあるにせよ、そもそもウイルスが僕たちの体内に入り込んでも、感染が成立することはじつはまれである。たとえば上気道や下気道など、粘膜によって覆われた呼吸器系の上皮細胞に感染するような、インフルエンザウイルスや新型コロナウイルスの場合、ウイルスたちはまず、この分厚い粘膜の層を突き破って、上皮細胞に到達しなければならない。粘膜の層は、つねに異物を外部へと排出するためのバリアの役割を果たしているから、数個や数十個そこらのウイルスが入り込んでも、おそらくこの粘膜のバリアに行く手をはばまれて、上皮細胞に入り込むことはできないだろう。

　粘膜のバリアを通り抜けて感染が成立するためには、おそらく次の二つの要素のどちらか一方、もしくはその両方が揃っている必要がある。まずはその粘膜が傷んでいて、容易にウイルスを上皮細胞にまで到達させてしまう状態になっているという要素である。インフルエンザが冬場に流行しやすいのは、冬場は空気が乾燥しているため、上気道の粘膜組織が傷みやすいという理由がある。そうなると、粘膜の正常な機能が果たせず、入り込んできたウイルスを排除することができなくなる可能性が高くなる。

　もう一つの要素は、正常な粘膜をも通り抜けてしまうほど、大量のウイルスたちが一度にどばっとやってくるということである。何千、何万というウイルスが一度にやってくると、その集団の重みだけで粘膜を突き抜け、上皮細胞に到達することは大いにあり得ることである。重みといっても体重のことではなく、何万個もの集団ともなれば、粘膜層を簡単に突き破ることができるほどの、はるかに大きな塊がでんとそこにあるというイメージだ。

こうした、ウイルスの思いもよらぬふるまいについては、実際に実験室で細胞にウイルスを感染させる実験をしていても実感することがある。僕がやっているのは巨大ウイルスなので、そのデータが新型コロナウイルスなどに適用されるかどうかはさておき、同じウイルスであるならば特徴も似ていると仮定した場合の話である。

ウイルス学者は、よく「感染多重度（mutiplicity of infection：MOI）」という数値を実験に用いる。これは、細胞一個あたりの感染力のあるウイルスの数を表し、たとえばある培養フラスコ内に宿主の細胞が一〇〇個あったとして、その細胞に感染し得るウイルス粒子の数が一〇〇〇個あったとすると、MOI＝1000/100＝10ということになる。ところが巨大ウイルスの場合、実際にMOI＝10になるようにウイルス粒子を細胞培養系に添加しても、必ずしも一〇個のウイルスが一個の細胞に感染するわけではなく、むしろ実際に感染するのはその一〇分の一〜一〇〇分の一程度である、ということをよく経験する。

なぜかというと、ウイルス粒子の細胞培養系への添加は、往々にして培養液への添加にすぎないのであって、細胞そのものに直接ちくりとウイルスを接種するわけではないからである。ほぼ不可能だが、顕微鏡で見ながらウイルス粒子を一個ずつ、ご丁寧に細胞一個にくっつけていけば、おそらくすべてのウイルス粒子をMOI＝10という数値通りに、細胞に感染させることはできる。しかし培養系への添加は、細胞を培養している培養液への添加であるから、ウイルスは、その液体に加えたとたん、培養液全体に拡散する。そのあとは、培養液の溶質のブラウン運動に従って培養液全体を浮遊し続け、「運よくフラスコの底にへばりついている細胞表面にくっつくことができたウイルス」のみが、細胞への侵入を果たすことができるのである。だから少なくとも巨大ウイルスの場合は、フラスコ内の宿主細胞一〇〇個すべてに一個ずつウイルス粒子を感染させたいと思ったら、MOI=1となるように一〇〇個のウイルス粒子を添加したってダメなのである。せめてMOI=10（一〇〇〇個）以上、時にはMOI=100（一万個）くらいになるようにウイルス粒子を添加しなければならないのだ。

〝普通のウイルス〟に関しても同じようなものなのかどうかはわからない。ただ、巨大ウイルスの中でも最小で、より〝普通のウイルス〟に近いマルセイユウイルスにおいても同様の現象が多々見られてきたことから、同じような添加の仕方をする限り、〝普通のウイルス〟についてもおそらく同様であろう、と僕は思っている。

通常の溶液状態の培養液ですらそうなのだから、粘膜という粘張性の高い環境においては、なおさら理論通りに上皮細胞に感染するのは難しいと思われる。ただ逆の考え方、すなわち粘膜の場合はウイルスの全体への拡散が起こりにくいから、培養液のような溶液状態よりも上皮細胞に到達しやすい、という考え方もあり得るが、粘膜には食細胞などの免疫細胞も存在しているから、そう簡単にウイルスが上皮細胞に侵入していくとは思えない。

たとえ粘膜の層を通り抜けたとしても、上皮細胞にうまく侵入できるかどうか、というのもまたかなり不安定な要素である。細胞というのは、自分の細胞膜表面に結合した物体を、自然に細胞内部に引き込む（エンドサイトーシス）というはたらきがあるので、細胞膜表面に結合したウイルスは、エンドサイトーシスによってすべて細胞内部に引き込まれると考えられがちだが、じつは必ずしもそうではないらしい。粘膜を通り抜けることに成功したウイルスが一〇個あったとしても、一〇個すべてがその先の上皮細胞に侵入できるかというと、必ずしもそうではないはずだ。というのも、エンドサイトーシスが起こるためには、ウイルス粒子表面の物質と、細胞表面のある物質とが特異的に結合しなければならないからである。ミクロな世界のことだから、分子同士の衝突の頻度はマクロな視点で考える以上に速いと考えられるため、細胞に到達したウイルスは多くの場合侵入に成功するとは思うが、一〇〇％である保証はじつはない。もたもたしているうちに、粘膜に存在する免疫細胞によって排除されることも考慮に入れると、体内に入り込んだウイルスの感染が正式に成立する（細胞に侵入し、複製を始める）可能性は、実際にはかなり低いと思われる。

新型コロナウイルスの飛沫感染というのは、数万個、あるいは数十万個という大量のウイルス粒子が存在する飛沫を吸い込むことによって、上記のいくつかのバリアー（粘膜、細胞膜、免疫細胞）を超えることができるだけの大量のウイルスが一度にやってくるからこそ、起こるのである。その飛沫が分解して小さくなり、その中に含まれるウイルスの量が減れば、その分、感染のリスクは激減するわけだから、たとえば新型コロナウイルスにかかった人のくしゃみのしぶきをもろに吸い込めば感染が成立するだけのウイルスの侵入を許すだろうが、数メートル離れた場所にいれば、飛沫の大きさや量が少なくなるため、感染が成立するだけのウイルスの侵入はほぼなくなる。そうしたことを考えていけば、どういう対策をすれば新型コロナウイルスの感染拡大が食い止められるのか、おのずと明らかになっていくはずである。

多様性と局所性の共存

ウイルスは、その遺伝子の塩基配列から推測して、ある地域に存在するウイルスが遺伝的に非常に多様であるのと同時に、ある遺伝子型をもったウイルスが、ある一定の地域にしか存在しない事例もある。RNAウイルスである新型コロナウイルスもまた、次々に変異を起こし、遺伝子的に非常に多様な様相を呈しつつあることもよく知られており、現時点において、新型コロナウイルスには「欧州型」とか「アジア型」とか、そういった大きな区別があることに加えて、同じ欧州型の中にも多数の亜型があり、同じアジア型の中にも多数のアジア型があるのは容易に推測される。さらに「変異型」とよばれる株も最近（二〇二一年一月現在）流行し始めている。

ウイルスが遺伝的に多様となって、世界中にそれが広がっていくには、大きく三つの要素が必要になる、と僕は考えている。一つは、遺伝子の突然変異の頻度、二つ目は、宿主細胞への感染の頻度、そして三つ目は、ウイルスの拡散の様式である。この三つの要素が、そのウイルスの「多様性」と、世界のどこにどのように分布しているかという「局所性」を決めていると思われる（図24）。それぞれの要素について、やや詳しく触れておこう。

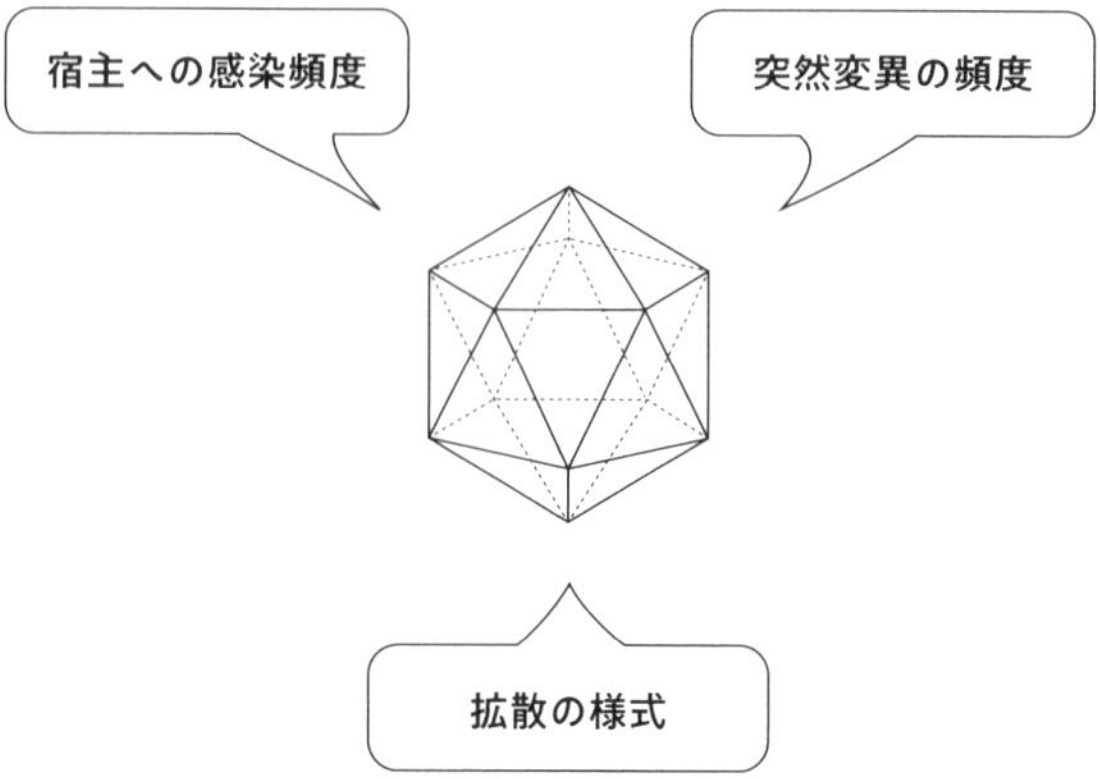

図24：ウイルスの多様性と拡散に関する三つの要素

遺伝子の突然変異の頻度

ＤＮＡであれＲＮＡであれ、生物あるいはウイルスがもっている遺伝情報は、世代を通じて複製され、受け継がれていくものである。第1章において述べたように、ＤＮＡが複製される際にＤＮＡを合成する酵素であるＤＮＡポリメラーゼがその反応を触媒するわけだが、その触媒相手は「ヌクレオチドを重合する（ヌクレオチドのポリマーを作る）」反応であって「正しい塩基対を形成する」反応ではないがために、往々にしてＤＮＡポリメラーゼは、複製するに際してミスを起こし、正しくない塩基をもったヌクレオチドを重合してしまうことがある。これを「複製エラー」といい、僕たち生物のＤＮＡ複製においてもかなりの頻度で生じることがわかっている。

一方、ＲＮＡを複製する酵素であるＲＮＡポリメラーゼもまた、ＤＮＡポリメラーゼと同じく、ある一定程度の複製エラーを起こすことが知られている。ＤＮＡポリメラーゼには通常、3′→5′エキソヌクレアーゼという校正用の酵素が付随しているため、たいていの複製エラーはその都度、瞬時に修復されるが、ＲＮＡポリメラーゼには通常、そうした校正用酵素が付随していない。したがって、ＤＮＡウイルスとＲＮＡウイルスとでは、複製エラーがどれくらいの頻度で生じ、かつその何パーセントが校正機能によって修復されるのかが大きく異なる。ＲＮＡウイルスの中でもコロナウイルス科は、そのゲノムがＲＮＡウイルスにしては長く三万塩基対ほどもあるため、特別に校正機能を保有している。

いずれにしても、ＤＮＡウイルスもＲＮＡウイルスも、複製されればされるほど多くの複製エラーが生じ、修復されなかった複製エラーが突然変異として定着していく。ポリメラーゼの複製忠実度（何塩基の複製につき一回エラーを起こすか）はそれほど変わらないから、そのスピードはおそらく、そのウイルスが宿主に感染する頻度がどれくらいあるかに大きく依存している。したがって、インフルエンザウイルスが大流行したり、新型コロナウイルスがパンデミックを引き起こしたりする際には、それだけ感染頻度が高くなっているわけだから、それに応じて、それぞれのウイルスの突然変異もより多く蓄積しているとみなければなるまい。

宿主細胞への感染の頻度

複製のされ方にもよるが、一個の細胞に一個のウイルスが感染し、それが一万個の子ウイルスとなって飛び出していくとき、ＤＮＡ複製はおよそ一万回行われる。一個が一万個になるという粒子レベルでは極めて爆発的な増加であっても、一個のポリメラーゼが一回ＤＮＡ複製を行うことでできる新たなゲノムは一個だけであるから、結局のところトータルとしては一万回のＤＮＡ複製（正確には最初の一個のゲノムが鋳型となれば、九九九九回のＤＮＡ複製）が起こる計算となる。

マルセイユウイルスのゲノム（ここでは三五万塩基対とする）を例にとると、三五万塩基が一万回複製されるわけだから、トータル三五億塩基が複製されることになる。ＤＮＡポリメラーゼの複製忠実度を10^{-8}、すなわち一億塩基につき一回エラーを起こすとすると（だいたい真核生物のＤＮＡポリメラーゼの複製忠実度がこのくらいであるといわれている）、一個のウイルスが一個の細胞に感染し、一万個に増えて飛び出すだけで、その一万個全体で三五個の突然変異が生じる計算になる。一万個全体にランダムかつ平均的に突然変異が入るとすると、三五個の子ウイルス粒子のそれぞれのゲノムに、一塩基ずつの突然変異が入っているという具合になる。三五万塩基対のゲノムに対して一塩基の突然変異というのは、僕たちヒトゲノム（三〇億塩基対）に換算すると、八五七一個の突然変異が入っていることになるから、この数値は、突然変異の起きる確率からするとかなり高い。ただ、マルセイユウイルスの一種ローザンヌウイルスと、やはりアメーバの細胞内で共生して生きるバクテリアの一種とで、一年間かけて感染実験を繰り返して突然変異率を計算したという先行研究があり、それによるとローザンヌウイルスとそのバクテリアとの間で、ゲノムに生じた突然変異の数はそんなに変わらないという結果が得られている。このことからも、ウイルスだからといって突然変異のスピードが早いというのは、感染機会が多いからというだけであって、必ずしも複製あるいはポリメラーゼの性質に依存しているわけではない、ということがいえそうである。

　要するに、マルセイユウイルスが、どのくらいの頻度で、続けて新たな宿主細胞に感染していくのかによって、突然変異がさらにどれくらい起こるかが変わるということである。宿主細胞がたくさん生息していて、ウイルスにとってはまさに入れ食い状態であるような環境（どちらが入れ食いなのかわからないが）と、いったん宿主細胞に感染して子ウイルスがたくさん飛び出したとしても、次の〝餌食〟となるべき宿主細胞が周囲にほとんどいないような環境では、突然変異の蓄積度合いは大きく変わってくるはずである。

ちなみに、新型コロナウイルスの場合、一個の〝親〟ウイルスから、一個の細胞の中で作られる〝子〟ウイルスは数百個のレベルであるという。マルセイユウイルスの例に比べると、新型コロナウイルスの場合は一回の感染で突然変異を起こしたウイルスが出てくる確率は、それほど高くはなさそうである。ただ、現在の世界の状況のように、何回も続けて感染が起こる新型コロナウイルスにとって〝入れ食い〟状態である場合はその限りではない。

ウイルスの拡散の様式

ウイルスは、粒子の状態でもある程度は活性状態（生物でいえば生きている状態）を保つことができるが、その時間はウイルスによって千差万別である。しかし、主にタンパク質と核酸でできているウイルス粒子は、自然界を漂っている間にさまざまな傷害要因（化学物質、紫外線、放射線など）にさらされ、さらにタンパク質自体の寿命などの内的要因から、最後には不活性化（生物でいえば死んだ状態）することは避けられない。したがって、ウイルス粒子が〝生き残る〟ためには、自分が生産された宿主の細胞（すでにくたくたになっているか死んだかした細胞）の比較的近くに、同じ種の異なる元気な宿主細胞が存在していることが重要となる。

とはいえ、あまりにも近くに存在しすぎても困ることが生じる。巨大ウイルスなどの場合は、感染した宿主の細胞は最終的には死んでしまうから、一個のウイルスが数万個にまで増殖するようなこうしたウイルスの場合、あまりにも近くに新たな細胞があると、これら子ウイルスが軒並み、次の細胞に次々と感染し、それを殺して子ウイルスを放出するというサイクルが何度も繰り返されていくうちに、その周辺に存在する宿主細胞が死に絶えてしまうかもしれないからである。

ウイルスと生物は、大昔から共生・共存して生きてきたパートナーであり、お互いを絶滅させるような戦略はとって来なかったはずだから、増殖スピードがウイルス感染による死亡を上回るような生物種（たとえばバクテリアなど）であれば問題ないかもしれないが、アカントアメーバはバクテリアほどの増殖スピードはもっていないと思われるから、あまり狭い範囲に生息していたのでは、そこに巨大ウイルスが紛れ込んでくると、あっという間に全滅してしまうかもしれない。アカントアメーバは自然界に広く分布しているが（水環境であればどこにでもいると考えられている）、それぞれの環境に生息している絶対数は、バクテリアほど多くはあるまい。

となると、ウイルス粒子が〝生き残る〟ためには、自分が生産された宿主の細胞の比較的近くに、同じ種の異なる元気な細胞が存在していることもさることながら、なるべく遠くへと拡散し、なるべく多くの水環境へと出かけていく能力が求められるといえる。ウイルス自身には自発的に泳ぐ力はないから、そうなると必然的に、水の流れや風の流れなどに乗った〝受動拡散〟がそのメインになると考えられる。タンポポの綿毛のようなものがあれば非常に役に立つであろうし、実際ミミウイルスの表面繊維は、タンポポの綿毛のように風の流れに乗ることはできないかもしれないが、水の流れには乗りやすいだろうし、節足動物の肢にもくっつくことができるから、そういった能力にはうってつけであったろう。では、マルセイユウイルスはどうだろうか？

マルセイユウイルスはどう進化したか

「もっとも小さな巨大ウイルス」であるマルセイユウイルス科のウイルスは、これまで世界中の水環境から分離されてきた。〝創始者〟であるマルセイユウイルスのように、パリの冷却塔の水という人口的な水環境から分離されたものもいれば、ローザンヌウイルスやトーキョーウイルス、メルボルンウイルスのように、自然に存在する水環境から分離されたものもいる。インセクトマイムウイルスのように昆虫の体内から分離されたものもいれば、セネガルウイルスのように健康な成人男性の体内から分離されたものもいる。ちなみにセネガルウイルスは、単に健康な人間の体内から分離されたというだけであって、必ずしもヒトに感染していたわけではなく、何らかの理由で体内に侵入し、消化管内にいたり、血液中に流れ出たりしていたと考えられている（これは、「ＰＣＲ陽性＝新型コロナウイルスに感染」という図式に頭を占領されている今の僕たちに対する皮肉かもしれない）。

マルセイユウイルス科は現在、コア遺伝子（核細胞質性ウイルス門の共通祖先がもっていたとされる重要な数十個の遺伝子）の分子系統解析によって、系統Ａ〜Ｅという五つのグループに分けることができることがわかっている。これらのうち、系統樹の枝の長さから、ほかの系統に比べて系統Ａが比較的塩基配列の置換が多いことがわかっている。では、これらの系統はいったい何の違いを表しているのだろうか。もちろん、塩基配列の違いはあるのだけれども、それ以外の、たとえば表現型に何らかの違いがあるのか、ウイルス粒子の形態に何らかの違いがあるのか。これまでで唯一わかっているのは、系統Aと系統Bの違いだ。

これは、二〇一九年に僕たちの研究グループが明らかにしたことで、当時大学院修士課程の二年に在籍していた青木啓太君の仕事である。結論からいうと、系統Bのマルセイユウイルスには、感染したアカントアメーバ細胞に対して「凝集体」を作らせる能力があることがわかった。系統Bのマルセイユウイルスに感染したアカントアメーバが、何らかのメカニズムによって、まだ感染していないアカントアメーバをも巻き込んで、複数の細胞の塊（凝集体）を作るのである。この塊は多いときで五〇個以上の細胞が凝集することもある。その結果、まだ感染していないアカントアメーバに効果的に感染を広げることができるのではないかと考えられる。このような「凝集体」を作らせる能力は、少なくとも系統Aのマルセイユウイルス（たとえばトーキョーウイルス）には存在しないことがわかっているが、ミミウイルス科の一種である「ツパンウイルス」には、同様のしくみが存在することもわかっている。感染した宿主の神経系を侵すことで、宿主の行動を変化させるという寄生虫の存在はつとに知られているところだが、マルセイユウイルスもまた、単細胞生物である宿主のアカントアメーバの〝行動〟を変化させ、おそらく自らの感染に有利な状況を生み出しているのである。

ここで注目してもらいたいのは、それぞれの系統に含まれるウイルスの分離地である。コア遺伝子の一つである主要カプシドタンパク質（major capsid protein：MCP）遺伝子の分子系統解析により、マルセイユウイルス科系統Bのウイルスは、さらにいくつかの細かいグループに分けることができる。たとえば、フランスのポートミオウという景勝地から分離されたポートミオウウイルスと、スイスのローザンヌ大学の研究者が分離したローザンヌウイルスは、ＭＣＰ遺伝子の塩基配列がほぼ同じであるため、同じグループに含まれると見てよい。前出の青木君が新潟県柏崎市で分離したカシワザキウイルスと、同じく僕たちのグループが埼玉県大相模調節池から分離したマルセイユウイルス（まだ名前をつけていない）もまた、同様に同じグループである。さらに系統Ｂの別のグループには、インドのクラ地方で分離されたクラウイルス、オーストリアのノウメア地方で分離されたノウメアウイルス、そして僕たちのグループが江東区で分離したウイルス（〝吾輩はウイルスである。名前はまだない〟の状態）と、埼玉県大相模調節池から分離されたもう一つのウイルス（同上）が含まれている。つまり、系統ＡミミウイルスのＳＮＰによるタイプ分けにもあったように、ヨーロッパ、南アジア、東アジアに分布が大きく分かれているウイルス同士で、ほとんど親戚なんじゃないかと思われるくらい、お互いの塩基配列がよく似ていることがわかるのである。

　分布が大きく離れたそれぞれのウイルスにおいて、偶然よく似た突然変異が起こってお互いによく似た塩基配列になったとも、もちろん考えられなくもない。しかし、突然変異は原則としてランダムに生じると考えられているため、その可能性は極めて低いだろうし、先ほどもご紹介した先行研究のように、マルセイユウイルスはウイルスだからといって突然変異率が高いというわけでもなく、感染機会もそれほど多いとは思えない。僕たち真核生物では、細胞核内に存在するＤＮＡはある一定の立体構造と空間配置をとっているため、突然変異が生じる場所にはある程度の偏りがあるとも考えられているが、マルセイユウイルスのように三五万塩基対程度の長さのＤＮＡに、真核生物のように偏りのある突然変異を誘発するほどの空間配置が存在する、というのはありそうもない。そしてもう一つは、分布が大きく離れたこれらのウイルスは、じつは最近になって（どれほど最近なのかはわからないが）、共通祖先から分化したとする可能性である。僕としては、可能性としてはこちらの方が前者よりも高いのではないかと考えている。つまり、どこかの地方に存在していた共通祖先が、何らかの方法によってヨーロッパ、南インド、そして日本など世界各地に拡散し、それぞれの地域でノウメアウイルス、クラウイルス、そして埼玉と江東区のマルセイユウイルスへと進化したのではないか、ということだ。

マルセイユウイルスの拡散方法を考察する

それでは、この仮説（共通祖先拡散説）が正しいとして、マルセイユウイルスはいったいどのようにして、世界中の水環境へと分布を広げていったのか、その拡散方法を考察してみたい。学術論文ではないので、かなりの飛躍した議論（オーバー・ディスカッション）も行うつもりだ。

まず、マルセイユウイルスの自然宿主が、実験室宿主と同じくアカントアメーバだったとする。アカントアメーバは、土壌にも田んぼにも、池にも沼にも川にも、そして海にもその生息域を広げた、僕たちの身の回りに普通にいる微生物である。通常のアメーバ状態（栄養体）で存在する場合が多いと思われるが、アカントアメーバは栄養飢餓などの環境の変化にさらされることで、シスト化（嚢子化）することが知られており、硬い殻で覆われたシストの状態では、アメーバはかなり長生きするともいわれている（図25）。僕も実際、このシストを取り扱ったことがあるが、いくら温度を高くしても、破砕機にかけても、一切壊れることがなかった。シストは非常に身軽で、水蒸気に含まれて空気中に飛び出したり、気流に乗って上昇して雲の中に入ったり、雨の一滴一滴に入って再び地上に降り注いだりと、極めて移動しやすい形態であるとも考えられている。コンタクトレンズ洗浄剤の中にシストが混入すると厄介で、シストがコンタクトレンズに付着したまま眼に装着されると、コンタクトレンズと角膜の間のスペースでシストが再び栄養体に戻り、増殖して角膜炎（アカントアメーバ角膜炎）を引き起こすことが知られている。このことから、アカントアメーバは病原性微生物に指定されており、これを取り扱うためには「バイオセーフティーレベル2」の微生物に対応するP2実験室（物理的封じ込めレベル2実験室）が必要となる。わが武村研究室にも、狭いながらもP2実験室はちゃんとある。

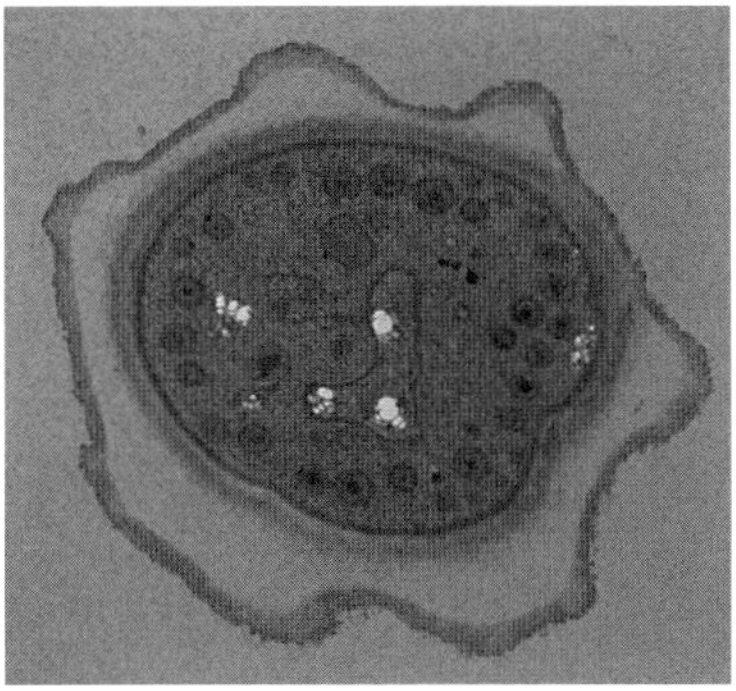

図25：アカントアメーバのシスト

周囲にある白く肥厚した壁によってシストは守られている。
透過型電子顕微鏡像。
［写真：東京理科大学武村研究室］

シストは、ウイルス感染によっても起こるとされており、とりわけ後の章でご紹介する「メドゥーサウイルス」という巨大ウイルスは、アメーバを〝石のように〟シスト化してしまうことから名付けられたものである。したがって、マルセイユウイルスによる感染にさらされたアカントアメーバもシスト化する可能性は十分にあるし、実際に実験室での感染実験においても、マルセイユウイルスを添加した培養フラスコの中で、シスト化したアメーバを時々見かける。そのシスト化が、はたしてアメーバ側の「自己防衛」によるものなのか、それともウイルス側の「生き残り戦略」によるものなのかはよくわかっていないが、シストの内部にウイルスが存在する例は、マルセイユウイルスではなくとも実際に知られている。したがって、行動性が格段に高いシスト内部にウイルスが入った状態で、シストごと拡散していくというのは、大いにあり得ることである。もしシストの中に封じ込められたマルセイユウイルスが、壮大なる大気循環を通じて拡散していき、拡散していった先でシストが栄養体に戻るとすると、マルセイユウイルスもまんまと〝海外旅行〟（しかもタダ）を果たしたことになるではないか。もちろん、この方法での拡散はマルセイユウイルスに限ったことではなく、アカントアメーバ感染性のウイルスであればどのウイルスにも起こり得ることである。

一方、インセクトマイムウイルスやセネガルウイルスのように、昆虫やヒト成人の体内からマルセイユウイルスが見つかったというのは、いったい何を意味しているだろうか。本来アカントアメーバを自然宿主として感染するマルセイユウイルスが、偶然こうした動物の体内に取り込まれ、それが糞便として体外へと排出されるというしくみ（しくみというより、単なる偶然かもしれない）がもし存在するのだとしたら、大型の回遊魚などの口の中に偶然入ったマルセイユウイルスが、魚の体内をめぐるうちに魚が大きく移動し、移動した先で糞便を介して排泄されるという経路が存在する可能性もある。そうなると、一気にマルセイユウイルスの〝行動範囲〟は広がる。先ほどご紹介したような「宿主の行動を変化させる」ことが、マルセイユウイルスの拡散に何らかの役に立っているのだとすれば、まだ知られていないマルセイユウイルスの戦略が、今後もあぶり出されてくるかもしれない。

集団で行動するマルセイユウイルス

この章は、「小さきもの」としてのウイルスの話、そしてマルセイユウイルスの話を中心に展開してきた。ここで、マルセイユウイルスがまさに「小さきもの」であることを自ら自覚しているかのように思える行動をとる、という話をご紹介したい。もちろん彼ら自身には意思はないので、自ら率先して積極的に「行動」しているわけではないことを、あらかじめ申し上げておかなければならない。あくまでも、進化の帰結としての行動の許容ということである。

小さい魚が集団行動をとることによって、大きな魚から食べられにくくしているという話はすでに120ページでも述べたことである。僕は魚類学者ではないのでほんとうのところはわからないが、逆に集団行動していると目立ってしまって、食べられるという意味においては逆効果なんじゃないかと思ってしまうこともある。しかし、たしかに小さな魚の集団を遠目に見ると大きな魚が泳いでいるように見えたりすることはあるだろうし、遠くから見える蚊柱が人間の形をして、それがあたかも歩行するように見えたなどという実話怪談も、もっともらしく思える。

マルセイユウイルスも、こうした集団行動をとることが知られている。ただ、それに小さな魚の大きな魚に対する威嚇的な意味があるとか、それによって、なるべく食べられる機会を少なくしているのかとか、そういうことではまったくない。

マルセイユウイルスを生物とするならば、その天敵といえば、いうまでもなくそれを〝食べて〟しまうアカントアメーバであろう。しかしながら、この「天敵」という表現は、あくまでもそこに「食べる」「食べられる」関係があったらの話であって、マルセイユウイルスの例にはそぐわない、というのはこの章を読み進めてこられた読者諸賢には自明のことだろう。つまり実際にはアカントアメーバは、マルセイユウイルスを「食べる」のではなく、むしろマルセイユウイルスによって「食べられる」からである。ミミウイルスと同様に。ところがここで、マルセイユウイルスがアカントアメーバを「食べる」にあたり、ミミウイルスとは異なるある問題が生じる。それは、マルセイユウイルスが「小さすぎる」ことに起因する問題だ。

じつはアカントアメーバは案外〝近視〟らしく、小さすぎるものは〝目に見えず〟、食べることができないらしいのである。アカントアメーバが食作用を行うためには、そのエサとなる相手の大きさがある一定以上ないとダメなようで、ミミウイルスの大きさ（表面繊維を入れると八〇〇ナノメートルある）はその要件を満たしているからよいのだが、マルセイユウイルスの大きさ（二五〇ナノメートル）はどうもダメらしい。要するにアカントアメーバは、マルセイユウイルスがそこに一個だけあったとしても、それを〝エサ〟として認識せず、食作用を起こさないのである。ということは、マルセイユウイルスの立場から見ても、一個だけだとアメーバを「食べる」ことができないということになる。

そこでマルセイユウイルスはある行動に出た。なんと、「みんなで一緒に手をつないで、みんなで食べられちまおうぜ！」とばかりに、まるでイワシのような戦略を編み出したのである。もちろんマルセイユウイルスには〝手〟なんてものはないから、お互いにつなぎ合わせることはできないし、イワシだって手をつないでいるわけではない。その代わりマルセイユウイルスは、前のアカントアメーバの細胞から飛び出すときに一緒に引き連れてきた「アカントアメーバの細胞膜の断片」を袋状にして、その中にたくさんの〝人数〟で入り込み、この袋ごと、アカントアメーバに食べられるように仕向けることにしたのである。たくさんのマルセイユウイルスが入った袋は、直径はそれこそ、少なくとも一マイクロメートル以上になると思われるので、十分にアカントアメーバが〝エサ〟として認識するに足る大きさとなる。そうしてマルセイユウイルスは、自分の大きさをわざと大きく見せてアカントアメーバ細胞に食べられ、その細胞内への侵入を果たすのである。これはいわば、「小さきもの」であるマルセイユウイルスならではの、大胆な「食べられ」戦略であるといえる。

　ところがおもしろいことに、たった一個のマルセイユウイルス粒子しかなかったとしても、単独でアカントアメーバに侵入する経路が、じつはきちんとある。ファゴサイトーシスというほどのものではない、「エンドサイトーシス」による侵入である。これも91ページで述べたように、ファゴサイトーシスはそもそもエンドサイトーシスの一種である。ファゴサイトーシスのような、大きめの物体をもがーっと食べる食作用とは異なり、もっと小ぶりの物体は、アメーバが〝エサ〟として認識しなくても、じつは細胞の表面にくっつきさえすれば、その細胞内に侵入可能なのである。これは、細胞表面に結合した物体を、細胞膜が内側に陥没するようにして内部に引きずり込み、消化してしまうという経路であり、マルセイユウイルス一個だけなら、ファゴサイトーシスではなく、〝もっと小さな物体用〟のエンドサイトーシスによって、十分、細胞の内部に侵入することができるのだ。

　それならどうして、わざわざ膜の袋（メンブレン・バッグ）に包まれた状態でファゴサイトーシスによって取り込まれる経路が存在するのだろうか。はっきりしたことはわかっていないが、増殖の機会はどのような場合であっても逃すまいとする、「小さきもの」の戦略の一つなのかもしれないと僕は思っている。もちろん、アメーバの体の大きさには限りがあるから、その内部でマルセイユウイルスが作り出すウイルス工場の大きさ、子粒子合成能力にも限りはあるはずなのだが、たとえば、一個のマルセイユウイルスがエンドサイトーシスで細胞に入り込むよりも、メンブレン・バッグで包まれた多数のマルセイユウイルス粒子がファゴサイトーシスによって細胞に入り込む方が、じつは圧倒的に、「感染成立」という意味においては効率がよいのかもしれない。あるいは、何かまだ解明されていない感染メカニズムがあるのかもしれない。

遺伝子の使い方

ウイルスの重要な特徴の一つに、むろんそれは自らがリボソームをもっていないということと関係があるわけだけれど、増殖に必要な遺伝子の一部（あるいはほとんど）を、宿主の遺伝子に依存するということがある。ミニマリストという言葉もあるように、ウイルスというのは、もともとは生物だったにもかかわらず、他者に依存して生きる術を選択した者たちであったという考えもあるくらいで、ウイルスによってはほんとうに、必要最低限な遺伝子しかもっていない。

生物と同様に、ウイルスもタンパク質と核酸を基本的な〝持ち物〟として、増殖するしくみを保有している以上、いわゆる「セントラルドグマ」に則ってタンパク質を作る必要がある。セントラルドグマとは、タンパク質の情報はつねに遺伝子の本体であるＤＮＡ→ＲＮＡ→そしてタンパク質の方向に流れ、最後にタンパク質が合成されるという、すべての生物に共通のしくみのことである。この流れのうち、ＤＮＡを本体として存在する遺伝子の塩基配列が、〝仲介役〟であるメッセンジャーＲＮＡ（ｍＲＮＡ）の塩基配列としてコピーされることを「転写」といい、ｍＲＮＡの塩基配列がタンパク質合成装置リボソームで読み取られ、アミノ酸配列へと変換されて、タンパク質が作られることを「翻訳」という。なお、遺伝子の本体であるＤＮＡが「複製」され、次世代が作られることをセントラルドグマに入れる場合も多い。

ほとんどのウイルスは、この三つの過程、すなわち複製・転写・翻訳のうち、複製に使う遺伝子（ＲＮＡウイルスの場合はＲＮＡ依存ＲＮＡポリメラーゼ、ＤＮＡウイルスの場合はＤＮＡポリメラーゼ）は、自分のゲノムにコードしているので、複製は自分の遺伝子を使って行うことができるといえる（もちろん、そのＲＮＡポリメラーゼ、ＤＮＡポリメラーゼは、宿主のリボソームで作ってもらう必要がある）。また、多くのウイルスは、転写に使う遺伝子（すなわちＲＮＡポリメラーゼの遺伝子）を、自らのゲノムにコードしているので、そういうウイルスは転写もまた、自分の遺伝子を使って行うことができる（もちろん、以下同文）。ただし、複製も転写も、ポリメラーゼさえありゃあいいってものでもない。たとえば複製の場合、二本鎖となっているＤＮＡを巻き戻すヘリカーゼ、ＤＮＡ複製を始める際に必要になる複製開始点結合因子、複製開始因子など、さまざまなタンパク質が必要となる複雑な過程であり、転写もまた、転写開始因子、転写伸長因子、転写終結因子など多くのタンパク質の助けを借りて行われる複雑な反応なので、ＲＮＡポリメラーゼやＤＮＡポリメラーゼだけをもっていたとしても、結局のところ、宿主の遺伝子の一部を「借りて」、あるいは「盗んで」、これらの反応を遂行しなければならない。

そして、ほとんどすべてのウイルスは、翻訳に必要な遺伝子をもっていない。リボソームを構成するｒＲＮＡ遺伝子はもちろんのこと、リボソームタンパク質、翻訳開始因子、翻訳伸長因子、翻訳終結因子、アミノアシルｔＲＮＡ合成酵素（aaRS）などの遺伝子をもっているウイルスは、一部の巨大ウイルスを除いて存在しないのである。

いうなれば、こうした遺伝子をすべて宿主のものを使ってまかなうというのは、ウイルスにとっては常識中の常識なのである。そして中には、非常にうまい使い方というか、うまい借用の仕方というか、そういうことを実践しているウイルスがいる。本章の主役であるマルセイユウイルスである。

ノウメアウイルスの〝遺伝子借用術〟

その借用は、マルセイユウイルス科に属するウイルス「ノウメアウイルス」で報告されているものだが、マルセイユウイルス科のほかのウイルスでも同様の借用がなされている可能性はある（ただ調べられていないだけである）。

ノウメアウイルスを含むマルセイユウイルス科のウイルスは、転写反応を触媒するためのＲＮＡポリメラーゼ遺伝子を、自らのゲノムにもっている。ところが、自分のゲノムにもっているにも関わらず、ノウメアウイルスは、感染初期における転写反応に、自分のＲＮＡポリメラーゼを使わず、どうやら宿主のＲＮＡポリメラーゼをわざわざ細胞核から〝呼び出し〟て、使うらしいのである。

通常、こうした巨大ウイルスは、ゲノムにＲＮＡポリメラーゼ遺伝子をコードしているだけでなく、粒子の内部に、前の宿主の中でリボソームに作らせておいたＲＮＡポリメラーゼタンパク質そのものをもっているため、宿主の細胞に侵入したら、そのRNAポリメラーゼを使って、すぐにでも増殖の開始反応に必要な初期遺伝子を転写することができる。ここで「もたもた」していては、宿主による攻撃にさらされて感染成立までもっていけないかもしれないから、おそらくこうしたウイルスたちはあらかじめ、粒子の中に転写用のRNAポリメラーゼタンパク質を準備しているのだろうと思われる。しかし、なぜだか理由はわからないけれども、ノウメアウイルス（と、おそらくマルセイユウイルス科のウイルスのすべて）は、RNAポリメラーゼを粒子内にあらかじめ準備するのを〝忘れて〟しまっているのである。〝忘れて〟しまっているのか、あえて〝忘れたふり〟をしているのかはわからない。いずれにせよノウメアウイルスは、感染をすばやく成立させるために、自らの粒子内にRNAポリメラーゼを準備するのを〝忘れた〟ことを棚に上げて、宿主のRNAポリメラーゼを〝横取り〟し、初期遺伝子の転写を行うのだ。なんともずうずうしいウイルスである。

　では、宿主の遺伝子を借用するための〝契約〟は、いったいいつ行われたのであろう。ウイルスの進化に関する「ミニマリスト仮説」では、もともと生物であったウイルスたちは、宿主への依存性の増大に伴い、必要のない遺伝子をゲノムからそぎ落としていった、と説明される。その前提に立てば、リボソームを構成するrRNA遺伝子、リボソームタンパク質遺伝子をはじめ、翻訳に関する遺伝子のすべて、転写に関する複数の遺伝子、複製に関する複数の遺伝子、そして代謝にかかわる遺伝子や細胞膜にかかわる遺伝子などを、軒並みウイルスたちはゲノムから欠失させていったはずである。しかしながら、ノウメアウイルスに見られるように、ゲノムにその遺伝子をもっているにもかかわらず、なぜそれを使わずに（実際には後期遺伝子の転写には使っているのだが）、宿主の該当するタンパク質をわざわざ「リモート・コントロール」（という表現を研究者は用いている）してまで呼び寄せて使わなければならないのだろうか。言い換えれば、前の宿主の中にいたときに使っていたはずの、自らのゲノムがコードするＲＮＡポリメラーゼを、その粒子の中にパッケージングする手間を省き、その代わりに次の宿主で、宿主のＲＮＡポリメラーゼをわざわざ呼び寄せて使っている、その理由はなんなのだろうか。どう考えても、前の宿主から飛び出す際に、自らのＲＮＡポリメラーゼをパッケージングしておいた方が効率的だと思うのだけれど。これも人間の「エゴ」な考えなのだろうか。

一つ考えられるのは、前の宿主で使っていたＲＮＡポリメラーゼが、次に感染した際に使うにはすでにして古くなってしまい、使い物にならなくなっていることを避けるため、ということであろうか。タンパク質にも寿命というものがある。やはり古いものよりも新しいものに限る。その場合、ノウメアウイルスのもつこの〝遺伝子借用術〟の進化の流れとして考えられるのは次のようなことである。ここでは、ノウメアウイルスだけの性質としてではなく、マルセイユウイルス科全体の性質であるという前提で考えてみる。

マルセイユウイルス科の祖先の巨大ウイルスは、自らのゲノムに遺伝子としてもっているＲＮＡポリメラーゼを、きちんと粒子の中にパッケージングしてもち、次に感染した際に、そのＲＮＡポリメラーゼを使用して初期遺伝子の転写を行っていた。ところがあるとき、宿主のＲＮＡポリメラーゼが偶然そこにあって、ちょうどうまいタイミングでその宿主のＲＮＡポリメラーゼを使って初期遺伝子の転写を行うものが現れた。最初はおそらく、自分のＲＮＡポリメラーゼも使いつつ、宿主のＲＮＡポリメラーゼも使いつつ、といった状況が続いたのであろう。

ウイルスというのは、ミニマリストではあっても〝完璧主義者〟ではない。宿主の細胞の中で作られる子ウイルス粒子のすべてが完全なもので、すべてに感染力があるかというと、じつはそうでもないという一面がある。だから、子ウイルス粒子が成熟するときに、じつは成熟しきれていないまま、あるいは間違った成熟の仕方をしてしまったものがそのまま、細胞の外に放出されてしまった、なんてことが時々ある。

マルセイユウイルスの中にもおそらくそんな粒子がいたのであろう。本来なら粒子の中にＲＮＡポリメラーゼをパッケージングするはずが、パッケージングしないまま飛び出してしまったものがいた。このとき、もし次に感染したとき、宿主のＲＮＡポリメラーゼを使うことをまだ〝学習していない〟状態であったなら、自らの粒子内にＲＮＡポリメラーゼが存在していないために、脱殻後にウイルス工場を作るのに「もたもた」してしまって、その間に宿主の攻撃にあって死に絶えてしまったかもしれない。しかし、もしこのとき、次に感染したときに宿主のＲＮＡポリメラーゼを使うことを〝学習していた〟とするならば、脱殻後も「もたもた」することなく、すばやく宿主のＲＮＡポリメラーゼを〝借用〟し、ウイルス工場を作ることに成功していただろう。となると、相対的に宿主のＲＮＡポリメラーゼを使うことを〝より多く学習していた〟マルセイユウイルスが、自然選択により生き残ってきたと考えることができる。要するに、そもそも宿主のＲＮＡポリメラーゼを使うことを〝学習〟しなければ、粒子内にＲＮＡポリメラーゼをパッケージングし忘れるような〝オッチョコチョイ〟なウイルスは生き残って来られなかっただろうから、今のマルセイユウイルスたちに、そのような〝借用術〟は伝わっていなかったであろう。オッチョコチョイではあるが、学習すべきところはきちんと学習していたのである。

ちなみに〝学習〟といってもこれは擬人化の一例である。脳みそのないウイルスが〝学習〟するわけはない。たまたまそういうことをし始めたウイルスのみが生き残ってきただけである。

こうしてみると、ウイルスの進化というのもまた、つくづく宿主との相互作用なしには成り立たないものであるということが、よくわかる事例である。

小さきウイルスたちの生き様を想像すること

本章では、「もっとも小さな巨大ウイルス」であるマルセイユウイルスを題材に、小さなウイルスたちの戦略と、その〝生き様〟を紐解いてきた。さらに、インフルエンザウイルスや新型コロナウイルスの感染とその広がりを中心に、ウイルスの「拡散」戦略についても触れてきた。

ウイルスという「小さきもの」のことについて、わかっていることは必ずしも多くなく、むしろわかっていないことの方が大半である。電子顕微鏡でしかとらえることができないその様は、言い換えればある瞬間のウイルスの姿のみを捉えるにすぎないのであって、連続的な時間におけるウイルスの行動をリアルタイムに、しかもほかの可視化の術を用いることなく、ほんとうにリアルに、目の前で繰り広げられている彼らの行動をそのまま見ることはできていないのである。だから、多くの人たちがそうしたウイルスの「動的な視点」をもてないのは仕方がないことである。感染症の専門医ですら、もつことができるのは「感染による症状」という、目の前で繰り広げられる連続的な時間をもつものに頼ってウイルスのふるまいを推測するという視点のみなのだから。コロナ禍という社会現象は、そうした視野の狭い人間たちに対する、新型コロナウイルスたちの「もっとよく見てくれよ」という主張であり、かつ示唆に富んだ教えなのかもしれない。

とはいっても、いま僕たちにできるのは、できる限りの科学技術でもって捉えたその一瞬一瞬を、これまでの科学的知見をベースに「想像」することだけである。想像することだけとはいえ、それはいまの僕たちにとって、極めて重要なことだ。小さきものたちの真の姿を捉えようとして、その姿を想像する、その営みだけでも、いわゆる「ウィズコロナ」などの標語で表現されるこれからの人間社会、すなわちウイルスとの共生社会を目指す僕たちの社会を構築するための、大きな一助となるだろう。

第4章 パンドラウイルス論
——ウイルスはどれだけ大きくなるか

昔から、山がお互いに背比べをして競い合ったという民話が伝えられている。二つのほとんど変わらない高さの山が、その頂上同士を樋でつないで水を流し、どちら側に水が流れるかを競う。背比べで負けた山は、泣き寝入りをするか、リベンジを誓うか、怒って寝ている相手の頂上部分をはじき飛ばすか、そうしてさまざまなリアクションを後世に残し、伝説を作るのである。それは、「大きい」方の、また「背が高い」方の価値が高いという、これまでも述べてきた典型的な「人間的」価値観に則っている。

ここに、それを体現するかのような「パンドラウイルス」というウイルスがいる。「パンドラ」の箱を開けてしまったかのごとく、不思議な姿形をしたウイルスで、もしかしたらウイルスではないかもしれない、生物なのかもしれない、いやまったく新しい生命体なのかもしれないと、発見した科学者たちを悩ませたウイルスである。そのもっとも大きな特徴は、そう文字通り、サイズが「大きい」ことだ。粒子のサイズも大きいし、ゲノムサイズも大きい。いうなれば、それまでのウイルスに比べて〝図体〟も大きければ、おそらく〝脳みそ〟も大きいウイルス。いったい彼らは何者なのだろう、ほんとうにウイルスなのだろうかという悩みは、発見から八年になろうとしている今、もしかしたらほとんどの科学者の頭の中から消え失せてしまったかもしれないが、僕の頭の中には今でも巣食い、つねにガンガンと内側から頭蓋骨を打ち鳴らしている。

本章では、そうしたパンドラウイルスの真実の姿を通じて、「大きい」こととはどういうことなのか、その意味を探っていくことにしよう。特にウイルスにとって「大きい」ことの意味を、である。

大きさの視点

前章では、「小さいこと」に関する文章で、その冒頭を飾らせていただいたが、本章では、その対極にあるともいえる「大きいこと」に関する文章から始めたいと思う。

この宇宙が、入れ子のような状態になっているとする考えは、おそらく昔からある考え方であろう。すなわち、宇宙がビッグ・バンによって百何十億年か前にスタートしたとするなら、それよりも前にはいったい何があったのか、という問いかけから始まって、じつはこの宇宙というのは、さらに数あるもっと大きな宇宙のごく一部にすぎない。そしてその数あるもっと大きな宇宙もまた、さらにもっともっと大きな宇宙のごく一部なのであると。そうしてより視点が大きくなっていくと、不思議なことに、逆にその視点が一瞬のうちにミクロな視点に移行し、もっともっと大きな宇宙そのものが、じつは僕たち生物の体を構成する（いや、生物の体を構成していなくてもよいが）、小さな原子だったりするのだと。そうして、大きさにまつわる視点は、大きくなればなるほど小さくなり、視点が小さくなればなるほど大きくなっていく。

もちろん、これはある意味、単なる「思考実験」である。原子というものが万物の基本物質であって（もっともその原子よりも小さな粒子もあるが）、宇宙のすべてがその原子から成り立っているのであれば、その原子の中によりミクロな宇宙が入っているなどということは、科学的には荒唐無稽な代物である。しかし、ふと「大きさとは何か」ということを思うとき、どうしてもそのような想像をせざるを得なくなるときがある。つまり、この宇宙がどんどん大きくなって、入れ子のようにさらに大きな宇宙の一部を形成しているというのは、いまここにいる僕の視点、つまり人間の視点である。一方において、そのさらに大きな宇宙がじつは小さな原子の一部であるというような視点は、その大きな宇宙よりもさらに大きな仮想の世界の住人の視点である。要するに、視点が変わるというのは、その視点の「持ち主」が変わる、ということでもある。

すでに述べたが、ウイルスというのは、僕たち人間の大きさに対して非常に小さい。人間の大きさが地球であるとすると、平均的な大きさのウイルス粒子の一個一個は、ネコ一匹と同じ程度の大きさにしか過ぎない。ネコにとっての地球と同じレベルで、ウイルスにとっての人間は存在していることになる。そして、さらにその地球と同じレベルのもの（人間）が、さらに入れ子のようになって、本物の地球という（ウイルスにとって）超絶的に大きな惑星の中で生態系の一部として生きている。ウイルス粒子にスケールを感じる能力があるとするなら、そのスケール感は、僕たち人間が感じるものよりもはるかに大きなものとなる。そういう視点の変化こそが、ウイルスの真の姿を捉えるためには必要となる。そしてそのスケール感の中で、ウイルスの粒子の大小は決まり、その結果として細胞に感染するルールというものも変わってくるのである。

さて、宿主の細胞に感染するとなると、おのずから、ウイルス粒子の大きさには上限というものが生じることになる。細胞に感染するにあたり、大きさはおそらくどれだけ小さくなっても構わない。中にはカプシド構造すらなく、核酸とそれに付随する核酸合成酵素（ＲＮＡポリメラーゼ）だけからなるウイルスが存在するくらいだ（ミトコンドリアに感染するミトウイルスなどがその典型的な例である）。しかしながら、大きくなるにあたっては、宿主の細胞よりも大きくなってしまうことはウイルスの性質上あり得ない。したがって、上限は宿主の細胞の大きさということになる。もちろん、宿主の細胞とまったく同じ大きさのウイルスがその細胞に感染するということもまずあり得ないので、それよりははるかに小さなサイズにおいて「上限」が来てしまうということになる。いったい、ウイルスというのはどこまで大きくなり得るのだろうか。

ウイルス学について

第1章におけるウイルス学事始めにおいて、ウイルスとは何かについて基礎的なところを書いてきたわけだけれども、より深くウイルスとは何かを考えていくと、生物との関係をはっきりと認識しないことには、思考が停止してしまうがごとくに迷宮の中に入り込んでしまって、這い出てくることが困難となる。もちろん、これまでの章でもさんざっぱら、ウイルスと宿主、すなわち生物との関係について触れてきたけれども、この件についてはいつ、どこでも、何度でも触れておくことに、良いことはあっても悪いことはないと思っている。

ウイルスは、たしかに生物とは異なり、自分の力でタンパク質を合成したり複製したりすることができないから、どのウイルスも必ず、生物の細胞の中に入り込み、そこで細胞のしくみ（リボソーム）を使ってタンパク質を合成し、複製をする。どのウイルスも～と述べたけれども、実際にはそういうものを「ウイルス」とよぶのである。

これも前章で述べたことだが、そもそも「ウイルス」という言葉には悪い意味、すなわち「毒」というあまりありがたくない意味がある。それは、生物に病気を起こすものから真っ先に明らかになってきたからであり、後に見つかったウイルスで、それが別に生物にとって毒でもなんでもないようなウイルスであったとしても、とにかく生物の細胞のリボソームを使い、「一個のオリジナルが多数のオリジナルを作る」ような複製様式で増えるものを、ただひたすら「ウイルス」とよぶようになったのである。世のウイルス学者は、ヒトに病気を起こすウイルスにしか興味がないから（特に医者はもっとも始末に悪い）、その他大勢のウイルス、いやむしろ地球上にはその他大勢のウイルスがほとんどであって、ヒトに病気を起こすウイルスはほんのわずかしかいないにもかかわらず、そうしたウイルスにはまったく見向きもしようともしないのである。というわけで、ヒトに病気を起こさないウイルスに対しては、次の項で述べるように、病気を起こす「ウイルス」とは異なる名前を与える必要があるのではないかと、僕を含めて巨大ウイルスの一部の研究者は考えている。

ウイルス「学」とよばれる学問が有史において成立したのは、せいぜい遡ること二百数十年、一八世紀末のヨーロッパであるといわれる。その頃に行われたのは、イギリスのエドワード・ジェンナーによる有名な種痘の実験であった。対象となったのは「天然痘」で、今でこそ天然痘ウイルスによる感染症であることは明白になっているが、当時はウイルスはおろか、細菌（バクテリア）の存在さえ知られていなかったから、その原因については明らかではなかった。しかし、存在は知られていなくても、それに対処する手法が開発されたという点において、ジェンナーによる種痘法の開発は、後のウイルス学発展の端緒となったといえる。ただ、すでに述べたように、今でいうウイルス、すなわち目に見えないけれどもヒトを病気にさせる「何か」を「virus（毒）」と名付けたのは「医学の父」として名高いヒポクラテスであるといわれている。

　これも繰り返しになって恐縮だが、何度でもいわせてもらう。そもそも、目に見えないものに僕たち人間が気づくためには、その目に見えないものが何らかのアクションを起こし、そのアクションが僕たちの目で見えるようなものでなくてはならない。そうしたアクションとしてもっともわかりやすいのは、ウイルスたちが「お〜い、俺たちの存在に気づいてくれよ〜ん」とばかりに細胞に感染し、その細胞（とその主体である個体）を「なんかちょっとヘン」な状態にさせること、つまり病気を起こすことだ。新型コロナウイルスだって、無症状の感染者は、ＰＣＲ検査をしない限り明らかになることがないのと同じである。体が健康であれば、その存在に人間が気づいてくれるわけはない。だから、ウイルスというものの存在に人間が最初に気づいたのは「病気」との関連であったことは当たり前のことであったろうし、その流れで現在のウイルス学が成り立っているのだから、ウイルス学といえば医学の一分野、というのは仕方のないことである。

しかし、その流れはそろそろ転換すべきだ。病気とは関係のないウイルスが、この地球上に非常に大量に、しかも病原性ウイルスよりもはるかに大量に存在していることが明らかとなった今、ウイルス学を医学から切り離し、幅広い視点で研究するという流れを作ることは必須であろうと思うのだが、世の中はなかなかそうなってはくれない。

下世話な話で申し訳ないが、たとえば僕たち研究者が、文部科学省（とその傘下の日本学術振興会）に申請する「科学研究費補助金」という制度がある。いわゆる「科研費」というもので、この制度は、すべての学術分野における研究者に対する助成制度で、「役に立つ」「立たない」に関係なく、先駆的、独創的な学術研究に研究費を支給する、僕のような「すぐには役に立たない」（というか、すぐにどころかまったく役に立たないと思っている）研究をしている研究者には非常にありがたい制度である。これに申請する際、研究分野を決めなければならないわけだが、じつは「ウイルス学」というのは、研究分野としてあるにはあるのだけれども、その上位のくくりは必ず「医学」なのである。ウイルス学分野で研究助成を得ようと思っても、その上位区分は「医学」なので、当然のことながら、医学、すなわち病気にかかわる研究でなければならない、ということになる。じゃあほかの上位区分で出しゃあいいじゃん、と思うかもしれないが、ほかの上位区分には残念ながら、その下位区分に「ウイルス学」というものがない。農学や環境学、理学、そうしたものは、「ウイルス学」を扱う学問としては「公式に」認められていないのではないかとさえ思えてしまう。もちろん、こうした上位区分でもウイルスの研究はできるし、僕が現在もらっている科研費は、「水圏生命科学」とよばれる区分である。ウイルスというキーワードはないものの、水圏に生息する微生物なども対象にしているこの区分において、巨大ウイルスの研究テーマで採択してもらっている。

しかしやはり、「ウイルス学」という名前の区分が、必ず医学の下に置かれているという現状には、いささか首をかしげざるを得ない。ウイルスというものの存在意義が変わってくれば、こうした役所的な区分も、やがては解消されていくことを期待したい。まさに、「ウイルス学」というものが人間の都合で勝手に決まっていることを如実に表している例なのだから。

ちなみに日本ウイルス学会という学会も、日本医学会の傘下にある。出席者は医者か医学系の院生・学生ばかり。僕も二度ほどこの学会で発表したことがあるが（筆頭発表者としては一度）、聴衆の反応はまあ地獄のように悪いという経験をした。質問は、研究の内容ではなく「巨大ウイルスってなに？」というものばかり。「巨大ウイルスってぇ〜〜、なぁにぃ〜」みたいなリアクション。思い出すだに恐ろしい。それ以来、この学会には参加しないことにしている（会費は払っているけれど）。

ジャイラス

愚痴はこれくらいにしておこう。

二〇〇三年に巨大ウイルス「ミミウイルス」が見つかって、生物学界（の一部）にはちょいとした騒ぎが巻き起こった。といっても、時間が〇・一秒止まったわけでも、地球の自転が一瞬停止したわけでもなく、業界のごく一部の中での話である。とはいえ、ミミウイルスのあまりの複雑さ、大きさゆえに、「定義上はたしかにウイルスかもしれん。でもウイルスにしては複雑すぎるやろ」という思いに端を発した、「巨大ウイルスはウイルスではない」という考えが、研究者の間からぽつぽつと出始めたというのは、ウイルス学始まって以来の快挙であると叫びまわってもいいくらいだ。

実際、リボソームがないとか、暗黒期がないとか、見た目は明らかにウイルスやろとか、そういったことに鑑みるとそれまでのウイルスの定義に入るわけだけれども、それまでのウイルスにはなかった遺伝子（たとえば翻訳に必要な複数の遺伝子）をもっていたり、ウイルスのくせに別のウイルスに対する防御機構をもっていたりと、ウイルスにしては複雑すぎるということから、もちろん生物には入らないかもしれないが、これまでのウイルスとは異なる「全然別の生命体」なんちゃうか、ということで、こうした巨大ウイルスのことを「ジャイラス（girus）」という名前でよぶことがフランスのジャン・ミシェル・クラベリによって二〇〇六年に提唱されたのである。巨大ウイルス（ジャイアント・ヴァイラス〈giant virus〉）、これを略してジャイラスである。

僕は、クラベリによるこの提案は非常に価値あるものであると感じている。いやむしろ、ヒトに病気を起こさないウイルスはすべて「ウイルス」というくくりからはずすか、そもそも「毒」を意味する言葉である「ウイルス」という言葉自体を変えるべきではないかとさえ思う。それは、先ほどから何度も述べているように、すべてのウイルスが決して「毒」であるわけではないし（ヒト免疫不全ウイルスやエボラウイルス、そして新型コロナウイルスなど、明らかに「毒」としか思えないようなウイルスももちろんいるが）、むしろ進化という枠組みからウイルスの世界を眺めてみると、生物にとって「毒」であるどころか、ともに生きてきた「パートナー」という側面がたくさん見えてきたからにほかならない。そして、「girus」というのは巨大ウイルス（というか、比較的大型のウイルス）に特化したネーミングではあるにせよ、そうした名前への変更は、「ウイルス」という言葉に対する人々の先入観を打破するには非常に有効な方策ではないかと思うからである。

しかしながら、残念なことに現在では、「ジャイラス」という言葉を使っていこうという気運は衰退し、そのような提案を積極的に耳にすることはほぼなくなってしまった。そもそも「ウイルス」という名前のように、百年以上にもわたって人々が慣れ親しんできた言葉を変えるには少なからずエネルギーがいるし、研究者というのはどちらかといえば一人で黙々と研究をしたいという欲求が強い人たちだから、そうした「政治的な」活動をしたがらなかったということがあったのではないかと思われる。単純に、「ま、別にウイルスだっていいじゃん。細胞に感染するってことは同じだし」という思いが、「ウイルスって名前はけしからん！　ジャイラスにすべきだ！」という思いを上回っただけなのかもしれないが。

とはいえ心の奥底では、僕のように、おそらく多くの巨大ウイルス研究者の中でそうした「欲求」はくすぶっていたに違いない。そのくすぶっている欲求を大いに刺激したのが、二〇一三年に発見された、本章の主役である巨大ウイルスだったのである。

パンドラウイルスの発見

二〇一三年に発見されたウイルスは、まさに「ジャイラス」の名にふさわしいものであった。「パンドラウイルス」と名付けられたウイルスである。パンドラウイルスは、オーストラリア・メルボルン近郊にある沼の底と、チリ・沿岸部にあるトゥンケン川の河口付近の沈殿土から、それぞれ一種ずつ、合計二種が見つかり、それぞれ「パンドラウイルス・デュルシス（あるいはデュルキス）」、「パンドラウイルス・サリナス」と名付けられた。

　パンドラウイルスという名は、本章冒頭でも述べたように、ギリシャ神話に出てくる「パンドラの箱（函あるいは甕）」のエピソードに由来する。あまりにもこれまでのウイルスとその形状がかけ離れていたため、研究者が思わず（かどうかは知らないが）そう名付けてしまったものである。それを示すかのように、最初はこのウイルスの正体が、ウイルスなのかウイルスではないのか、それとも未知の生命体なのか、つまりなんだかよくわからない形状をしていたため、「新しい生命の形：New Life Form（NLF）」とよんだ、と研究者が論文の中でそう述べているほどである。まさに「未知との遭遇」だ。

　形から見ても明らかなように、パンドラウイルスは、どう見ても通常僕たちが「ウイルス」といわれてイメージする形、もっともオーソドックスなたとえでいえば正二十面体の規則正しい形をしておらず、のっぺりとした草履《ぞうり》のような形をしていることがわかる（図26）。最近は、特にアーキア（古細菌）に感染するウイルスの形が非常に多様で、おもしろい形のものが明らかになっているのでそれほど珍しくはなくなっているのだが、二〇一三年当時はまだ、このような不思議な形をしたウイルスはほとんど知られていなかったので、研究者が「新しい生命の形」とよんだのも無理からぬことであったろう。実際、パンドラウイルスのカプシドタンパク質は、正二十面体ウイルスのカプシドタンパク質とはアミノ酸配列が異なることが明らかになっている。そして、よく目立つ「口」のような形をし

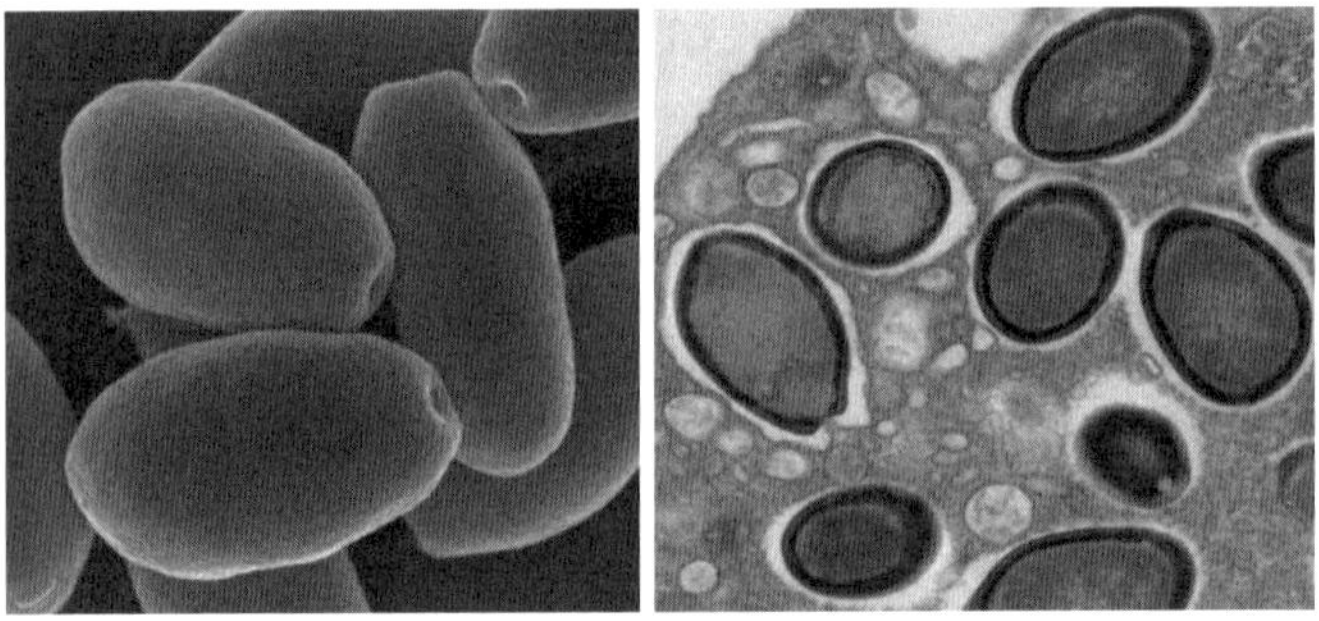

図26：パンドラウイルス

日本で分離されたパンドラウイルスの、走査型電子顕微鏡像（左）と透過型電子顕微鏡像（右）。

［写真：東京理科大学武村研究室］

た、粒子の端っこにある構造体。これは「開口部」とよばれ（つまり口ですな）、ここを通して、感染したアメーバの細胞質の中に自らのゲノムを注入する。いわば、ミミウイルスのスターゲート構造に該当するのが、パンドラウイルスのこの開口部というわけである。

　最初に分離された二種のパンドラウイルスのうち、特に大きいのは「パンドラウイルス・サリナス」である。粒子サイズは両者ともほぼ同じなのだが、ゲノムサイズは「デュルシス」よりも「サリナス」の方が大きく、二四七万塩基対という膨大なサイズに及ぶ。これは、それまでのウイルスで最大のゲノムサイズをもっていた「メガウイルス・キレンシス」（ミミウイルス科・メガウイルス亜科の系統Cに属する。64ページ参照のこと）の二倍以上というからすごかった。ゲノムサイズが二百万塩基対を超えたのは、ウイルスではこのパンドラウイルス・サリナスが初めてであり、さらにゲノムサイズだけでなく、遺伝子の数も二五五六個と、それまでのウイルスの中で最大数を誇る（二〇二一年二月現在でも、パンドラウイルス・サリナスの遺伝子数はウイルスの中で最大である）。このゲノムサイズと遺伝子数は、真核生物の中でも最小といわれるエンケファリトゾーン・クニクライ（微胞子虫）とほぼ同じか、それよりも若干大きい。ついにウイルスは、原核生物を通り越し、真核生物の範疇にまで、その歩を進めてきたのである。

とまあ、最新映画の宣伝張りに口角泡を飛ばして言い張っても、パンドラウイルス・サリナスもやっぱり、相変わらずウイルスであることには変わりない。どれだけゲノムサイズが大きくても、遺伝子の数が多くても、そして粒子サイズが大きくても、リボソームをもたないがゆえに、彼らは生物の仲間には入れてもらえない。生物の細胞に感染し、その中で増殖する道しか与えられていない以上、パンドラウイルス・サリナスもまた、ウイルスであるというレッテルから逃れることはできない。

パンドラウイルスはそれまでのどのウイルスとも、粒子形態上もゲノム配列上も明らかに異なるため、「パンドラウイルス科」の創設が期待されているが、二〇二一年二月現在、いまだＩＣＴＶによる正式な登録はなされていない。その一方で、現在までに、十数種類のパンドラウイルスが、世界各地で発見されているから、もはや「核細胞質性ウイルス門」の一大グループであると、事実上はみなしてよいと思う。日本からも、僕の研究室のポストドクトラル研究員が二〇一九年、二種類のパンドラウイルスを分離することに成功した。見つけたのは、ＪＲ総武線が走っている近くにある、荒川河川敷の土の中、すなわち土壌環境からである。土の中から見つけたということから、ギリシャ神話における冥界の支配者として知られるハデスとその妻ペルセポネーにちなみ、パンドラウイルス・ハデスならびにパンドラウイルス・ペルセポネーと命名した。ネーミングをギリシャ神話からとるということに特段のこだわりがあったというわけではなく、日本神話からとってもよかったのだが、それはそれ、いわゆる世界の趨勢に迎合したのである。というのも、ギリシャ神話にちなんだ名前は、巨大ウイルスに対してよく用いられているという、前例がたくさんあったからだ。実際僕も、自分で分離した新しいウイルスに「メドゥーサウイルス」という名前をつけている（次章で詳しく紹介する）。これに対して、新しく発見されるアーキアには北欧神話にちなんだ名前がつけられることが多い。たとえば、アスガルド古細菌とよばれる大きなグループの古細菌群は、ここ十年以内に発見された真核生物に非常に近いと考えられている古細菌のグループで、ロキ（悪戯な神）古細菌、ヘイムダル（光の神）古細菌などが、その代表的な例である。

　パンドラウイルスがなぜ「パンドラ」と名付けられたかについては前述したが、それは単に形態学上の特異さからのみではない。そのゲノム、すなわち遺伝子上も、特異な面が浮き彫りになったからである。

　先ほども述べたように、パンドラウイルスが発見されるまでは、もっとも大きなゲノムサイズをもつのは、ミミウイルス科メガウイルス亜科に属する「メガウイルス・キレンシス」（系統C）であって、そのゲノムサイズはおよそ一二六万塩基対であった。そして、遺伝子の数も一一二〇あり、ウイルスとして初めて一〇〇〇個を超えたのも、このメガウイルス・キレンシスであった。ところがパンドラウイルスは、ゲノムサイズのみならず、遺伝子の数をも、このメガウイルス・キレンシスを大きく凌駕するということになった。それがゲノムサイズ二四七万塩基対という数字であり、遺伝子数二五五六個という数字である。この二五五六個というのは、最初に発見された二種のパンドラウイルスのうち、パンドラウイルス・サリナスのもつ遺伝子の数であるが、もう一種パンドラウイルス・デュルシスもまた、ゲノムサイズが一九〇万塩基対、遺伝子数も一五〇二個と、やはりメガウイルス・キレンシスを大きく超えていた。したがって、スポーツの世界でたとえると、二種のパンドラウイルスは、同時に世界新記録を達成していたのだけれども、結果的に世界記録保持者となったのはパンドラウイルス・サリナスであった、ということになる。

　これまで調べられているすべての生物やウイルスの遺伝子の塩基配列ならびにタンパク質のアミノ酸配列は、そのほとんどがインターネット上で公開された配列データベースに登録されている。日本のデータベースとしてはＤＤＢＪ（日本ＤＮＡデータバンク）、米国のデータベースとしてはＮＣＢＩ（米国生物工学情報センター）、そして欧州のデータベースとしてはＥＭＢＬ（欧州分子生物学研究所）のものが有名だが、この三大データベースのいずれかに登録すれば、どのデータベースでも公開されるよう、連携がとられている。新しい生物やウイルスの種が発見され、そのゲノムや遺伝子が解析されて塩基配列やアミノ酸配列がわかると、こうしたデータベースに登録されている既知の遺伝子やタンパク質の配列との相同性（配列の何パーセントが同じか）が調べられる場合がほとんどである。もちろん、パンドラウイルスの発見時もそうしたことが行われた。その結果、パンドラウイルス・サリナスの二五五六個ある遺伝子のうち、じつに二〇〇〇個以上の遺伝子に関して、データベース上に相同な配列をもつ遺伝子を見つけることができなかったのである。つまりこの二〇〇〇個以上の遺伝子の配列は、少なくとも配列上は「まったく新しい未知のものである」ことが明らかになったのだ。ほかの生物やウイルスと相同性があることがわかった遺伝子は四〇一個のみであり、そのうち真核生物の遺伝子と相同性があったのが三〇〇個、バクテリアの遺伝子と相同性があったのが五八個、ほかのウイルスの遺伝子と相同性があったのが四三個であった。

もちろん、「まったく新しい未知のものである」といっても、これまでの生物やウイルスになかった特異なはたらきをもった、あるいは、まったく未知のはたらきをもった遺伝子である、といっているわけではなく、あくまでも配列上、すなわち「塩基配列としてみると、新しい未知のものだ」ということである。なぜなら、塩基配列上は似ているものがなかったとしても、はたらき（機能）の上では、既知のものとそっくりであったということは大いにあり得ることだからである。少なくともパンドラウイルスのほかの特徴（生活環など）を見る限りにおいて、バイオパニック映画に出てくるように、見ているうちにあっという間に複製するとか、突然液状化して隣のウイルスを溶かして食べるとか、顕微鏡で覗いている人間の目の中にいきなり飛び込んで体を乗っ取るとか、そういったおかしな動きはしないし、常識的な範囲内においてウイルスとしての生を謳歌しているように見えるから、それほど変わった遺伝子をもっているようには思えない。もちろん、調べてみないとわからないが。

いずれにせよ、こうした「まったく新しい未知のものである」ように見える遺伝子をたくさんもっていたことから、パンドラウイルスがほかのどのウイルスとも異なる系統のものであることは、おのずから明白であったということである。

細胞核をぶっ壊す

閉塞感に満ちた社会に生きる人たちからすると、〇〇をぶっ壊すという表現には、非常に新鮮な響きがあるようである。小泉純一郎氏が「郵政省をぶっ壊す」「自民党をぶっ壊す」というスローガンのもと、その自民党の総裁となって総理大臣となり、長期政権を築き上げたことはまだ記憶に新しいところである。最近だと「某放送局をぶっ壊す」と息巻いていろんな選挙に顔を出す党首氏がまあ代表的なところだろうか（こちらはあまり支持が広がっていないようではあるが）。

ここに、それまでの巨大ウイルスにはなかったスローガン、すなわち「細胞核をぶっ壊す」というスローガンを掲げたウイルスが現れた。パンドラウイルスである。

これまでの章でも触れてきたように、ミミウイルスやマルセイユウイルスなどの巨大ウイルスは、宿主の細胞に侵入しても細胞核までは侵入せず、細胞質に巨大なウイルス工場を作り上げ、そこで大量の子ウイルスを作り出すことを是としてきた。ポックスウイルスも、宿主の細胞の中に、小胞体の膜で包まれた、まるで細胞核のように見えるウイルス工場を作って、そこで複製することが知られている。これらのウイルスは、あくまでも宿主の「細胞質」にウイルス工場を作るのであって、宿主の「細胞核」に対しては〝敬意〟をもってくれて、何かをするといったようなことはなかった。またヘルペスウイルスやインフルエンザウイルスは、細胞核の中に侵入し、そこでウイルス工場を作ったり、ＲＮＡを複製したりはするけれども、細胞核を破壊することまではしない。しかしパンドラウイルスはそうではなく、感染した宿主細胞の細胞核を、ほんとうにぶっ壊してしまうらしいのである。

パンドラウイルスもウイルスだから、細胞内での感染ステップにおいて、しっかりと「暗黒期」がある。パンドラウイルスが、宿主であるアカントアメーバ細胞に、やはりミミウイルスやマルセイユウイルスと同じように宿主によって〝食べられる〟ことにより侵入すると、ファゴソーム内で開口部を通して膜同士の連結による〝通路〟を形成し、その通路を通してゲノムを放出する（脱殻）。カプシドはそのまま消化され、その結果「暗黒期」が現れて、ウイルス粒子は消えてなくなる。そこまではミミウイルスと基本的に同じだが、パンドラウイルスの場合、消えてなくなるのはウイルス粒子だけでなく、宿主の細胞核もなのである。正確にいえば、細胞核を取り囲んでいる核膜が消えてなくなる、といった方がよいかもしれない。いわば、半熟の目玉焼きの黄身の部分を箸でつぶしたときに、中の黄色い、栄養物質がたくさん詰まった液体がとろ〜りと流れ出てくるがごとく、細胞核の核膜が壊されて、その中身がじんわりと、その周囲に漂い始める。やがてその「細胞核の跡地」、いや細胞核の中身が充満していると思われる場所から、新たなパンドラウイルス粒子が出現するのである。

　パンドラウイルスが宿主の細胞核をぶっ壊す（正確には核膜をぶっ壊す）には、もちろん理由があるはずだ。理由なくして、宿主細胞の「命」とでもいうべき細胞核をぶっ壊すことはない。おそらくパンドラウイルスは、核膜をぶっ壊すことによって、宿主の細胞核に備わっていた構造や機能を、何らかの形で利用するのであろう。一例として、ＤＮＡポリメラーゼをＤＮＡに結合させ、遅滞なく複製反応を行わせるのに重要なタンパク質に、ＰＣＮＡ（proliferating cell nuclear antigen：増殖細胞核抗原）とよばれるタンパク質がある。活発に分裂増殖する細胞の細胞核の中にあるこのタンパク質を、ある種の自己免疫疾患の人がもつ抗体が認識することから、そのような名がつけられたものである。実際にはＰＣＮＡは、ＤＮＡポリメラーゼをＤＮＡにつなぎとめる、いわば「かすがい」としてはたらくタンパク質である。そのＰＣＮＡタンパク質の遺伝子を、じつは多くの巨大ウイルスが自らのゲノムにもっているのに対して、パンドラウイルスはもっていないことがわかっている。ということは、そのための別のタンパク質を、「まったく新しい未知の」遺伝子の中にもっているか、宿主の細胞核に存在するＰＣＮＡをひったくって使っているかの、どちらかだろうと思われる。後者であれば、細胞核をぶっ壊すメリットが大いにある。細胞核をぶっ壊すことにより、その内部で宿主のために使われていたＰＣＮＡタンパク質を〝横取り〟して、自分のために使うことができるからである。だったら、マルセイユウイルス科ノウメアウイルスのように、細胞核をぶっ壊さずにＰＣＮＡを「リモート・コントロール」すればよい（162ページ参照）と思うのだが、パンドラウイルスはそれでは納得しなかったようだ。パンドラウイルスの複製は、ミミウイルスやマルセイユウイルスの複製に比べて、宿主細胞、とりわけ細胞核に存在するしくみへの依存度がはるかに高いがゆえに、その機能を効率よく使うため、邪魔な核膜をぶっ壊してしまうのかもしれない。

ぶっ壊す意味

ここで、パンドラウイルスが細胞核をぶっ壊す意味をもう少し深く探るために、僕たち人間の体内ではたらく細胞に目を向けてみよう。じつは僕たちの体内で、「細胞核がぶっ壊された」のと同じように見える細胞が、じつに重要な役割を背負ってはたらいていることをご存じであろうか。それは、全身の細胞に酸素を送り届ける役割をもつ細胞、「赤血球」である。赤血球は、骨髄に存在する造血幹細胞から、「赤芽球」という状態を経て作られる細胞で、赤芽球のときまではその細胞内に存在していた細胞核が、赤血球への成熟と共に細胞外へと捨てられる。正確にいうと、赤芽球が極めて不均等な細胞分裂を行い、ほとんど細胞核しかない細胞と、ほとんど細胞質しかない細胞に分裂し、前者はマクロファージに喰われ、後者がそのまま赤血球となるのである。つまり赤血球は、体内でも珍しい「無核細胞」なのだ。だから「ぶっ壊される」のではなく「捨てられる」のであって、パンドラウイルスによる細胞核の破壊とは生物学的意味は大きく異なるけれども、「細胞核がなくなる」という意味では、どちらも同じ運命にさらされているといってもよい。

　赤血球がなぜ細胞核を捨てさせられるのか、その理由はいくつかあるだろうが、現在のもっとも有力な説は、それがほ乳類の赤血球にのみ見られる現象であるということと関係がある。つまり、ほ乳類は恒温動物であり、その体はつねに外気温がどうであろうが一定の温度に保たれなければならない。外気温が高いときは体温を下げ、外気温が低いときは体温を上げる必要性から、ほ乳類はその体中にくまなく血液をいきわたらせ、熱交換の効率を上げなければならない。そのため、赤血球一個がやっと通れるくらいの細さの毛細血管を発達させ、体中隙間なく血液をいきわたらせるようにしたのである。その結果というかその過程というか、赤血球が細胞の形を自由に変形させて毛細血管をすんなりと通過できるよう、細胞核を捨てさせられたのではないか、ということだ。赤血球の成分で酸素分子を結合させるのはヘモグロビンという分子である。赤血球はまさに「ヘモグロビンの袋」としてはたらくのであって、それ以上の機能も、それ以下の機能も必要ない。だから、成熟した赤血球にとって、細胞核はもはや必要なかったのである。もっとも、細胞核を捨てたからには新たなタンパク質は作ることができないので、赤血球に残されているのは「使い捨て」という人間的に考えたらすこぶる非情な結末だ。しかし、赤血球を作るための造血幹細胞はつねに分裂を繰り返しているから、たとえ使い捨てになろうとも、赤血球の元となる細胞は毎日のように、骨髄において作られて補充されるため、問題はないのである。

パンドラウイルスが宿主の細胞核を「ぶっ壊す」のも、もしかしたら赤血球の場合と同じなのかもしれない。というのも、パンドラウイルス粒子があまりにも「大きい」からである。

ミミウイルスにしてもマルセイユウイルスにしても、細胞質のウイルス工場で子ウイルスが作られると、宿主であるアカントアメーバ細胞の中は、できた子ウイルス粒子で充満することになる。ミミウイルスに至っては、感染後二四時間もすると、宿主であるアカントアメーバ細胞はミミウイルス粒子でぱんぱんになり、もはや顕微鏡でのぞいても、そこにアカントアメーバ細胞の本来の活動を垣間みることができる原形質流動や、仮足、すなわちアメーバ運動のために伸び縮みさせる細胞の〝足〟の滑らかな動きなどは一切、見られることがない。そして、さすがにこの頃になると、ミミウイルスは細胞質にウイルス工場を作っているとはいえ、宿主の細胞核も無傷であるはずはなく、一見して、ぱんぱんに膨れ上がった細胞のいずれにも、細胞核を見出すことは困難となる。そしてウイルス粒子でぱんぱんに膨れ上がった末に、アカントアメーバ細胞は気の毒なことに、最後にはパーンとはじけて、ミミウイルス粒子が周囲に飛散し、アカントアメーバの「ヴァイロセル」としての役割は閉じることになる。この、ミミウイルスによってアカントアメーバ細胞がぱんぱんになるというのは、ミミウイルスが表面にもっている表面繊維の存在も影響しているように思われる。僕たちがいま、コロナ禍によって「ソーシャルディスタンス」なるものをとることを要請されているのとは異なり、ミミウイルスは、表面繊維という長い毛の集団の存在によって、そもそもそれぞれのミミウイルス粒子同士、きちんと「ソーシャルディスタンス」がとられていたのである。あるいは、この表面繊維が、ウイルス同士の密集状態を回避する〝クッション〟のような役割を果たしていて、それが粒子の大量生産によりぱんぱんとなり、細胞膜の一部にほころびが生じると、そこから一気に、内側にたまったエネルギーがはじけるように、ウイルス粒子が飛び出していくのであろう。

一方パンドラウイルスは、ミミウイルスよりも大きな粒子構造を呈している。楕円形で、その長径は一マイクロメートルにも達する巨大な粒子だ。パンドラウイルスは、ミミウイルスやマルセイユウイルスのような明確なウイルス工場を形成することはないが、最終的に大量の子ウイルス粒子が作られ、細胞内がそのウイルス粒子で充満するというのは、ミミウイルスやマルセイユウイルスと変わらない。ただパンドラウイルスの場合、ミミウイルスのようなぱんぱん状態には、じつはならないことがわかっている。パンドラウイルスは、ミミウイルスのように、ぱんぱんに膨れ上がった細胞からはじけるように子ウイルスが放出されるわけではなく、ある程度まとまった数の粒子が、小分けにされて少しずつ外に放出されるのである。その粒子そのものが大きく、ミミウイルスのような表面繊維の〝バネ〟を使った放出方法をとれないパンドラウイルスは、宿主細胞に存在する最大にして物理的に立体障害となり得る細胞小器官「細胞核」を壊し、その成分を有効利用することで、「大きなもの」にとって有限な宿主細胞のスペースを最大限にまで利用し、効率よく〝子〟ウイルスを生産する戦略を編み出したのではないだろうか。要するに、邪魔となる細胞核の構造を壊し、その機能を横取りして使いつつ、少しでもそのスペースを確保しようとしてきた結果、核膜をぶっ壊すという表現型が生まれたのであろう。さらにパンドラウイルスは、たくさん作った〝子どもたち〟を、小分けにして順番に外界へと放出することで、ヴァイロセルとなったアカントアメーバを少しでも生きながらえさせ、よりたくさんの〝子どもたち〟を作り出そうとしてきたのではないだろうか。巨大ウイルス同士にも「ウイルス間競争」があると僕は思っているが、大きなウイルスと小さなウイルスは、直接お互いに干渉しないがゆえに、もし宿主（消費する相手）を同じくする者同士であったとするなら、いかに宿主に効率よく感染し、いかに宿主から効率よくたくさんの子ウイルスを放出させるかが重要になってくるはずである。同じ大きさの生物を宿主とするウイルス同士であれば、大きなウイルスは、特に後者の観点からすれば小さなウイルスよりも不利である。だからこそ細胞核をぶっ壊し、小分けで放出されるような戦略をとり、ヴァイロセルをなるべく長持ちさせるようにしてきたのであろう。

大きなウイルスが大きなウイルスであり続けるのに必要だったからこそ、パンドラウイルスは細胞核をぶっ壊しながら複製する。これはまさに、「大きなウイルス」であればこその戦略なのである。

ピソウイルス

パンドラウイルスのような、正二十面体ではなく楕円形で片方の端に開口部があるようなウイルスを、僕たちは「つぼ型ウイルス」とよぶ。これはギリシャ神話に出てくる「つぼ」であり、両脇に取っ手がついた陶器製のつぼである。ハクション大魔王というアニメがあって、僕などはまさに子どもの頃それを見ていた世代だが、その大魔王が飛び出てくるツボをイメージされるとよいだろう。世代が異なる方は、ググってみてください。全体的な粒子の形があれに似ているということで、つぼ型ウ

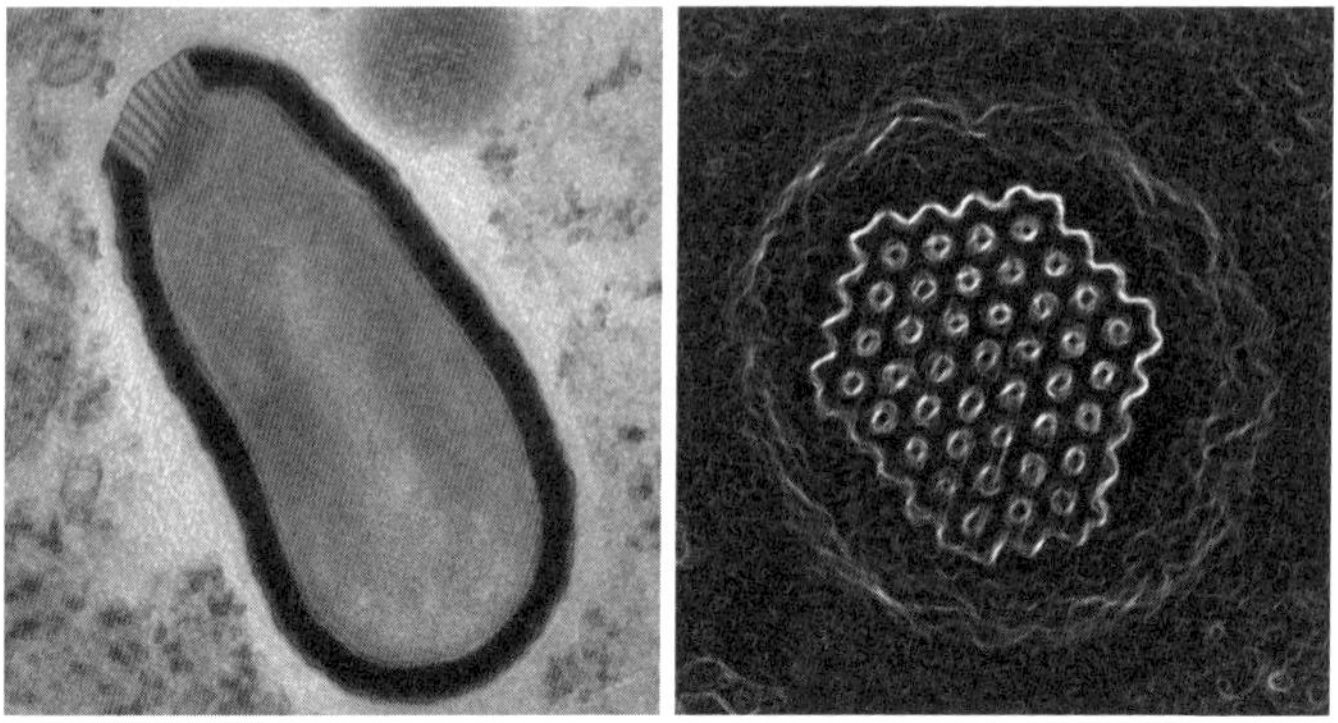

図27：ピソウイルス
（左）透過型電子顕微鏡像。
（右）開口部を正面から見た走査型電子顕微鏡像。
[写真提供：Dr. Chantal Abergel, IGS, CNRS-AMU, France.]

イルスというのである。ギリシャ神話における人間の女性「パンドラ」が、大神ゼウスから渡されて「決して開けるなよ」といわれていたにもかかわらず開けてしまったのは、じつは「箱」ではなく「アンフォラ」とよばれるつぼ（というか、甕《かめ》？）の蓋であったといわれているから、あの話は「パンドラの箱」ではなく「パンドラのつぼ」というのが正しい。閑話休題。

パンドラウイルスの発見以来、じつはこうした「つぼ型ウイルス」が、ほかにも発見されてきた。パンドラウイルスの発見の翌年、二〇一四年には、「ピソウイルス・シベリカム」と名付けられたウイルスが発見された。この「ピソ（pitho-）」という言葉は、アンフォラの中でも特に大きなものを意味するギリシャ語「ピソス（pithos）」にちなんでいる。このウイルスは、シベリアの三万年前の永久凍土の中から発見されたものであり、まるでゾンビのようによみがえってきたというところから、俗に「ゾンビウイルス」などともよばれている、かわいそうなウイルスである（図27）。いびつな楕円形をした粒子の形と、黒く浮き上がった分厚いカプシド、そしてその一端に存在する開口部。これらの特徴はパンドラウイルスのそれによく似ているが、よく見ると、その構造には若干の違いが見られる。

たとえばカプシドである。パンドラウイルスのカプシドは、電子顕微鏡で見るとまるで三層の膜からできているように見えるが、ピソウイルスのそれは縦の方向に、無数の筋のようなものが並んだ構造をしている。あまり三層からできているようには見えない。さらにピソウイルスの開口部も、パンドラウイルスのそれとは大きく異なっている。パンドラウイルスの開口部は、その名のとおりまさに「開いている」ように見えるのに対して、ピソウイルスの開口部には、まるで側溝に備え付けられた蓋か何かのように、きれいなメッシュ状の構造物が埋め込まれるように存在している（図27）。ピソウイルスに似たつぼ型ウイルスに「セドラトウイルス」というウイルスがいるが、このウイルスにはおもしろいことに、ピソウイルスのような開口部が両方の端にある。その様がまるでレモンのように見えることから、レモンを意味する「Cedrat-」という名前がつけられた（図28）。

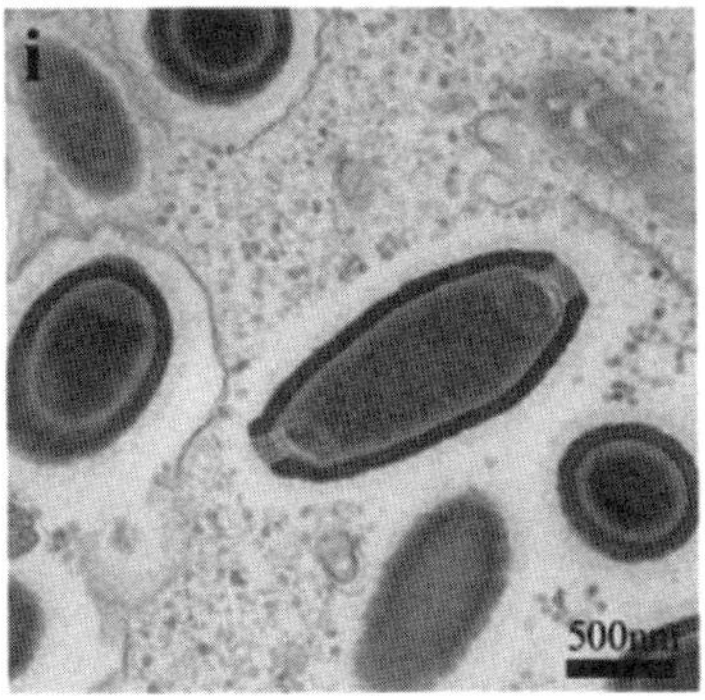

図28：セドラトウイルス

［引用：Andreani J. et al.（2016）Cedratvirus, a Double-Cork Structured Giant Virus, is a Distant Relative of Pithoviruses. *Viruses* 8, 300.］

ピソウイルスには、形態学的におもしろい特徴がもう一つある。それはその粒子の形である。パンドラウイルスは、すべての粒子が長径一マイクロメートル、短径五〇〇ナノメートルという楕円形でほぼ統一されていて、走査型電子顕微鏡で見ると、まるでミクロな米粒がざらざらっとばら撒かれたように、きれいに大きさと形が揃った粒子であることがよくわかる（図26）。ところがピソウイルスの場合はそうではなく、粒子によってその形がかなりバラバラだということが最近わかってきた。典型的と考えられるものは、図27に示したような長径が一・五マイクロメートル、短径が五〇〇ナノメートルの粒子で、それだけから見ればパンドラウイルスよりも大きな形をしていることがわかるが、じつは粒子によってはパンドラウイルスよりも短いもの、楕円形ではなくほぼ丸い形状をしたもの、一・五マイクロメートルよりももっと長く、長径が二マイクロメートルにも達するものと、じつにさまざまであることが、僕の共同研究者でもある生理学研究所の村田和義博士らの研究により明らかになったのだ。粒子によってその形が変わるのか、それともある一個の粒子が時と場合に応じてさまざまな形に変化するのかはわからないが、ピソウイルスが非常にフレキシブルな形をもつことは明らかである。

　ピソウイルスのこの形の〝自由さ〟に、そのゲノムサイズが大きく影響している可能性がある。というのもピソウイルスは、その「図体」こそパンドラウイルス以上にでかいにもかかわらず、その「脳みそ」にあたるゲノムサイズは、パンドラウイルスの四分の一しかない、六一万塩基対程度なのである。これをそのまま解釈すると、パンドラウイルスよりも大きな〝容器〟をもっているにもかかわらず、ピソウイルスのゲノムがパンドラウイルスよりも小さいということは、ゲノムの詰まり具合がパンドラウイルスのそれに比べてかなり緩い、と考えることができるということであり、その分、形の自由度が生まれるのではないか、といえそうである。内部がパンパンに詰まっていて、内側から外側に膨圧が加わるくらいだと、形もほぼそのパンパンな状態になってしまうが、膨圧がかからず、ぷにぷにとつぶすことができる程度の緩やかさであれば、形もさまざまに変化し得る。むろんカプシドがそれだけの柔軟性をもっていればの話ではあるが。

ゲノムサイズが六一万塩基対しかないということは、パンドラウイルスとピソウイルスの間では形態学的な相同性に比べて、遺伝情報における相同性はそれほど大きくないということをも意味している。ピソウイルスの遺伝子数は四六七個と、ほとんどマルセイユウイルスの遺伝子数と変わらないほどの少なさである。さらにデータベースを用いた相同性検索を行うと、形の上でよく似ているであろうと思われたパンドラウイルスの遺伝子と相同性をもつ遺伝子は、この四六七個のうちのたった五個であることがわかっている。これに対して、形の上ではほとんど似ていない正二十面体のマルセイユウイルスの遺伝子と相同性をもつ遺伝子は、パンドラウイルスの五種類をはるかに上回る一九個もあり、ミミウイルス科ウイルスと相同性の高い遺伝子も一五個存在する。実際、図23の系統樹のように、ＲＮＡポリメラーゼの分子系統解析を行うと、ピソウイルスはパンドラウイルスではなく、マルセイユウイルスと同じグループに分けられるのである。

要するに、ピソウイルスは、形態学的な部分においては、やはり「つぼ型」であって、パンドラウイルスに似ているのだが、ゲノムはマルセイユウイルスと似ているのである。ピソウイルスはまるで、パンドラウイルスの中身だけひっこぬいて、代わりに正二十面体のマルセイユウイルスのゲノムを放り込んで作られたかのようではないか。

ただし、解析の手法によっては、パンドラウイルスとピソウイルスが近縁となる場合もあり、断定的なことはまだいえない。

モリウイルス

ピソウイルスのさらに翌年の二〇一五年、またしても新たな「つぼ型」ウイルスが発見された。その名を「モリウイルス・シベリカム」という。やはりピソウイルスと同じく、シベリアの三万年前の永久凍土から分離された。モリウイルスは、パンドラウイルスやピソウイルスと同じく「つぼ型」であるにもかかわらず、その大きさは一転して小さくなり、ほぼミミウイルスと変わらないほどのサイズ（六〇〇ナノメートル程度）のウイルスである。この「モリ（molli-）」という名前は、その形がバクテリアの一種である「モリクテス」に似ていることから名付けられたものであって、「森ビル」とも「もりそば」とも関係はない。

モリウイルスのウイルス工場には、多数の繊維状成分が存在することが電子顕微鏡解析によって明らかになっている。その様はまるで、そうめんか何かのようにたくさんのうねった構造体の海の中から、新たなモリウイルス粒子が合成されつつあるかのようである。もちろんその繊維状成分はそうめんであるわけはなく、構成物質や役割は不明である。二〇一五年の論文では、その繊維状成分のうちの一本が、モリウイルス粒子の開口部から内部に侵入しようとしているかのように見える写真が掲載され、まるでバクテリアがもっている鞭毛《べんもう》のように見えたことから、一部のメディアでは「細胞」と間違って記載されたものも現れた（図29）。モリウイルスの分離当初は、大昔の凍土から見つかったという事実もあって、モリウイルスはすでに絶滅した（あるいは絶滅しかけている）ウイルスであるとも考えられていたが、二〇二〇年にカムチャツカ地方の表層土から「モリウイルス・カムチャツカ」が発見され、現在でも〝生きて〟、宿主への感染活動を行っていることが明らかとなっている。

僕がモリウイルスのもっとも興味深い特徴だと思うのは、じつは形態でもゲノムでもない。むしろ、粒子の内部に存在する、「宿主の細胞から盗み取ってきた」タンパク質の存在である。

モリウイルス・シベリカムを発見した研究者は、そのウイルス粒子の中にどのようなタンパク質がパッケージングされているかを、「プロテオミクス」とよばれる手法で調べた。プロテオミクスというのは、「そこにあるタンパク質を一網打尽に解析する」手法で、たいてい新しい巨大ウイルスが発見されたら行われる解析の一つである。その結果、モリウイルス・シベリカムの粒子内には、宿主であるアカントアメーバ細胞の「リボソームタンパク質」が、十数種類も存在していることがわかったのである。リボソームタンパク質とは、その名のとおり、タンパク質合成装置であるリボソームを構成するタンパク質で、真核生物では五〇種類以上のものがｒＲＮＡと共にリボソームを形作っている。モリウイルスは自分の粒子の中に、リボソームタンパク質をそのうちの一部とはいえ、持ちこんでしまっていたというのである。いっ

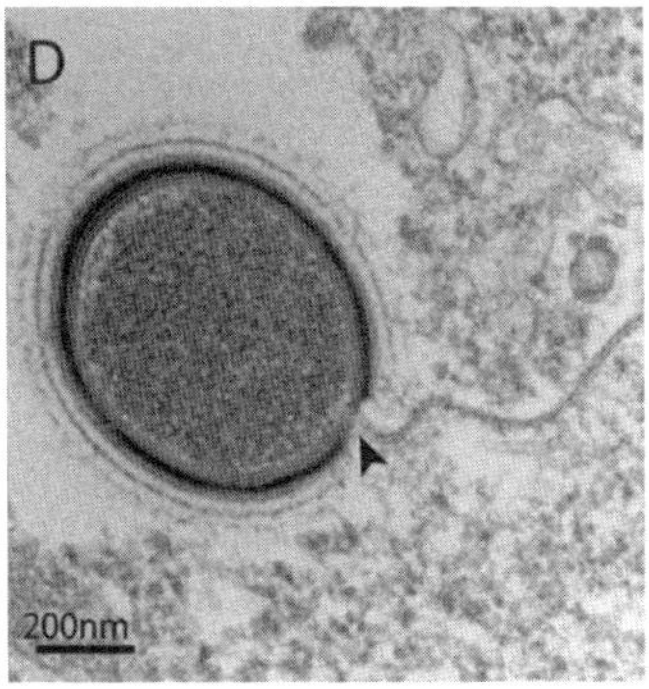

図29：モリウイルス
[引用：Legendre M. et al. (2015) In-depth study of Mollivirus sibericum, a new 30,000-y-old giant virus infecting Acanthamoeba. *PNAS* 112, 4274-4279.]

たいどうしてモリウイルスは、十数種類ものリボソームタンパク質を、しかも宿主のものを、自らの粒子内にパッケージングしているのだろうか。モリウイルスもまた、パンドラウイルスと同様に細胞核をぶっ壊すことがわかっている。したがって、その跡地からウイルス粒子を組み立てるため、跡地には細胞核の中に存在していた核小体の残骸、すなわち核小体で作られていたリボソームタンパク質を含むリボソームサブユニットの残骸が存在していることから、その残骸に含まれるリボソームタンパク質を、粒子の組み立ての際に偶然、パッケージングしてしまったのではないかとモリウイルスの研究者は考察している。つまり、偶然リボソームタンパク質が混在しただけであって、モリウイルスがこれらのリボソームタンパク質を実際に使って、〝何かをしている〟わけではない、ということである。「つぼ」型ウイルスだから、何でもかんでもつぼの中に入れようとするんだろう、といった冗談はさておき、このことはじつは、ウイルスというものを考えるにあたり、とても興味深い特徴でもある。

ちなみに、ＲＮＡウイルスの一種であるアレナウイルス科のウイルスは、その粒子内にリボソームタンパク質どころか、宿主のリボソームそのものをパッケージングしていることが知られており、そのリボソームがまるで「砂粒（arena-）」のように見えたことから、そのような名前でよばれている。この、アレナウイルスによる宿主のリボソームのパッケージングは、しくみとしては必然であると思われるが、アレナウイルスがこのリボソームを実際に使って、その粒子内でタンパク質を合成しているわけではない。

大きなウイルスはいい加減なシステムでもよかった？

アレナウイルスの場合、もしかしたらきちんと成立したシステムとして、理由をもって宿主のリボソームを持ち出している可能性はあるが、モリウイルスの場合はどうなのだろうか。もし論文の著者の考えが正しければ、モリウイルスはほんとうにたまたま、細胞核の跡地で粒子形成がなされるがゆえに、そこにあったリボソームタンパク質を持ち出してしまったということになる。ウイルスというのは、そのように「たまたま」で、いわゆる偶然といった要素でもって、自らの重要な粒子構造を作り上げるものなのだろうか。

下手な鉄砲も数撃てば当たるという有名なことわざがあるとおり、ウイルスの粒子も、この「数撃てば当たる」という形式で作られている可能性がある、という話はじつはある。エンベロープウイルスの中には、宿主の細胞で作られたはいいけれども、中身であるゲノムを含まないままに、細胞外へと放出されてできる、いわゆる「中空粒子」とよばれる粒子が存在することがある。つまり、遺伝子が存在しない「カラ粒子」である。このような粒子は、次の細胞表面に結合したとき、細胞内に侵入できる可能性はあるものの、なにしろゲノムが存在しないのだから複製することができず、したがって「感染」を成立させ、子ウイルス粒子を作ることができない。これが意味するのは、たとえ一万個の〝子〟ウイルス粒子ができたとしても、そのすべてが次の細胞に感染することができるわけではない、ということである。どのくらいの割合で「カラ粒子」ができるのかというのはわかっていない場合が多いと思うが、ウイルスの複製の性質と、そのr戦略的な増え方に鑑みて、一定の割合でカラ粒子が存在しているというのは、じつは大いにあり得る話であるとも思う。「r戦略」というのは、生物がとる生存戦略において、生存に厳しい環境で、できるだけたくさん子を産み、そのうち運のいい者が少しでも生き残れるという可能性にかける戦略のことである。これに対して「K戦略」という戦略もあり、こちらは少数の子を確実に育てる戦略のことである。ネズミやゴキブリはr戦略を、ヒトはK戦略をとっていると考えられる。ウイルスはといえば、もちろん彼らは生物ではないけれども、子孫を残すことには変わりないからこれにあてはめると、r戦略者ということになる。ウイルスが少数の子を大事に育てている図は、はぐれウイルス学者である僕にだって想像できない。

ただ、同じr戦略者であっても、たとえばミミウイルスのように、細胞質にウイルス工場というシステマティックな構造体を作り、まずインナー・メンブレンを含むカプシドを組み立て、次にゲノムDNAを〝ストロー構造〟で吸い取り、次に表面繊維をつけていくといったように、きっちりと順を追うようにして子ウイルス粒子の生産をするようなウイルスでは、カラ粒子は作りにくいと考えられる。実際、電子顕微鏡で見ても、ミミウイルスのカラ粒子を発見するのは、ヴァイロファージに感染しているもの以外ではまれである。一方、パンドラウイルスやモリウイルスのように、特段、ミミウイルスのウイルス工場のごときものを宿主の細胞内に作るでもなく、細胞核をぶっ壊してその跡地を利用してウイルス粒子を組み立てるウイルスの場合は、ミミウイルスほどの精緻な作られ方をしていないのではないか。これらのウイルスはおそらく、カプシド、インナー・メンブレン、そしてゲノムDNAを、順番に組み立てるというよりもむしろ、まるでSF映画にあるようなトランスポーテーションを起こした人間が、つま先（もしくは頭頂部）から順に、スキャンされるがごとく現れてくるように作られるから、その過程で本来のウイルス粒子には含まれないはずの外部因子（モリウイルスの場合はリボソームタンパク質）が紛れ込んでくる可能性が高くなっているのだろう。しかもこうしたウイルスの場合、できあがった粒子の内部に、そのようなものが紛れ込んでいたとしても、格別問題はないようだ。ゲノムがきちんと収まるスペースが確保され、さらにそれ以外の遊んだ空間が存在するというのであれば、そこに関係ないタンパク質があろうがなかろうがどうってことはない。まるで、図体も大きければ、器量もすこぶる大きい大人物のようである。

さすがにこれだけ大きければ、中にゲノムが詰まっていないカラ粒子ができるということはまずないと思うけれども、あっても不思議ではない。パンドラウイルスの場合は、僕の研究室でも分離例があるため、これまで多くの電顕写真を見てきている。もちろん、電子顕微鏡写真を撮るにあたってウイルスを処理する際に生じた「アーティファクト（人工的な処理による何らかの変化）」である可能性もあるが、中にはヘンな形をした粒子が紛れ込んでいることがある。形がいびつだったり、カプシドの一部が妙にひん曲がっていたり。そんなものが見つかるようなサンプルであっても、ほかの大多数は正常なウイルス粒子である場合がほとんどである。だから自然界でも、そういうヘンなウイルス粒子が少数でもできている可能性はあると思うのだ。大きなウイルスは案外、いい加減なシステムで粒子生産を行っているようだ。要するに、あまりにも子どもの数が多いと、「すべての子どもの組み立てに注意が回らない」のである。このことは、じつはパンドラウイルスのような「つぼ型」ウイルス以外の巨大ウイルスでも観察されているが、論文未発表なのでここではまだ公表しないでおこう。

しかし、ここで勘違いしていただきたくないのは、生物におけるr戦略者は、多数の「正常な」子を作った上で、環境や天敵などの外的要因によってその数を減らしてしまうのであって、パンドラウイルスのようなr戦略者とは違うということである。むしろ、多数の子の中に「異常な」子が作られてしまうというリスクを背負った上で、そうした子も一緒に細胞の外へと放出するのである。このことから、ウイルスというシステムは、じつは生物ほど精巧にできているわけではない、という事実に直面せざるを得ないというわけで、〝ウイルスの味方〟を公言する僕としては忸怩たる思いがある。しかし、事実なら仕方のないことであるし、それでは「精巧にできている」方が偉いのか、といわれたら決してそうでもないと思っている自分もいる。あくまでも僕の目線は、「ウイルス目線」なのである。

巨大化がもたらすもの

巨大ウイルスの話をしていると、時々「大きいことは〜いいことだ〜」というフレーズが思い出されるが、実際のところ巨大ウイルスの場合、大きいことは必ずしもいいことであるとは限らない。食物連鎖の観点からいえば、体が大きい方がほかの生物に食べられにくくなるというメリットは出てくるだろうが、体が大きくなるとその分、さまざまな制約が出てくるというのもまた事実である。これは生物であろうとウイルスであろうと変わらない。パンドラウイルスの場合における、前項で述べた「すべての子どもの組み立てに注意が回らない」という、人間の感覚からするとおよそあり得ない特徴も、大きなことのデメリットの一つであるともいえる。

ウイルスに限った話ではなく、生物の場合のことにも言及すると、体が大きくなることに対するもっとも大きな制約は、その大きさに見合うだけの「食べ物」の確保の限界である。体が大きいということは、その体を維持するためにたくさんの食べ物を食べなければならないということを意味する。その環境にほんとうにそれだけの食べ物があればよいが、ない場合は死に絶えるしかないし、そもそもそんな大きな生物は生息できないだろう。

僕は東京理科大学の教養科目「生物学1」で教えている中で、生態系に関する回において次のような例を挙げることにしている。これは、花里孝幸著『ネッシーに学ぶ生態系』（岩波書店）からの引用である。ネス湖のネッシーは、言い伝えられている目撃情報などからすると、巨大な首長竜もしくはそれに該当する水生ほ乳類ではないかと思われる（あくまでも生態系を考える上での例であって、僕がほんとうにそう思っているわけではないことは念を押しておく）。もしこれがネス湖にほんとうに生きていたとしたら、どれだけの魚を食べなければならないかを計算すると、ネス湖と同規模の湖である日本の田沢湖の漁獲量などを参考にした場合、結果的にネス湖には、一匹のネッシーも生息することができないという結論に落ち着く、というものである。霞を食べて生活している仙人などでない限り、あまりにも巨大すぎると、生きていくための食物が不足してしまうのだ。結果的に生きていられるはずはないということになる。

巨大ウイルスがどのように進化してきたかについてはいまだに諸説あり、最終的な結論には至っていない。以前に僕が上梓した『巨大ウイルスと第4のドメイン』（講談社ブルーバックス）では、巨大ウイルスは生物の三つのドメイン（バクテリア、アーキア、真核生物）に加えた新たなドメインではないかとする考えを紹介した。この考え方では、巨大ウイルスはかつて「第四のドメイン」を構成する、バクテリアともアーキアとも真核生物とも異なる生物であったが、やがて生物の特徴を少しずつ捨てていき、現在の巨大ウイルスへと進化したと考える。あるいは現在の巨大ウイルスそのものが「生物」とみなされるべき複雑な特徴を備えていることから、現在の巨大ウイルスを「第四のドメイン」であるとみなすべきである、と考える。しかしながら、巨大ウイルスの分離例が数多く報告されるとともに、そのゲノム構造、遺伝子の塩基配列なども続々と解析されてきた結果、現在ではどちらかというと、巨大ウイルスがもっている、これまでのウイルスがもっていなかったような遺伝子は、進化の過程で宿主の側から巨大ウイルスの側へと受け渡されてきたものである（遺伝子の水平移動）という考え方が主流となってきている。言い換えると、巨大ウイルスの祖先は現在よりもむしろ小さく単純なものであって、それが遺伝子の水平移動により宿主の遺伝子を「泥棒」するかのように手に入れながら、より複雑化してきたのではないかと考えられるようになっている。では、現在よりも小さく単純なものというのがどのようなウイルスだったのかというと、それは残念ながらわかっていない。いえることは、巨大ウイルスの仲間がもっている「コア遺伝子」とよばれる、複製や転写、カプシド構造構築に非常に重要な遺伝子群（それでも数十個程度）をもっていたであろう小ぶりのウイルス、ということくらいである。

　その小ぶりのウイルスを共通祖先として、巨大ウイルスはそれぞれの系統においてさまざまな遺伝子を宿主から獲得したり、あるいは失ったりして徐々に巨大化し、数百個以上もの遺伝子をもつ巨大ウイルスへと進化してきた。遺伝子をたくさんもつようになるということは、作ることができるタンパク質の種類が増えるので、それだけ、よりたくさんの機能を発揮することができるということを意味する。実際、生物の中でもとりわけ僕たちのような真核生物は、細胞核を作ってゲノムを特定の区画で囲い、統制することができるようになったことで、そのサイズの巨大化に成功したため、よりたくさんの遺伝子を進化させることができたと考えられる。巨大ウイルスの場合も、遺伝子を宿主から数多く獲得することによって、ゲノムサイズが大きくなるだけでなく、そのゲノムを収納するためのウイルス粒子の大きさをも徐々に大きくしてきた可能性があるし、遺伝子の種類が増えたことで、そのためのタンパク質を〝開発〟することができ、その結果として大きくなったと考えることもできる。

　ゲノムサイズの巨大化は、選択できる機能の幅を増やし、より複雑な形をした生命体への進化を可能にする、極めて合理的な変化であるともいえるが、やがては本項でも述べてきたように、その〝巨体〟を支えることができる制限要因によって閾値に達することで、大きさとしての安定をもたらすのではないかとも思われる。パンドラウイルスのような巨大なウイルスが、今も昔も同じアカントアメーバを宿主としていた（いうなればアカントアメーバを「食べ物」としていた）とした場合、そして今も昔もアカントアメーバの大きさは変化していないという場合、小さかった頃のパンドラウイルスが一個のアカントアメーバ細胞中で作る粒子の数と、現在のパンドラウイルスが一個のアカントアメーバ細胞中で作る粒子の数は、まったく同じ生活環をもっていたとしたら、一個のホールケーキを一〇人で分けるか五人で分けるかでは、後者の方が一人に割り当てられるケーキの大きさが大きくなるのと同じく、前者の方が多くなり、後者の方が少なくなるはずである。これはいわば「トレード・オフ」であるともいえ、パンドラウイルスは数を減らす代わりに大きくなったということになるのだが、そんなトレード・オフを成すほどの意味がそこにあるのかどうか、実際のところはよくわからない。188ページでも述べたように、パンドラウイルスは、じつは何回にも〝小分け〟して子ウイルス粒子を放出しているようにも見えたりするのだ。パンドラウイルス感染細胞のタイムラプス画像を取得して、動画として編集してみると、明らかにそのような放出の仕方をしているシーンを見ることができる。このことから、ことパンドラウイルスにいたっては、体のサイズも大きくし、なおかつ生産するウイルス粒子も減らしたくないという戦略もまた、垣間見える。パンドラウイルスの巨大化は、ウイルスにとってはより、その複製戦略を安定化させるための方策だったのかもしれない。

だからといって、現在の巨大ウイルスが「安定的」だといっているわけではない。もしかしたら彼らは、よりさらなる巨大化に向けて、時々刻々と進化し続けている可能性もある。三万年前の永久凍土から見つかったピソウイルスには、じつはすでに仲間が見つかっている。それは二〇世紀後半に見つかった、実際に生きて感染を繰り返しているらしいピソウイルスの仲間である。当時はまだ巨大ウイルスという概念がなかったため、「未知の寄生体」として論文で報告されていたものだ。電子顕微鏡写真しか残されておらず、ゲノムについてはよくわからないが、少なくともその外観は、二〇一四年に見つかったピソウイルス・シベリカムとほとんど同じである。要するに、数万年やそこらでは、さらなる巨大化というような目に見える進化は巨大ウイルスにはじつは起こらず、数百万、数千万、もしかしたら数億年はかかるかもしれないということだが、もしそうだとしても、ウイルスと生物の何十億年にもわたる進化史の中では、ごくわずかな期間であるともいえる。

巨大ウイルスのさらに進化した姿をこの目で見たいのはやまやまだが、今のこのたった数十年を一生懸命生きなければならない僕たちには、まあ無理ですな。

遺伝子の水平移動による宿主遺伝子の獲得

よく知られている「巨大化」に向けての巨大ウイルスの方策は、ミミウイルス科のゲノムに見られる特徴から推測することができる。

ミミウイルス科のウイルスのゲノムには、「アミノアシルｔＲＮＡ合成酵素」という酵素タンパク質の遺伝子が存在することが知られている。この酵素は、タンパク質合成（翻訳）の際にリボソームにまでアミノ酸を運んでくるトランスファーＲＮＡ（ｔＲＮＡ）に、アミノ酸を一個結合させるという重要なはたらきをもっている。タンパク質は二〇種類のアミノ酸でできているため、この二〇種類のアミノ酸のそれぞれに「専用の」アミノアシルｔＲＮＡ合成酵素が必要となる。もちろん、僕たち生物はそれを完備しているが、これまでの普通のウイルスには、この酵素の遺伝子は存在しなかった。翻訳用の遺伝子だから、宿主のものを使えばよいため、自分であえてもっている必要はなかったからである。ところが、ミミウイルスはなぜかその遺伝子を、自らのゲノムにもっているのである。

ただ、二〇種類のアミノアシルｔＲＮＡ合成酵素遺伝子をもっているのはごく一部のウイルスで、これまでに知られている限りにおいては、前方後円墳のような「ツパンウイルス」と、「ヤスミンウイルス」とよばれるウイルスに限られている。そのほかは一九種類、一五種類、一三種類、七種類、六種類、四種類と、なんだか中途半端にしかこの酵素の遺伝子をもっていない。しかも、ウイルスによって、また同じウイルスであってもアミノアシルｔＲＮＡ合成酵素の種類によって、それと相同な遺伝子をもつ生物の種類が異なるということも、明らかになっている。

　これらのことからもっとも合理的に推測されるのは、こうしたミミウイルス科ウイルスがもっているアミノアシルｔＲＮＡ合成酵素の遺伝子は、ただただ偶然、宿主の遺伝子から水平移動によって獲得されたものにすぎないということであって、ミミウイルス科ウイルスが昔は生物であり、二〇種類のアミノアシルｔＲＮＡ合成酵素遺伝子をもっていて、それを徐々に失っていって現在の状態になったというわけではないということだ。言い換えると、現在の巨大ウイルスたち、少なくともミミウイルス科ウイルスに関しては、現在もまだ水平移動によって宿主の遺伝子を獲得しつつある状態にあるのかもしれないということである。

　となると、少なくともアミノアシルｔＲＮＡ合成酵素の〝獲得競争〟において、トップを走っているのは「ツパンウイルス」と「ヤスミンウイルス」ということになる。なにしろもうすでに、生物と同じく二〇種類のアミノアシルｔＲＮＡ合成酵素を獲得してしまっている。しかもツパンウイルスには、アミノアシルｔＲＮＡ合成酵素遺伝子以外にも、翻訳に必要なさまざまなツール（翻訳開始因子、翻訳伸長因子、翻訳終結因子の遺伝子）がすでにあり、実際に実現できるかどうかはわからないが、翻訳を自前で行うに必要な準備はかなり周到に整えられているように思える。残るは、リボソームに関する遺伝子だけである。それさえ手に入れてしまえば、もしかしたらツパンウイルスは、自らの粒子内で、いやもはやそれは粒子と片付けてしまうのさえもったいない状態かもしれないが、最初から最後までタンパク質合成を行えてしまう可能性さえある。

巨大ウイルスから生物への進化はあり得るのか？

ツパンウイルスは、このまま順調に遺伝子を獲得し続けていって、「生物」とよばれるまでに進化していくことは可能なのであろうか？

これまでにも述べてきたように、それが「生物」であると認定されるためには、リボソームを自前でもち、自分の力だけでタンパク質を合成した上で、それを用いて代謝活動、自己複製活動を行うことができるようになる必要がある。自己複製に関しては、現実の生物であっても他の生物の細胞の中でしか増殖できない連中もいるわけだから、必ずしも必須ではないのかもしれないが、リボソームの獲得と自立した代謝システムの構築は、「生物」の仲間として認定されるためには必要不可欠である。

ツパンウイルスは「前方後円墳ウイルス」と称されるほど（称しているのはおそらく僕だけである）それとよく似た形をしており、ミミウイルスの本体に該当する頭部と、それに続いた円筒状の「胴体部」からなる、興味深い形をしている。胴体部には、宿主であるアメーバを弱らせるための「毒」のような物質が含まれており、それをまず放出してアメーバを弱らせてから、本体である頭部の中にあるゲノムＤＮＡが侵入するのではないかと考えられている。乱暴な話ではあるが、巨大ウイルスというのは、こうした「おかしな構造体」を作り出す能力に長《た》けている。生物である細胞は、細胞膜で取り囲まれているがゆえに、細胞膜の内部ではなんでもできるようにふるまってはいるが、細胞膜の外はあくまでも細胞の外であるから、そこで何か奇抜なことをしようとする細胞はそうはいない。せいぜいコラーゲンや骨のリン酸カルシウム骨格などの細胞外基質を作り出す細胞くらいだろう。リン酸カルシウム骨格を作り出す骨の細胞は、それによって「骨」という別世界を自ら作り出し、その中に居座っているようなものである。そうした、細胞膜の外側にまで自分の世界を広げるという芸当を行える細胞は、僕たちのこの小さな体をくまなく探してみても、そうはいまい。

一方ウイルスは、正二十面体のカプシドからなる、どちらかといえば単純な構造をしたものである。しかも、感染サイクルの途中で「暗黒期」なるものがあり、カプシドを脱ぎ捨てて核酸だけになるフエーズをもつ。パトリック・フォルテール博士が提唱する「ヴァイロセル仮説」のように、ウイルスに感染してウイルスのタンパク質をどんどん作り出している細胞の状態そのものがじつはウイルスの本体だ、とする考え方もある。ミトコンドリアに感染する唯一のウイルスである「ミトウイルス」は、カプシドすらもっておらず、一本鎖ＲＮＡとそれにくっついたＲＮＡポリメラーゼが本体だ、というくらい単純な構造をしている（もはやそれはウイルスの「構造」ともよべないほどのものかもしれない）。これらのことを総括すると、ウイルスは細胞に比べ、「何をもってウイルスとみなすか」に関する自由度がすこぶる高いと僕は思う。あくまでも人間的な見方であることは十分承知の上ではあるが、単にそれだけでなく、客観的に見たウイルスの生活環に鑑みて、「こういう場合もあり得る」、「あ、こんなこともできるんだ！」といった状況が、細胞に比べて圧倒的に多いということはいえる。ツパンウイルスの「毒用の胴体」は、まさにそうしたものの一つであろうし、ミミウイルスのスターゲート構造も、「こういうゲートからＤＮＡを放出するっていうのも、ありっちゃあり」みたいな形をしているため、やはり「こういう場合もあり得る」ものの一つであろう。要するに、構造においても機能においても、ウイルスはかなり自由奔放にふるまっているように見える。

してみると、ウイルスの中に、ツパンウイルスのようなアディティブ（付加的）な構造を形成し、その中にリボソームをいくつか納めて、翻訳が可能なようにセットアップし始めるものが出てくる可能性は否定できないし、むしろその可能性は高いと僕は考える。さらに、ＲＮＡポリメラーゼ以外のさまざまな転写用装置をゲノムの近くに用意しておき、つねにゲノムからメッセンジャーＲＮＡが転写されているようにしておく。転写されたメッセンジャーＲＮＡは、本体とアディティブな構造体をつなぐ通路を通ってリボソームにまでたどり着き、そこで翻訳が行われ、タンパク質が作られる。そして作られたタンパク質は、ウイルス粒子が次の細胞に感染するまでの間、その構造を維持するためにはたらくのである。もしそんなリボソームを獲得したウイルスがいたとしたら、いきなり細胞分裂のような自己複製能力をも手に入れることは、分裂装置や膜の差配などをめぐり、やはり大きな壁があるといわざるを得ないので、まずは自己複製だけは宿主の細胞の中で、指数的にコピーを生産するという方法で行うが、あとはすべて、タンパク質合成能力も含めて自分の中だけで賄うのである。

まとめると、こういうことである。そのウイルスの粒子内部では、タンパク質の合成反応が行われているが、それは次の細胞へと感染するまでの間の粒子構造の維持のためである。そして次の細胞に感染すると、そのウイルスはこれまでのウイルスと同様の感染サイクルに入り、暗黒期を経て大量の子ウイルス粒子を作り、細胞から外へと放出されていく。そしてまた、粒子内での代謝活動を行いながら、次の細胞へと感染する機会を待つ。

これははたして「生物」といえるだろうか。

いやむしろ、これを「生物」といえるだけの器量が、僕たち人間（の中のとりわけ生物学者）に備わっているだろうか（まるで僕の器量が大きいといっているようにも読めるが、器量が大きい人間はこんな問いかけなどはしない）。

巨大ウイルス研究が目指すもの

おかげさまで、ここ数年、高校生や一般向けに巨大ウイルスに関する講演を依頼されることが多くなってきた。するとたいてい、「いったいどうして、そんなに大きなものがこれまで見つかってこなかったんですか？」という質問をいただく。巨大ウイルスよりも小さなウイルスの方が先に見つかっていて、なんでそんな巨大な、しかも電子顕微鏡を使わなくても見えるようなウイルスが、後になって見つかったのかということである。たしかに考えてみたら奇妙であるが、そこにはやはり、研究者によるウイルスに対する「先入観」というものがあったのでしょう、と僕はいつもそう答えている。つまり、「普通の光学顕微鏡で見え、しかもバクテリアの染色法として確立している方法で染色されたものなら、当然それはバクテリアでしょう」という先入観である。ミミウイルスが最初の発見当初（一九九二年）、そのウイルスとしてのあまりの巨大さと、バクテリアの染色法である「グラム染色」で陽性になったという事実から、最初は新たな球菌であると思われていたという事実は、それを如実に物語る。つまり、「これがウイルスなわけない」という先入観というか思い込みというか、それが巨大ウイルスの発見を遅らせたのである。「ウイルスかも」という〝かもしれない運転〟さえ、当時の科学者の頭の中にはなかったのだろう。事実、最初の巨大ウイルスであるミミウイルスが論文となった二〇〇三年より以前の文献において、後から思えば「これは巨大ウイルスだ」とみなすことができる事例が先ほどのピソウイルスの事例のように、多々見つかっている。

巨大ウイルスという存在が研究者の間で認知されると、今度は「新たな巨大ウイルスの発見」を目指した研究が世界中で推進されるようになり、そのとおりに、おもしろく、興味深く、複雑で、大きなウイルスが数多く見つかってきた。ミミウイルスのように生物と同じような生体防御システムをもつウイルスが見つかり、パンドラウイルスのように生物であるバクテリアとほぼ同じ大きさの、またゲノムサイズが真核生物の足元に及ぶほどの大きさのウイルスが見つかり、そしてツパンウイルスのように生物と同じ種類の「翻訳」用遺伝子をもつウイルスが見つかってきた。

巨大ウイルス研究は、これまで発見されてきた個々のウイルスのより詳細なメカニズムの解明ももちろんだが、おそらくよりいっそう、大きく、複雑で、生物に近い巨大ウイルスの発見を目指して進んでいくことだろう。パンドラウイルス、ピソウイルス以上の大きさをもつ巨大ウイルスはおそらく見つかるだろうし、リボソームを「自分のものとして」保有している巨大ウイルスも見つかる可能性はある。大きければいいというものでもないが、大きいウイルスはそれだけ機能の幅が広がることもまた事実であり、科学者もやはり人間だから、「大きいことに興味をもつ」のは当然のことだからである。ウイルスというだけで不安だと思う向きも大きくなるだろうが、それよりむしろ、生物学にもたらすインパクトという意味において、期待の方がより大きいのである。

それが、「巨大ウイルス」という存在なのだと、僕は思っている。

第5章 メドゥーサウイルス論

——ウイルスは進化し、進化させる

肉眼で見えないものほど、おもしろいものはない。科学者たちの欲求は、いつの時代もそうであった。宇宙の果てを探るために望遠鏡を開発し、爪の先よりもさらに小さな世界を覗くために顕微鏡を開発した僕たち人間は、文字通り、肉眼で見ることができない新たな世界を発見し、その神髄に触れたいと願って今でもその膨大な欲求をぶつけている。僕の場合はそんな壮大な欲求があったわけでなく、ただただ、肉眼で見えないものを見えるようにするこれまでの技術をいわば「妄信」して打ち立ててきたこれまでの理論を、いかにして打ち破るかという、はぐれ者特有の欲求があっただけである。それが、僕の今の巨大ウイルス研究の最大のモチベーションでもあると思っている。

とはいっても、僕が巨大ウイルスの研究、正確にいうと日本の水環境から巨大ウイルスを分離しようと画策し始めたのは、じつはそれほど遠い話ではない。いまは小学生になっている三男が幼稚園に通っていた頃の話であるから、その近さがうかがい知れよう。

あの頃は、ほんとうに日本にも巨大ウイルスがいるのかどうかわからなかったので、とにかく毎日がワクワクであった。大学のある神楽坂を中心に、その周辺にある水環境を片っ端から訪れ、水や泥を採取し、実験室に持ち帰ってアカントアメーバ感染実験を行っていた。その結果、日本初（実際には東アジア初）の巨大ウイルスを分離することに成功したし、ほかにもいくつかのウイルスを分離することができた。

しかし、じつのところほんとうにおもしろいウイルスは、共同研究者が採取した水をもらって、そこから分離したのである。あの毎日のワクワクは何だったんだろうと思わないでもないが、自分が分離したことには違いないので、あの経験はやはり役に立ったのだと思うようにしている。そしてそのウイルスが、もしかしたらこれまでの科学者たちの「妄信」をぶち壊してくれるかもしれないと思うと、もちろん果たせぬ夢にすぎないかもしれないけれども、今さらながらそこに僕自身の存在意義を見出しているような気がする。

本章では、「メドゥーサウイルス」と名付けたそのウイルスを題材として、ウイルスと生物の共進化を紐解くキーワード、「コピペ」をメインに、ウイルスと生物があるべき姿を追い求めていくことにしよう。

コピペ論

コピペとはいうまでもなく、コピー・アンド・ペーストのことである。ある文章をコピーし、別の場所へと貼り付ける例の行為である。学生諸君が大好きなアレであり、大学教授がその存在に毎回やきもきする、アレである。もっとも、大学教授だってコピペすることがある。たとえば、内容がよく似た授業を複数もっていて、そのシラバスを書こうというときに、いったん書いてあった別の授業のシラバスを「コピペ」することはよくある。ただ、内容がよく似たというだけでまったく同じではない場合、コピペしただけではやはりマズいので、その授業の内容に合わせ、若干文句を変更することになる。

コピペがなぜよくないのかというと、学問という名の土俵において重要視されるのは「ナンバーワン」ではなく「オンリーワン」だからであり、他人の成果をあたかも自分のもののように発表することが禁忌とされているからにほかならない。大学の教員はそれを学生にも求めるのであって、教育的にもそれはおそらく正しいのである（中にはそうした基本ができていない教授もいるらしいが）。

そうだというのであれば、そもそもコピペそのものは、どのような場面であってもすべきではないのだろうか。答えは「否」である。

僕のように、研究の傍ら、本を執筆するような人間にとってみれば、じつはコピペというのは、本を書くにあたり非常にすばらしい方法であると思っている。コピペをすることがもしできない、あるいはそうした機能がパソコンに存在していなかったとなると、今の僕からは本を書く気概が失われていたであろう。パソコンがなく、原稿用紙で原稿を書いていた昔の物書きたちはすごいなあ、と思わざるを得ない。といっても、誤解しないでいただきたいのは、僕の本はいろんなところでコピペした文章がそのまま使われているというわけではないということである。

僕はたいてい、本の原稿を一冊分書くというとき、最初から最後まですんなりと、順番に、そして一度に文章を書き上げるということはしない。というか、そのようなことは到底できない。ある程度書いては、考え直して別のファイルに改めて書き直し、また気に入らないからというので別のファイルに改めて書き直し、というのを繰り返して、やっと一冊の本の原稿ができあがる、というのが僕のスタイルである（スタイルなどとはおこがましいが）。この、改めて書き直す際に、前のバージョンのときに書いた文章をそのままコピペして貼り付けることがよくある。もしコピペ機能がなかったら、同じような内容の文章をもう一度書き直さなければならない。だからコピペ機能を、僕は思う存分利用しているということになるわけだが、もちろん単にコピペして「はい終わり」ではない。コピペした上で、新しいバージョンの原稿の内容や書きぶりに合うように、コピペした文章のところどころを微修正して、前のバージョンとは若干、異なる文章へと練り上げるのである。

　つまり物を書く際に行われるコピペには、単に前の文章をそのままコピーして貼り付けるだけでなく、貼り付けた文章を改変して、よりよい文章へと推敲していくという、より積極的な意味がある。そしてこのようなコピペの性質を、最大限利用してきたものたちがいる。

　そう。僕たち生物であり、そしてウイルスたちである。

コピペは生命世界では常識

　いいたいことは、まさにこの小見出しのとおりである。コピペというのは、生命世界ではいわば常識なのだということ。しかもその多くは、ウイルスあるいはウイルスのようなふるまいをする「ある分子」がもたらしてきた〝常識〟でもある、ということである。

　地球上のすべての生物は、動物も、植物も、バクテリアも、そのすべてが共通して遡ることができる「共通祖先」をもつとされる。もっとも直近の（直近のとは言っても何十億年も前の話だが）共通祖先を「Last Universal Common Ancestor」といい、その頭文字をとって「ＬＵＣＡ（ルカ）」とよぶ。そうした共通祖先がいるにもかかわらず、現在の地球上に生息する生物にはさまざまな種があり、それぞれの種に特有のゲノムをもっている。ゲノムサイズもてんでんばらばらで、必ずしも単細胞生物のゲノムサイズが小さく、多細胞生物が大きいというわけでもない（その傾向にあるとはいえるが）。もっとも小さなゲノムサイズをもつのはバクテリアの一種で、一二万塩基対にも満たず、もっとも大きなゲノムサイズをもつのはなんと単細胞生物のアメーバの一種で、六〇〇〇億塩基対を超えるともいわれる（確定はしていない）。ちなみに僕たちヒトはたかだか三二億塩基対程度だ。こんなにさまざまな生物たちがいるのに、そのすべての共通祖先がかつていたというのである。こんなに驚くべきことはない。

　いったいなぜ、いったいどのようにして、このようにさまざまなゲノムサイズをもつ生物たちが生まれたのか。第1章において、生命の基本は「複製」にあるという話をした。そこで、複製の様相には二種類あるという話もした。一つは「オリジナルから新しいオリジナルが生まれる」ような複製であり、いま一つは「オリジナルを鋳型として大量のコピーが生産される」ような複製であった。だがここで、もう一つ大切な概念が登場する。それは、複製に伴って生じる「変化」である。僕はこれを、より広い概念を意味する「変容」という言葉で表現することにしている。

　まず、ゲノムの進化において起こったと考えられる場面として、多くの場合、ゲノムの「コピー」

が起こっていたことが推測されている。「コピペ」というよりまず「コピー」である。コピーしたものがそのままそこに残るということは、いってみればコピーと同時にペーストが起こると解釈すれば、「コピー」イコール「コピペ」であるともいえるわけだが、とりあえずここで起こったのは「コピー」である。ここで僕が「ゲノムのコピー」というのは、専門的にはゲノムの「重複」とよばれる現象のことを指している。混乱しないでいただきたいのだが、細胞が分裂するに際してゲノム（すなわちその本体であるところのＤＮＡ）が複製されることと、この「重複」とは別物である。いや、同じであるともいえるし別物であるともいえる。なぜなら典型的な重複の例というのは、ＤＮＡが複製されてもその後に続くべき細胞分裂が起こらず、ゲノムの量が二倍になったまま、細胞が生き続けた結果、生じるものだからである。つまり、ゲノムが二セット「重複」してしまうというわけである。地球上の生物たちは、じつにこのゲノムの「重複」を、何度なく経験してきたと考えられている。僕たちヒトゲノムにおいても、過去にゲノムの「重複」が数回起こったと考えられる痕跡が見つかっているという。

ではなぜ「痕跡」なのかというと、重複を起こしたゲノムは、そのまま単に二セットあるという状態をキープするわけではなく、その後、突然変異を起こして少しずつ変化するからである。重複が生じた直後は、同じゲノムが二セットあったという状態だが、それぞれのゲノムが、それぞれ別の突然変異を蓄積していき（というのも、突然変異というのは通常、ランダムに起こると考えられているから）、やがて異なるゲノムへと変化することによって、もはや同じゲノムが二セットなのではなく、ＤＮＡの長さが二倍程度長くなった新たなゲノムが一セットそこにあるという状態になるからである。すべての進化がゲノムの重複に還元できるわけではないが、より典型的な例として、生物たちはそのようにして新しいゲノムを手に入れ、進化してきたといえるのである。

複製と変容

ゲノムの重複とその後の進化というのは、ゲノムが「複製」され、その内容が突然変異によって徐々に「変容」していくということである。僕は、この世界の成り立ちの根本は、ウイルスも含めてすべて「複製」と「変容」にあると思っている。もちろん生物もそうだし、生物に含まれる人間もそうだし、その人間が作り上げたこの社会も、そして文化もそうである。

人間社会では、他人のものをコピーすることは恥ずべきことだという風潮が根強い。それはつまり「盗用」であり、「剽窃」であり、子ども風にいえば「マネっこ」ということになって、いずれもいい意味では用いられないものである。しかし、あるものをベースにして、さまざまな改善点を付与し、あるいは新規の性格付けをしていくことで、そのものの多様化が図られることはよくある。そういった場合、そのこと自体を「恥ずべきこと」であるとは誰もいわないだろう。

たとえば、拙著『レプリカ——文化と進化の複製博物館』（工作舎）でも例に挙げたことで恐縮なのだけれども、みんなが大好きな「ポテトチップス」という食べ物がある。この食べ物は、一九世紀の半ば頃、ある一人のアメリカ人シェフが、ポテトフライが厚すぎるという客からのクレームに〝逆ギレ〟し、極端に薄く切ってその客に出したところ、かえってそれが好評で、後に大評判になったという逸話があって、それがきっかけとなって世界中へと広まったと考えられている。この世界中に広がるという過程で、製法や味付けなどがさまざまに「変容」し、現在の多種多様なポテトチップスへとつながったことはいうまでもない。このことについては、おそらく誰一人として、ポテチメーカーとして全国展開しているカルビーや湖池屋を、「マネっこ」だと非難する人はいないだろう。複製と変容は、つねにひとつながりの「セット」として、人間社会でも提供されているし、生命世界でも大自然から提供されている、生物にとっては当たり前のことなのである。

この複製と変容というフレーズは生物のみならずウイルスの世界にも当てはまるもので、本章ではそのことを中心にお話ししていこうと思っている。拙著『レプリカ』では、あまりウイルスについて取り上げることはなかった。かの本を出した時点（二〇一二年）ではまだ巨大ウイルス研究にのめりこんでいなかったというのもその理由である。だからここで、ウイルスにおける「複製」と「変容」についてより突っ込んだ話をしていきたいと思うのである。

ウイルスの複製は、生物からすれば度を越えていると思わざるを得ない、極めて能率的かつ効果的な様相を呈している。これまでも述べてきたように、一個のウイルスが細胞に感染した後、そこから飛び出すときには何万、何十万という数に増えて出てくるわけで、その様は、二つの複製のタイプである、「オリジナルから新しいオリジナルが生まれる」複製と、「オリジナルを鋳型として大量のコピーが生産される」複製の混合型であると、すでに第1章でも述べた。しかし、ウイルスのおもしろいところは、単にそうした複製にとどまらない、あたかも別次元にいるかのような、まるで仙人か何かのように〝達観した〟複製を見せつけてくる場合があることであり、そうした〝仙人〟ウイルスの代表が、「レトロウイルス」とよばれるウイルスである。

生物に見られるウイルスの痕跡

　ヒトゲノムが二〇〇三年に解読されたとき、三二億塩基対にも及ぶ膨大な長さの塩基配列のうち、じつに四〇％以上が、おそらくはレトロウイルスのような、ＲＮＡゲノムをもっていて細胞に感染するとそのＲＮＡを鋳型にしてＤＮＡを逆転写し、それを宿主のゲノムの中に押し込めるというはたらきをするウイルスの、その塩基配列の痕跡かもしれないということが明らかになった。正確にはそれらは、レトロウイルスに由来すると思われる「レトロトランスポゾン」などのトランスポゾンや、レトロウイルス様配列である。トランスポゾンというのは、日本語では「動く遺伝因子」などとよばれる塩基配列で、進化レベルの長い期間をかけて、生物のゲノム上を動き回る（回る、というのは言い過ぎかもしれない）ことが知られているものである。あるゲノムの内部だけで動く（これこそ、たいていコピペ）こともあれば、生物からウイルスへ、あるいはウイルスから生物へと動く場合もある。つまり、かつて僕たちの祖先の生物が、レトロウイルスに感染した痕跡が、ゲノム上に大量に残っていたということである。

　現在のレトロウイルスの代表としてよく知られているのは、ヒト免疫不全ウイルス、いわゆる「エイズウイルス」や、「ヒトＴ細胞白血病ウイルス」などである。彼らは、僕たちの免疫細胞（とりわけＴ細胞）に感染すると、自らがもっている逆転写酵素を用いてゲノムＲＮＡを鋳型にＤＮＡを合成し（この過程を「逆転写」という）、そのＤＮＡをＴ細胞のゲノムＤＮＡの適当なところに組み入れる。この状態を「ウイルスになる前の状態」という意味で「プロウイルス」とよび、やがてそのプロウイルスからRNAが転写されて、大量の子ウイルスが合成されるまでの間、ひっそりとT細胞のゲノムの中で息づき続ける。仙人どころか悪魔のようなウイルスである。つまり、この「宿主のゲノムDNAの中に自らの遺伝情報を組み入れる」という行為があるがゆえに、もしその細胞が死なずにずっと生き続ける生殖細胞において起こったとしたら、そしてその組み入れられた遺伝子がそのままの形でずっと残っていったとしたら、その子孫である細胞には、「プロウイルス」の痕跡がずっと残ったままになる。

そうしたことが、何十億年か十何億年か、はたまた数億年かはわからないが、進化史的な長い時間をかけて僕たちの祖先からつながるゲノム上で起こり、やがてゲノムの四割以上がそのような塩基配列に覆われたヒトゲノムが誕生したのである。そして、そういう塩基配列の中には、かつてのウイルスで実際にタンパク質を作っていた遺伝子だったものが含まれていて、それがやがて、〝移り住んだ〟先の生物のDNAの中で、その生物の遺伝子として再びはたらき始めるものも現れた。それはもはや痕跡ではなく、ウイルスの遺伝子の「転用」とでもいうべき事例である。もっとも有名なのは、僕たちほ乳類、特に胎盤を形成する「有胎盤類」に必須の遺伝子である「シンシチン遺伝子」にまつわる以下のストーリーだ。

有胎盤類がもっている胎盤には、母体血をその全体で受け止めて、表面にある多くの細胞が融合した合胞体（ジンチチウム）を介して、母体と胎児との間で酸素や二酸化酸素、栄養物質や排泄物質をやり取りするという重要な機能がある。シンシチン遺伝子は、かつては「レトロウイルス」とよく似たウイルスが僕たちほ乳類の祖先の細胞に感染した際、その細胞のゲノムにもたらされたと考えられている遺伝子である。この遺伝子の当初の機能、すなわちそのレトロウイルスにおいてはたらいていた際の機能というのは、エンベロープウイルスであるレトロウイルスの表面を覆うエンベロープに埋め込まれたタンパク質を作るもので、そのタンパク質は、レトロウイルスが細胞に感染する際の吸着の過程において重要な役割を果たしていたと考えられている。またこのタンパク質は、細胞と細胞の融合を引き起こすことも知られていて、ウイルス粒子があたかも仲立ちするかのようにして、細胞と細胞をくっつかせ、細胞膜同士を融合させるのである。このエンベロープタンパク質の遺伝子が、そのもち主であるレトロウイルスが僕たちほ乳類の祖先の細胞に感染したときに、その祖先細胞のゲノムの中に組み込まれ、やがて当初の機能の一つである「細胞と細胞を融合させる」というはたらきを活かして、ジンチチウムを形成するための「シンシチン遺伝子」へと進化したのではないかと考えられている。

ただ、これはあくまでも結果論であるともいえ、その進化のメカニズムはあまり細かく解明されているわけではない。しかもこのレトロウイルスの感染が、僕たちの祖先の「生殖細胞」に起こらなければ、そのエンベロープタンパク質遺伝子がシンシチン遺伝子へ進化するということは起こらなかったわけだから、どの細胞がどのようなタイミングでレトロウイルスに感染し、どのようなタイミングでそれが生殖細胞へと移ったのかを解明しなければなるまい。

こうした、ウイルスから生物への遺伝子の水平移動は、これまでの生物進化のプロセスにおいて頻繁に起こってきたと考えられている。ここで、そうした遺伝子の水平移動の痕跡が多く見られる、僕たちが発見した興味深いウイルス、「メドゥーサウイルス」を登場させよう。

メドゥーサウイルスの発見

二〇一六年の一月から三月というのは、僕にとってこの十年間で最も思い出深い三か月であった。というのも、その一月に学会の全国大会（日本生物教育学会）の実行委員長という、僕にとっては初めての大役を仰せつかっており、無事にその全国大会を東京理科大学・神楽坂キャンパスで遂行することができたという安心感から、一種のぼーっとした「〇〇ロス」のような状態に陥っていたということと、その三月に札幌で行われた日本農芸化学会全国大会において巨大ウイルスに関する研究を発表したところ、ほとんど興味を惹かれずにがっくりと落ち込んだ年度末を迎えていたということで、そのときの記憶が今でもありありと残っている、妙な三か月間だったからである。

さらに、ちょうどその日本農芸化学会のときに、東京工業大学・地球生命研究所（ＥＬＳＩ）の研究員で、アーキアウイルス研究者の望月智弘博士が、北海道で水のサンプリングをするんだけど武村さん要りませんか？　と声をかけてくださって、その後、彼がサンプリングした水の一部を分けていただいたということもあり、その意味でも思い出深い時期であった。その水は、北海道のある温泉の源泉に近いところにあるお湯だまりの水だった。いや水というよりも、枯れ葉や泥が入り混じった汚泥、といった方がよいかもしれないが、とにかくやや温かい（四三℃くらい）水のサンプルであった。

その水サンプルは、北海道から帰った後、望月さんから郵送してもらい、実験室で培養しているアカントアメーバの培養液に添加して、ウイルスが存在するという証拠の一つである「細胞変性効果（cytopathic effect：ＣＰＥ）」がアメーバに起こるかどうかを確かめようとした。こうした実験は、九六穴マイクロプレートという、五ミリ程度の直径の細かい「ウェル」とよばれる円形のスペースが九六個あるプラスチック製のプレートにアメーバを培養し、そこに水サンプルを添加するという感じで行われる（実際にはもっとややこしいステップを経る）。そうして二六℃のインキュベーターの中に入れて、ひたすら細胞変性効果があらわれるのを待つのである。

その間、実験をやり直すこともあったりして、ややこしいので説明の詳細は省くけれども、とにかく実験開始から一か月くらい経った頃、九六穴マイクロプレートのウェルのうち、三つのウェルにおいて、なんとなく細胞変性効果っぽい症状を呈したアメーバを確認することができた。なぜ「なんとなく」なのかというと、それまで散々見てきたミミウイルスやマルセイユウイルスの細胞変性効果（細胞が丸っぽくなったり破裂したりしている）とは異なり、その三つのウェルのどのアメーバも、細胞の形が「完全に」丸くなり、しかし破裂もしないできれいな円形のままそこらじゅうに転がっているようなふうで、形態学的にはどうやら「シスト（嚢子）」の状態に変化していたからである（図30）。

アカントアメーバをシスト化するウイルスなんて聞いたことがなかったから、最初は半信半疑であった。しかし、そのウェルの培養液をフレッシュで活きのいいアカントアメーバに植え継いだところ、そのアカントアメーバもまたシスト化したことから、「あ、何かいるな」と思ったものである。既知のウイルスがもしそこにいるのであれば、そのウイルスがもっている遺伝子のＰＣＲ（ポリメラーゼ連鎖反応：最近つとに話題になったアレである）を行うことによって判別することができる。そこで、アメーバがシスト化したウェルの培養液のＰＣＲを行ったところ、既知の巨大ウイルス（ミミウイルス、マルセイユウイルス、パンドラウイルス）の遺伝子はどれも検出されなかったので、いるとしたら新しい巨大

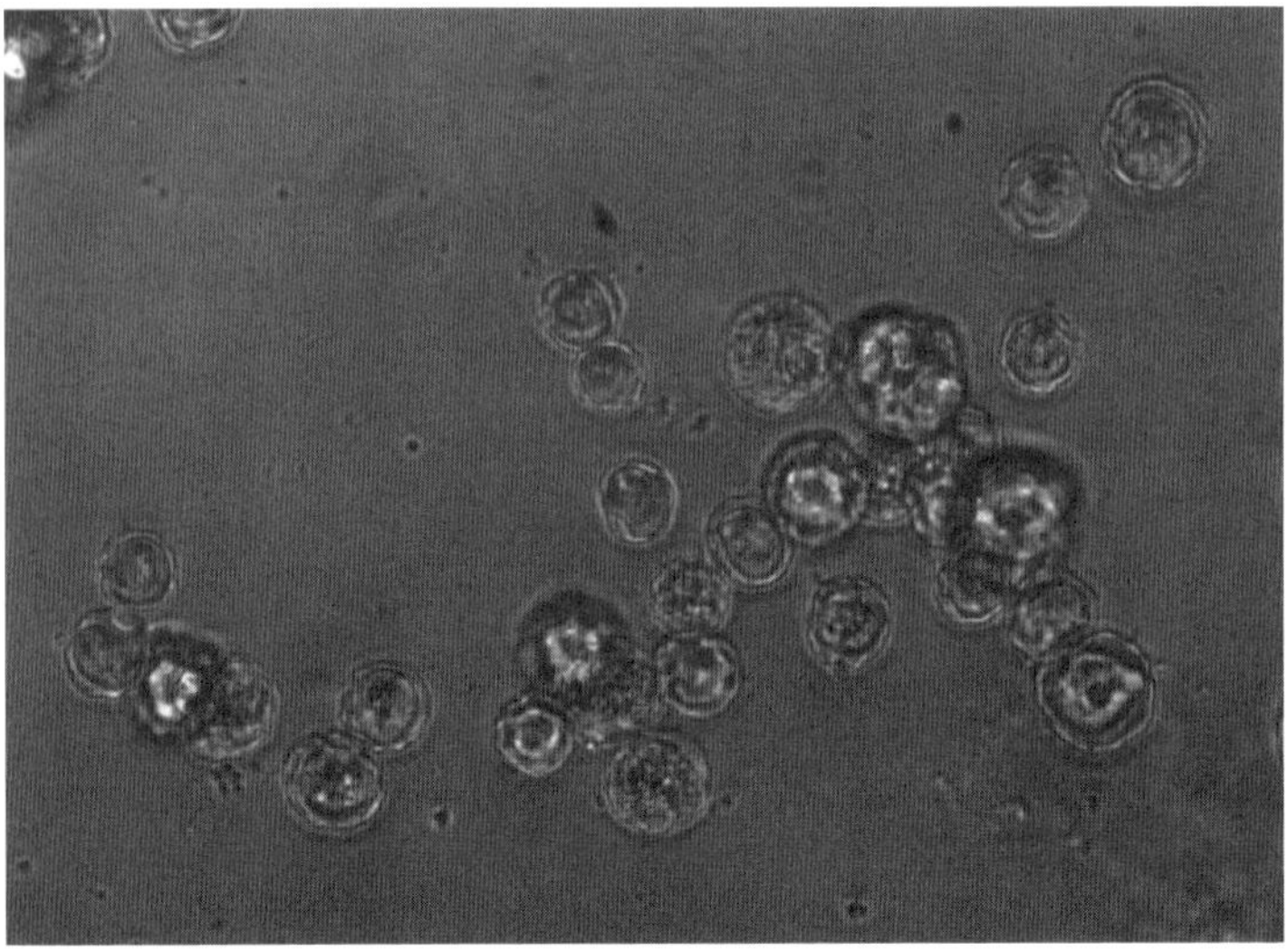

図30：メドゥーサウイルス感染によるシスト化したアメーバ
［写真：東京理科大学武村研究室］

ウイルスか、それともまったくウイルスとは関係ないものか、ということになった。バクテリアのコンタミネーション（汚染）なども疑われたため、バクテリア一般のもつリボソームＲＮＡ（ｒＲＮＡ）を検出することができるＰＣＲも行った結果、バクテリアもまた、検出できなかった。

なかなか原因がつかめず、もやもやした時間が長く続いた後、これはもう電子顕微鏡で確認するしかねーわ、となって、かねてから知己の、愛知県岡崎市にある生理学研究所の村田和義博士にご相談して、クライオ電子顕微鏡という最新の電子顕微鏡を使ってみていただくことになった。

そこで、アカントアメーバがシスト化した培養液を、ウイルスが沈殿するくらいの高速回転で遠心分離して得た沈殿物（おそらくそこに何かいるだろうと踏んでいた）を持って岡崎まで足を運び、村田研究室の当時ポスドクだったソン・チホンさん（現在は助教）にクライオ電子顕微鏡で見てもらったのである。僕はといえば、初めて見るクライオ電子顕微鏡と、それでサンプルを観察するための複雑な操作を、ソンさんの横であっけにとられながら眺めていた。やがてサンプルをクライオ電子顕微鏡にセットし終え、画面を見ながらソンさんが操作して、サンプルの画像が映し出されたとき、後ろからのぞき込んでおられた村田先生が、「お、これウイルスじゃん」と声を挙げて指さしたその先に、正二十面体のウイルスのような物体を、まさに僕もそのとき初めて目にしたのである。いやむしろ、その形はまさに正二十面体ウイルスそのものであった。

　クライオ電子顕微鏡というのは、サンプルを固定化して（つまりは殺して）から樹脂包埋させたり金属蒸着させたりするそれまでの透過型、走査型電子顕微鏡とは異なり、サンプルを急速に冷凍し、そのままの姿で観察することができる。生物はおそらく急速冷凍の瞬間にその生命活動を停止させるけれども、ウイルス粒子はそもそも「生命活動をしていない」わけだから、急速冷凍しても何の問題もないわけである。むしろ生の状態のウイルスをそのまま観察することができると考えてもよい方法なので、極めて有用性が高い電子顕微鏡なのである。しかもその画像を解析することで、立体的な構造を突き止めることもできる。クライオ電子顕微鏡の開発者には、二〇一七年のノーベル化学賞が授与されたことからも、その重要性がわかるというものだ。

　とにかくこれが、後に僕たちが「メドゥーサウイルス」と名付けることになる新しいウイルスの姿を、初めて目にした瞬間であった。実験ノートの記載によると、日付は二〇一六年一〇月二〇日（僕の誕生日の三日前。閑話休題）。大げさだけれども、僕にとってはまさに「歴史的瞬間」だった。

メドゥーサウイルス命名への道のり

じつはこの「メドゥーサウイルス」という名前がこのウイルスにつけられたのは、この〝歴史的〟一日から一年後のことである。さらにこのウイルスのデビュー論文が出たのは二〇一九年二月のことであったから、望月さんによるサンプリング（二〇一六年三月）からゆうに三年もかかって、ようやくこのウイルスは世の中に出たことになる。これは、僕の力不足というのも当然あったわけだと思うが、まったく新しい系統のウイルスを解析するのは時間がかかるということもあった。

クライオ電顕によって、正二十面体のウイルスであること、その直径が二〇〇〜三〇〇ナノメートル程度であることがわかったため、当時はまだゲノム解析をやっていなかったのでわからなかったが、その形状から巨大ウイルスを含むグループである「核細胞質性大型ＤＮＡウイルス（ＮＣＬＤＶ）」、すなわち今でいう核細胞質性ウイルス門の仲間だろう、ということは推測できたので、まずは該当する形のよく似たウイルスをあたることにして、一方でこのウイルスからゲノムＤＮＡを取り出し（ＲＮＡウイルスの可能性もあったが、このときはもうＤＮＡウイルスであるという頭しかなかった。実際にとれたのはＤＮＡだったし）、ゲノム解析も並行して行うことにした。

クライオ電子顕微鏡で明らかになった形態的特徴として、もっとも近いなあと感じたのはじつはマルセイユウイルスだったのだが、これについては上記のように予備実験段階のＰＣＲによって、その遺伝子が検出されなかったため、候補から除外した。次に可能性があるなあと感じたのは、同じく核細胞質性ウイルス門に含まれるウイルスのひとつ「イリドウイルス」であった。イリドウイルスは、魚類や両生類などの多細胞真核生物に感染することが知られているウイルスで、粒子径は一二〇〜三五〇ナノメートルと種類によって大きさに幅があるが、今回のウイルスのサイズは一応、その中にあてはまっていた。そこで、魚類に感染するイリドウイルスと両生類に感染するイリドウイルスのそれぞれの典型的な種のＤＮＡポリメラーゼ遺伝子にターゲットを絞って、ＰＣＲで検出するためのプライマー（ＰＣＲではたらくＤＮＡポリメラーゼがＤＮＡを合成する際に、足がかりとする二本のＤＮＡ断片で、この二本のプライマーの間にある領域が、ＰＣＲによって増幅される）を作り、今回のウイルスのゲノムＤＮＡのＰＣＲを行ったのだったが、結果は「だーめだめだめ」、つまり何も検出されなかった。ということは、このウイルスがイリドウイルスである可能性は低くなったと思われた（プライマーが悪かった可能性もあったので、可能性がなくなったわけではなかった）。

　そうこうしているうちに月日が経ち、二〇一七年二月になって、タカラバイオというバイオ系の会社に委託してやってもらっていた全ゲノムのシーケンス（塩基配列をすべて決定すること）が戻ってきた（僕の研究環境では、自分のところで全ゲノムシーケンスを行うことができないのである、残念なことに）。その塩基配列について、ほかのウイルスとの相同性検索を行ったところ、すでに知られているウイルスの中には似ているウイルスがないことがわかった。つまりこの時点で、既知のウイルスの仲間ではなく、新規のウイルスである可能性がぐんと高くなった（というか、ほぼ確定した）のである。

　そこで、これもかねてから知己のある、巨大ウイルスのゲノム解析において日本で右に出る者がいない京都大学化学研究所の緒方博之博士（じつは、彼と僕とで共通の同級生がいるということが判明した。つまり同世代）の研究室に依頼して、どういう遺伝子があるのか、正確なゲノムサイズはどのくらいか、

図31：『Journal of Virology』のカバーを飾ったメドゥーサウイルス
［引用：*Journal of Virology*, volume 93, issue 8 (2019).］

といった解析をしてもらうことにした。解析の中心となったのは、当時緒方研の博士課程の院生だった吉川元貴君である（現：東京都立大学）。

彼の努力の結果、二〇一七年五月、全ゲノム配列への「アノテーション」（どの塩基配列が遺伝子の可能性がある配列で、どのような機能があるのかを推定する作業）が終わり、またゲノムサイズもほぼ明らかになった。のちに若干の修正作業があったものの、このウイルスの遺伝子（正確にはORF：open reading frameという）の数は四六一個で、ゲノムサイズは三八万一二七七塩基対であることが明らかとなったのである。ちょうどこのとき、このウイルスのネーミングについて共同研究者間でのメールのやり取りがあり、ウイルスの名前が決まった。このウイルスは、アカントアメーバがシスト化したという観察によって発見されたともいえるので、アカントアメーバを〝石のように〟してしまうということから、見た者を石にするというギリシャ神話の怪物「メドゥーサ」から、「メドゥーサウイルス（正式には*Acanthamoeba castellanii* medusavirus）」という名前にすることが決まったのであった。

その後一年くらいかけて、ほかのウイルスとの遺伝子の相同性や、ある特定の遺伝子に関する分子系統解析などが吉川君により行われた。特に興味深かったのは、メドゥーサウイルスは、これまでのほかの巨大ウイルスに比べて、宿主であると考えられるアカントアメーバの遺伝子と相同性が高い遺伝子を、より多く保有していたという点であった。このことは、メドゥーサウイルスの自然宿主がアカントアメーバであるということを示唆するのと同時に（それまでの巨大ウイルスで、ゲノムの特徴から明確に自然宿主を推定できたものはほとんどない）、アカントアメーバとメドゥーサウイルスとの間で、遺伝子の水平移動が頻繁に起こってきたことを示唆していた。この性質は、メドゥーサウイルスの進化的な意義を考える上で、じつに重要なファクターとなった。

そして二〇一九年二月、メドゥーサウイルスの「デビュー論文」は、アメリカ微生物学会が発行するウイルス専門誌『Journal of Virology』に掲載され、うれしいことに、その号の表紙を飾ることになった（図31）。さらに「メドゥーサ」というネーミングが功を奏したのか、科学誌『ネイチャー』でも取り上げられた（ネイチャーに論文そのものが掲載されたわけではないのが、ちと残念）。二〇一六年に北海道で水サンプルが採られてからの、僕たちの三年間の努力が実った瞬間であった。

アカントアメーバ遺伝子の謎

アカントアメーバという生物は、じつに謎に満ちた生物である。これはこの生物を実際に培養し、毎日のように観察しているからこそわかるという側面もあるが、そのおもしろい動きには枚挙に暇がなく、単細胞生物であるにもかかわらず、顕微鏡上の視野いっぱいの細胞がいきなり同調する、いわゆる社会的な動きをするように見えるとか、複分裂（一個の細胞が二個ではなく、三個以上の細胞に分裂すること）を起こすことがたまにあるとか、とにかく一日観察していても飽きないほどだ。さらに、その全ゲノムがいまだに明らかになっていないということも、アカントアメーバの魅力に拍車をかけている。ゲノムサイズがどれだけあり、染色体が何個あって、どのような遺伝子がどれだけあるのかという全体像が、じつは正確にはわかっていないのである。

ただ、巨大データベース「ＮＣＢＩ」などに登録されている限り、アカントアメーバのゲノムも断片的には明らかになっていて、一部の遺伝子は塩基配列も解読され、データベースに登録されている。そのうちの一つに「カプシド」遺伝子がある。

え、カプシド？　そう、カプシド。

アカントアメーバは生物であって、それ自体はウイルスではないにもかかわらず、じつはそのゲノムに、「カプシド（正確には主要カプシドタンパク質：major capsid protein）」の遺伝子が存在することが、じつは以前から知られていた。アカントアメーバ自体にはカプシド構造はもちろん存在しないから、この遺伝子はおそらく、過去にアカントアメーバに感染したウイルスに由来すると考えられていた。つまり、ウイルス感染が繰り返されているうちに、遺伝子の水平移動によって、ウイルスのカプシド遺伝子がアカントアメーバゲノムに移ったということである。しかし、既知のアカントアメーバ感染性ウイルスの中で、該当する遺伝子、すなわちアカントアメーバがもっているカプシド遺伝子に配列がよく似たカプシド遺伝子をもつウイルスは、これまで知られていなかったのだ。

その由来が謎であったアカントアメーバのカプシド遺伝子の由来が、ここにきてようやく明らかになったかもしれない。つまり、メドゥーサウイルスのカプシド遺伝子こそが、その〝犯人〟だったのではないか、というわけである。

実際に吉川君が得た結果が、図32である。これは、DNAウイルスがもっているカプシド遺伝子ならびにアカントアメーバがもっているカプシド遺伝子について分子系統解析を行ったもので、上部にある大きなグループが、アカントアメーバ各種がもっているカプシド遺伝子の「塊」である。その中に、メドゥーサウイルスのカプシド遺伝子が入っている。

ところが、じつは分子系統樹というのは、その「読み方」が大変難しい。分子系統樹は、遺伝子の塩基配列もしくはタンパク質のアミノ酸配列の違いをもとに、それぞれの系統関係を割りだした上で、その関係を木の枝のように表現したものである。枝の長さは、その枝の先に書かれている遺伝子が、枝の分岐点から計算してどれだけの塩基、もしくはアミノ酸が変化したかを示しており、枝の長さが長いほど、たくさんの変化が見られる、すなわち進化速度が早いということを意味する。順当にとらえれば、この枝の分岐が、二つの遺伝子の分岐点であって、イコール種分化のタイミングであると思ってしまうわけだけれども、正確には分子系統樹は「進化の道筋をそのまま表しているわけではない」ので、必ずしも分岐点で種分化が起こったことを示しているとは限らない。

このカプシド遺伝子の分子系統樹を見ると、メドゥーサウイルスの遺伝子は、アカントアメーバのカプシド遺伝子のグループの中に入り込んでいて、そのグループの途中から枝分かれしている。このことは、アカントアメーバのカプシド遺伝子が、多様化する「前」にメドゥーサウイルスのカプシド遺伝子と分岐したのではなく、前者が多様化した「後」で、メドゥーサウイルスのカプシド遺伝子が分岐したこと、つまりアカントアメーバのカプシド遺伝子がメドゥーサウイルス起源なのではなく、

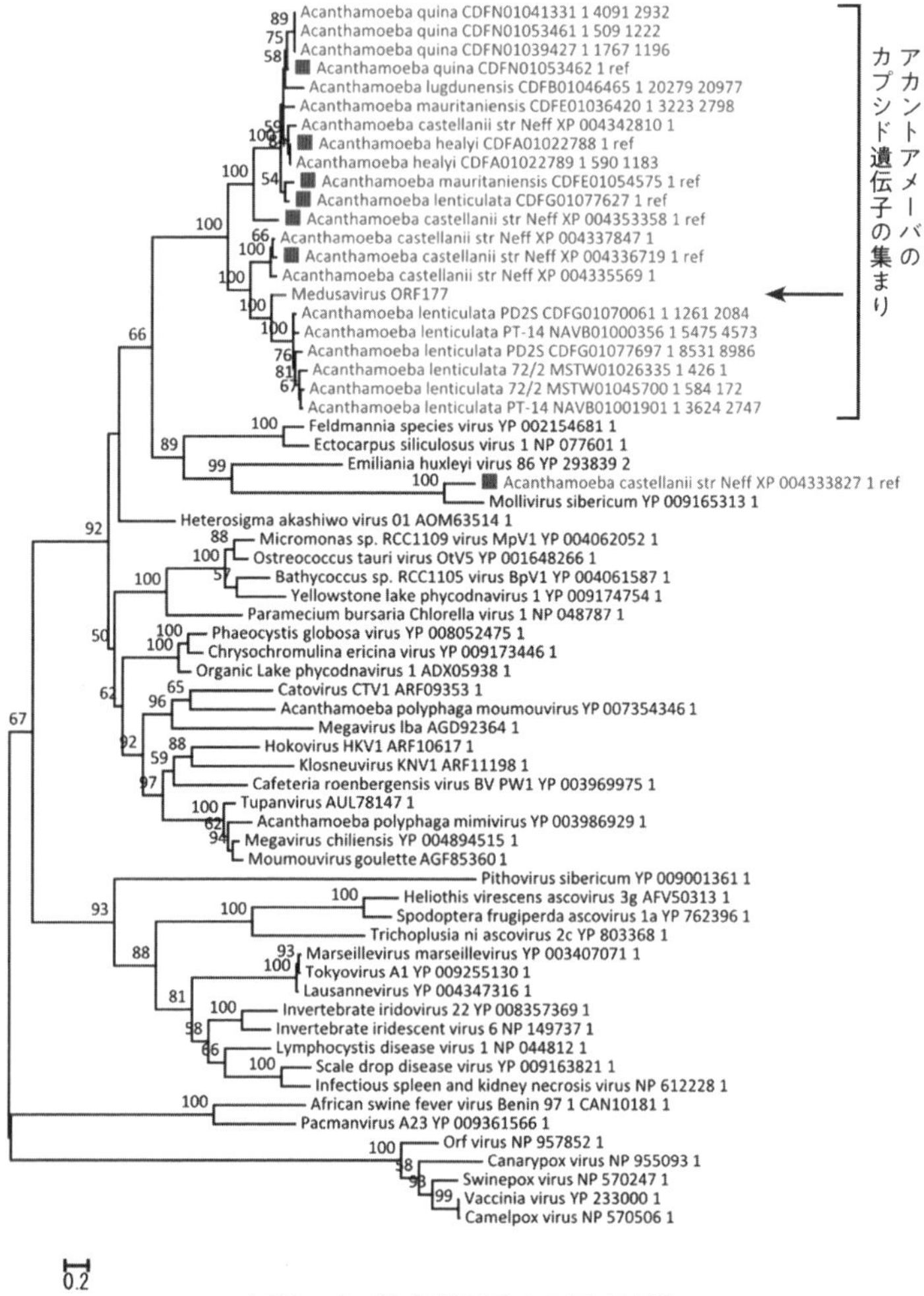

図32：カプシド遺伝子の分子系統樹

上部のアカントアメーバのカプシド遺伝子の集まりの中にメドゥーサウイルスのカプシド遺伝子（矢印）がある。

[引用：Yoshikawa G. et al. (2019) Medusavirus, a novel large DNA virus discovered from hot spring water. *J. Virol.* 93, e02130-18.]

メドゥーサウイルスのカプシド遺伝子がアカントアメーバ起源であることを示しているようにも見える。でもそれだと、じゃあアカントアメーバからもらう前のメドゥーサウイルスのカプシド遺伝子はいったいどこにいったんだ、という疑問が残る。メドゥーサウイルスのほかの特徴を考え合わせると、アカントアメーバが多様化するより前にすでにその祖先が存在していたことはほぼ明らかなので、ここに分子系統解析との齟齬が生じてしまうのである。したがって、この段階で確実にいえることは、メドゥーサウイルスとアカントアメーバとの間で、カプシド遺伝子の水平移動が起こった、というただ一点のみなのだ。どちらからどちらへという点に関しては、まだ断定はできないといえる。ただ、この分子系統樹とこれまでの先行研究、そしてメドゥーサウイルスとアカントアメーバの関係に鑑みて、アカントアメーバのゲノムにある「カプシド」遺伝子が、メドゥーサウイルス（の祖先）によりもたらされたと考えることには、特段不都合なことはない。

ＤＮＡポリメラーゼ遺伝子

メドゥーサウイルスのほかの遺伝子についても着目してみよう。

よく分子系統解析に供される遺伝子に、ＤＮＡポリメラーゼ遺伝子がある。いわずもがな、ＤＮＡを遺伝子としてもつ生物やＤＮＡウイルスが、ＤＮＡを複製するために用いる酵素の遺伝子である。ＤＮＡ複製に必須の遺伝子であるため、その機能はすべての生物ならびにＤＮＡウイルスで保存されている。したがって、お互いの塩基配列も非常に似ており、生物の進化を推定するための「分子時計」としてもよく使われる遺伝子でもあるため、巨大ウイルスの系統解析にもしばしば使われてきた実績がある。

僕たち真核生物のDNAポリメラーゼには複数の種類がある、ということはすでに48ページでご紹介した。すべての真核生物とDNAウイルスにおいて、DNA複製のメイン酵素としてはたらくのは、「B型」とよばれるタイプのDNAポリメラーゼで、真核生物の場合、DNAポリメラーゼα《アルファ》、δ《デルタ》、ε《イプシロン》、ζ《ゼータ》という四種類のものがある。これに対して、DNAウイルスが保有するB型DNAポリメラーゼは、たいていの場合一種類だけである（したがって、αだのδだのというネーミングはなされていない）。真核生物のDNAポリメラーゼには、明確な役割分担がある。DNAポリメラーゼαは、DNA複製反応の最初にはたらく酵素で、ほかのDNAポリメラーゼの足場となる「プライマー」（PCRにおけるプライマーとは異なる）とよばれる短いDNA（ただしRNAを含む）を合成する役割をもち、DNAポリメラーゼδとεはDNA複製反応のメイン酵素として、それぞれラギング鎖、リーディング鎖の複製反応を担っている。そしてDNAポリメラーゼζは、損傷したDNAを複製する際に、ほかの酵素のピンチヒッターとしてはたらく。

これまでの先行研究で、巨大ウイルスのDNAポリメラーゼを、これら真核生物のDNAポリメラーゼと共に分子系統解析にかけると、DNAポリメラーゼδと非常に近いところに枝が生じることがわかっていた。言い換えると、巨大ウイルスのDNAポリメラーゼと真核生物のDNAポリメラーゼδが非常に近縁で、いわば〝兄弟姉妹〟のような関係にあるのではないか、ということがわかっていたのである。

そこに、メドゥーサウイルスのDNAポリメラーゼを加えた上で分子系統解析を行ったところ、おもしろいことにメドゥーサウイルスのDNAポリメラーゼは、ミミウイルスやパンドラウイルスなどのほかの巨大ウイルスのDNAポリメラーゼより、さらに真核生物DNAポリメラーゼδに近縁であって、むしろメドゥーサウイルスDNAポリメラーゼは真核生物DNAポリメラーゼδそのものなのではないかとさえ思えてしまうほど、真核生物DNAポリメラーゼδグループのすぐ足元から枝が分岐していることがわかったのである。ほかのどの巨大ウイルスよりも、DNAポリメラーゼδに近かった。このことはいったい何を意味するのだろうか。

今しがた述べたように、分子系統樹を見ると、真核生物DNAポリメラーゼδのグループ（一本の枝が枝分かれしてできたこうしたグループを「クレード」という）の根元から、メドゥーサウイルスDNAポリメラーゼが枝を出している。ここで出ている真核生物の種は、もちろんすべての真核生物ではなくその代表の七種ではあるが、ヒトからアカントアメーバに至るまで幅広く、真核生物全体を表しているといってもよいだろう。したがって、この分子系統樹からは、各真核生物のDNAポリメラーゼδが分かれるよりも「前」に、すべての真核生物DNAポリメラーゼδの共通祖先とメドゥーサウイルスDNAポリメラーゼとが分岐したことが読み取れる。そうすると、これら二つのDNAポリメラーゼの進化に関する、二つのシナリオが考えられる。

分岐した、というのが正しいとするならば、もとはこの二つのDNAポリメラーゼ（メドゥーサウイルスと真核生物のδ）は同じDNAポリメラーゼだった、という想定が当然なされる。第一のシナリオは、もともとは真核生物DNAポリメラーゼδの共通祖先が、真核生物の祖先の細胞の中にあって、メドゥーサウイルスの祖先がその細胞に感染した際に、宿主の細胞から「泥棒」して得たのが、現在のメドゥーサウイルスＤＮＡポリメラーゼだったというシナリオ。そして第二のシナリオは、もともとはメドゥーサウイルスＤＮＡポリメラーゼだったものが、宿主の細胞に感染した際、宿主の細胞にもたらされて、ＤＮＡポリメラーゼδへと進化した、というシナリオ。両方のシナリオとも、そのメインは「遺伝子の水平移動」である。要するに、宿主からウイルスに移動したのか、それともウイルスから宿主に移動したのか、ということだ。これは先ほどのカプシド遺伝子と同じ問題でもあり、簡単に結論を出せる問題ではない。僕の中でもまだ、どちらの可能性が高いかということに関して、考えがまとまっていないところもある。

ただ、真核生物のＤＮＡポリメラーゼがδ以外にもαやεがあるということ、メドゥーサウイルスには一種類のＤＮＡポリメラーゼしか存在しないことから推測すると、真核生物の祖先ではＤＮＡポリメラーゼδがまだなく、ＤＮＡポリメラーゼε（の祖先）が「一人で」ＤＮＡ複製反応を進行していたと考えることは、それほど不自然ではないと思われる。実際、真核生物のＤＮＡポリメラーゼのうち、εがもっとも祖先型に近いという先行研究もあり、そのεが遺伝子重複によってδやαを生み出してきたのではないか、という考え方もある。それが、じつはδだけは遺伝子重複ではなく、ウイルスから水平移動によって獲得したものだと考えても、とりたてて論理の飛躍であるとは思わない。メドゥーサウイルスの祖先が、分岐以前からいたのだとしたら、当然すでにＤＮＡポリメラーゼをもっていたと考えられるから、その遺伝子を差し置いて、後から真核生物のものを獲得する必要はなかったはずである（このあたりの議論も、先ほどのカプシド遺伝子の場合とよく似ている）。もちろん、水平移動によって獲得した後に、もとのＤＮＡポリメラーゼが用済みとなったので進化の過程で失ったことを否定することはできない。

いずれのシナリオが正しいにせよ、ＤＮＡウイルスのもっとも重要かつ根源的な遺伝子であるＤＮＡポリメラーゼにおいてこのような議論ができるのは、メドゥーサウイルスを置いてほかにはない。

ヒストン遺伝子

じつは僕が、カプシド遺伝子やＤＮＡポリメラーゼ遺伝子以上に、メドゥーサウイルスの遺伝的特徴として興味深いと考えているのは、真核生物において五種類ある「ヒストン」遺伝子に該当すると思われる遺伝子が、メドゥーサウイルスのゲノムにもすべて（フルセット）揃っているということである。

ヒストンというのは、真核生物の細胞核において、長大なＤＮＡの〝糸巻き〟としてはたらくタンパク質である。Ｈ１、Ｈ２Ａ、Ｈ２Ｂ、Ｈ３、Ｈ４という、日本産ロケットのような名前がついた五種類のヒストンがあり、このうち後四者が二個ずつ、合計八個が固まりとなり、ＤＮＡの二本鎖をおよそ二周巻き付ける「ヒストン八量体」として機能している。このヒストン八量体にＤＮＡが巻き付いたものを「ヌクレオソーム」といい、それが数珠つなぎにつながったのが「クロマチン」とよばれる構造で、その全体を「染色体」とよんでいる（図33）。また、ヒストンには遺伝子発現を調節するという重要なはたらきがあり、ヒストンタンパク質に起こるアセチル化などの化学的修飾によって、DNAとの結びつきが弱まったり強まったりし、その結果、遺伝子発現がオンになったりオフになったりするのである。またヌクレオソームを作ることに貢献しないH1は、ヌクレオソーム同士を結び付けて、クロマチン構造を維持するのに必要なヒストンであることが明らかとなっている。

ヒストンは真核生物には存在するが、原核生物には一部の例外（アーキアの一部）を除いて、そのような〝糸巻き〟タンパク質は存在せず、またウイルスにもそのようなタンパク質の存在はこれまで報告されてこなかったが、じつはパンドラウイルスやマルセイユウイルスには、ヒストン遺伝子が一個もしくは数個存在することがわかっている。しかし、真核生物と同じフルセットのヒストンをもつウイルスは知られていなかった。メドゥーサウイルスは、フルセットのヒストンをもつ初めてのウイルスであり、かつ真核生物以外でフルセットのヒストンをもつ初めての事例となったのである。とはいえ、じつはまだ「来年の話をすると鬼が笑う」段階であって、メドゥーサウイルスのヒストンが実際にどのように使われているのかはまだわかっておらず、真核生物のようにメドゥーサウイルスDNAを巻き付けた「ヒストン八量体」として機能しているかどうかもわかっていない。だから正確には「ヒストン」ではなく「ヒストン様遺伝子」（ヒストンさま、ではなく、ヒストンよう、と読む）というべきなのである。

しかしながら、分子系統解析やアミノ酸の組成から、これらが真核生物のヒストンと同じような構造を呈していることは明らかであり、真核生物と同じような機能をもっていることは十分に推測できる。もちろん、まったく違う用途で使われているというのであれば、それはそれでおもしろい発見で

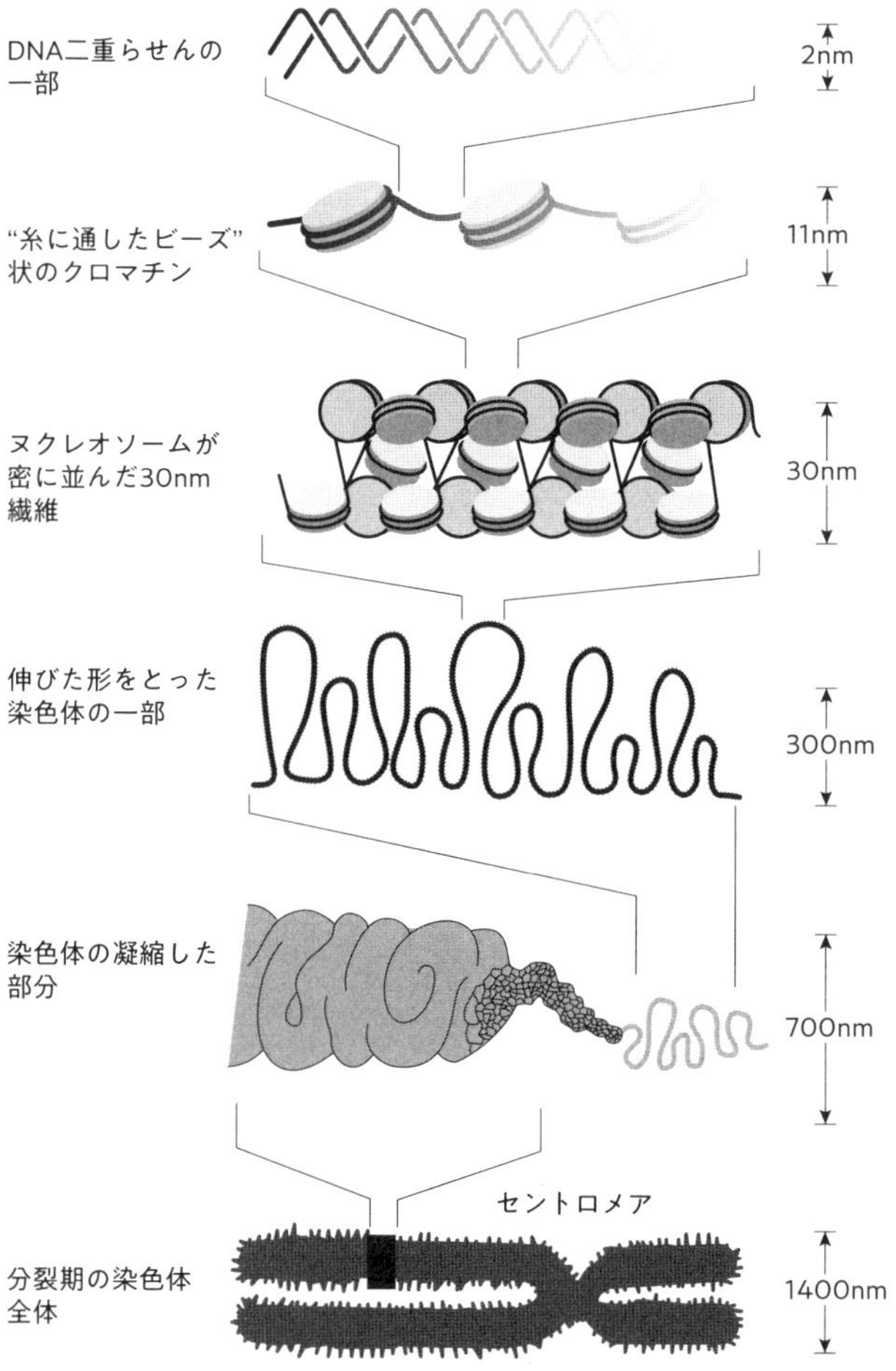

図33：ヒストンと染色体

DNAはヒストン八量体に二周ほど巻き付き、ヌクレオソームを形成する。このヌクレオソームが凝縮してクロマチン繊維となり、それがさらに凝縮すると分裂期の染色体のように見える。
[参考資料：『Essential 細胞生物学（原書第3版）』中村桂子・松原謙一監訳、南江堂]

ある。

さて、これらヒストンのうち、ヌクレオソームを作る四種類のヒストン遺伝子（Ｈ２Ａ、Ｈ２Ｂ、Ｈ３、Ｈ４）について、分子系統解析をやってみたのが図34の分子系統樹だ。これも京大（現：都立大）の吉川君の仕事である。その結果、メドゥーサウイルスのどのヒストン遺伝子に関しても、先のＤＮＡポリメラーゼと同じく、真核生物のヒストンからなるクレードの根元から、その枝が伸びていることが見てとれる。したがって、上述したＤＮＡポリメラーゼの場合と同じようなシナリオで、これらのヒストン遺伝子が成立することになったと考えられた。すなわち、メドゥーサウイルスの祖先から真核生物の祖先へ、もしくは真核生物の祖先からメドゥーサウイルスの祖先へと、ヒストン遺伝子の水平移動が、真核生物が誕生したあたりの時代に起こったというシナリオである。いったい、どちらからどちらへ移ったのだろうか。

ＤＮＡポリメラーゼの場合と違って、ヒストンの場合は、真核生物もメドゥーサウイルスも、ともに同じ数（種類）の遺伝子が存在しているというところが、考察をいっそう困難にしている。ポイントとしては、単にヒストン遺伝子だけの問題にとどまらず、ヒストン遺伝子を必要とするに至った、ＤＮＡを取り巻く環境にまで対象を広げて考える必要がある。先ほど、ＤＮＡの〝糸巻き〟という比喩を用いてヒストンの説明をしたように、ヒストンは、長すぎる分子であるＤＮＡをうまく巻き取って、細胞核の中にきちんと納めるという重要なはたらきをしている。つまり、「ゲノムが長くなった」ということとヒストンの存在は、合わせて考えなければならないことであると思われる。そこで、真核生物のゲノムはいったい、どのようにして長くなっていったのか、について考えてみたい。

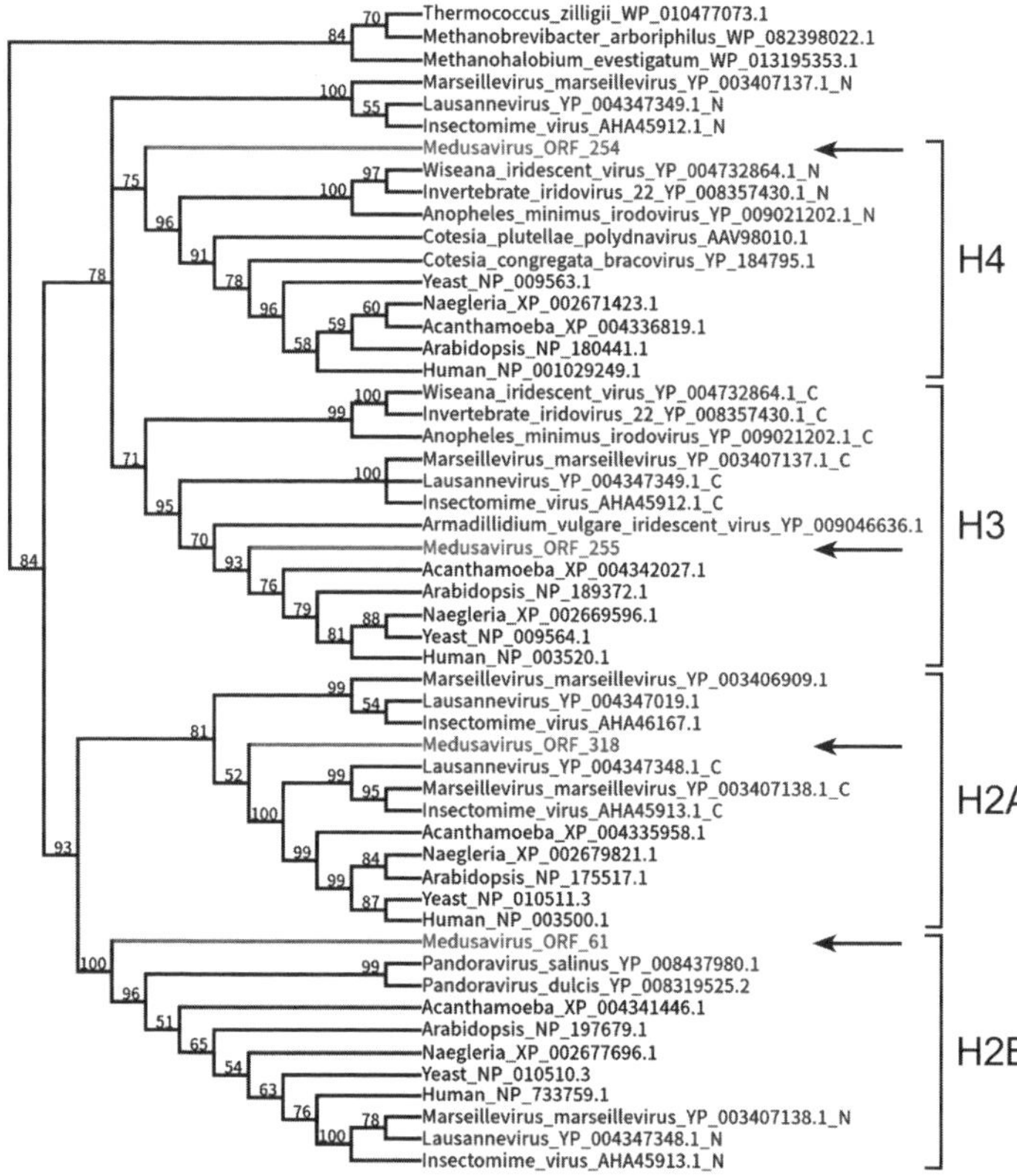

図34：ヒストン遺伝子の分子系統樹

メドゥーサウイルスのヒストン（矢印）は、それぞれのヒストンの根元から分岐しているように見える。

[引用：Yoshikawa G. et al. (2019) Medusavirus, a novel large DNA virus discovered from hot spring water. *J. Virol.* 93, e02130-18.]

原核生物から真核生物への進化

教科書的なことを言えば、原核生物から真核生物への進化の過程でいったい何が起こったのかというと、まず登場するのがミトコンドリアと葉緑体の進化である。

真核生物の祖先は、アーキアとの共通祖先であると考えられていて、当時は嫌気性の生物、すなわち地球上に大量に供給されつつあった酸素を使わずに、細々とエネルギーを作り出していた生物であったとされている。それがあるとき、α《アルファ》プロテオバクテリアとよばれるバクテリアの祖先にあたる好気性バクテリア、すなわち酸素を利用して効率よくエネルギーを取り出していた生物が、この嫌気性生物と共生し始めた。その好気性バクテリアは、長い期間を経てミトコンドリアへと進化し、僕たちの祖先であった嫌気性生物は、ミトコンドリアが作り出すエネルギーを使って生きる、いまの真核生物へと進化した。これが「細胞内共生説」とよばれる学説である。一方、この学説において葉緑体は、いまの植物の祖先の細胞にシアノバクテリアという光合成バクテリアが共生した結果、長い年月を経て進化したものだと考える。こうして、真核生物の特徴の大きな一つである「細胞小器官」の成り立ちが説明される。

しかし、真核生物と原核生物の違いは、細胞小器官のあるなしだけではない。何よりもその名前、真核と原核という言葉から明らかなように、真核生物の最大の特徴である「細胞核」の有無が重要な地位を占める（もっとも、細胞核も細胞小器官の一つではあるが）。さらに真核生物のゲノムサイズが、原核生物のそれよりもはるかに大きいということも、決して無視してはならない。

原核生物と真核生物では、ゲノムサイズは圧倒的に真核生物の方が大きい。原核生物のゲノムサイズは、もっとも小さいものはマルセイユウイルスよりも小さい十数万塩基対程度であり、もっとも大きなものでも一〇〇〇万塩基対にも到達しない。一方真核生物のゲノムサイズは、これもピンからキリまであるわけだが、ほとんどの場合、一〇〇〇万塩基対を超えるゲノムサイズをもつ。単細胞生物である酵母が一二〇〇万塩基対程度、ヒトが三二億塩基対程度であるが、植物ではでかいものが多く、ユリの一種などは一二〇〇億塩基対もの長さをもち、さらにすでに述べたように、アメーバの一種には六〇〇〇億塩基対という膨大なゲノムサイズをもつものもいるらしい。いったいなぜ、真核生物のゲノムはこれほど長大になったのか。それにはおそらく、真核生物の文字通りの特徴、すなわち「真核化」が大いにかかわっているはずである。

原核生物の真核化

原核生物には、真核生物の細胞核のように、ゲノムDNAを取り囲む脂質二重層でできた「囲い」は存在せず、僕たちの目で見ることができる「核様体」として、細胞内のある特定の領域にDNAが存在するという様相を呈している。したがって、DNAから転写されたメッセンジャーRNA（mRNA）は、もしかしたらDNAのすぐそばに存在するリボソームで翻訳されているのかもしれない。そしてリボソームで翻訳されたDNA結合タンパク質などは、すぐにでもその近くにあるDNAに結合し、機能を発揮することが許されているかもしれない。

一方、真核生物の細胞核は、ゲノムＤＮＡが脂質二重層でできた「核膜」によってすっぽりと覆い隠されている。実際には脂質二重層がさらに二重になった四重の膜で、その周囲が覆われている。そのおかげでゲノムＤＮＡは、細胞質にある翻訳の場であるリボソームと完全に分け隔てられた状態になっており、ＤＮＡから転写されたｍＲＮＡは、核膜孔という核膜に開いた無数の孔（といっても、核膜孔タンパク質によって複雑なゲートが作られている）を通らないとリボソームにまで到達できないようになっている。同様に、細胞質のリボソームで翻訳されたＤＮＡ結合タンパク質なども、また、この核膜孔を再び通らないと、ゲノムＤＮＡにまで到達して結合し、機能を発揮することができないようになっている。まさに、ちょいとした「税関」である。

見ようによっては、真核生物のゲノムはさまざまな〝制約〟に縛られて、長くなるメリットがないのではないかと思えてしまうわけだけれども、実際にはそういう〝制約〟があるはずの真核生物の方がゲノムが長くなり、遺伝子の数も増え、多細胞生物などの複雑な生命システムを構築してきた。核膜ができたことで、いったいなぜそのようなことが可能になったのか。これからはほんとうに「たぶんこう思う」程度のことだということを、読者諸賢にもご承知おきいただきたい。話半分に、あるいは眉に唾をつけて読んでいただいても構わない。

核膜というのは、ゲノムＤＮＡを覆う区画であるが、それは別の言い方をすれば、ゲノムＤＮＡだけの「部屋」を作ってあげたものだとみなすこともできる。翻訳の場であるリボソームや、エネルギー生産の場であるミトコンドリアから遠く隔てることで、核膜の中では、ゲノムＤＮＡがある一つの仕事だけに専念できるようになった。それはもちろん、「遺伝子発現」という仕事である。

そうなると、核膜という境界線までは〝自分の仕事部屋〟なわけだから、ある程度の自由度をもって仕事をすることができる。その自由度とは、境界線ぎりぎりまで自らのサイズを大きくして、たくさんの遺伝子をもち、できる仕事の選択肢を広げる、という自由度である。もちろん、自由度はもちつつも、「自分」というアイデンティティはつねに保ったままでいなくてはならない。ある生物Ａが核膜をもったとして、あくまでも生物Ａとしてのアイデンティティを保ったまま、自らのゲノムを大きくしていくのである（この際、進化という概念は放逐していただきたい）。ただそれは、自分の思うままにゲノムを大きくするということではなく、ゲノムの重複（218ページ参照）などが偶発的に起こったことにより、結果的に大きくなるということである。そしてゲノムが大きくなるためには、「自らのゲノム」というくくりを保つための方策として、物理的な障壁である核膜は、ぜひとも必要な存在である。その制約の中で生物Ａはゲノムを大きくし、そして「進化」していくのである（ここでは、進化という概念は取り戻さねばならない）。言い換えると、原核生物が真核化したことによって、核膜という物理的障壁によりそのアイデンティティを確保することが可能となり、その中で、自らのゲノムを大きくする機会を与えられたといえるのである。

しかしながら、単純に考えると、ＤＮＡの長さが長くなると、核膜という物理的障壁があるがゆえに、ＤＮＡの存在濃度を同じ状態でキープすることは難しくなる。つまり、ゲノムサイズが大きくなればなるほど、細胞核の中が「混雑する」状況が生まれてしまうことになった。核膜自体もある程度表面積を広げて大きくなり、その内部空間を押し広げることはできようが、脂質二重層という薄い膜でできているという物性上、それにも限界がある。細胞核の中が混雑すると、それまで行われていた遺伝子発現が、もしかしたらその混雑具合によって、スムーズにいかなくなってしまう恐れが出てくる。つまり、真核化以前と比べて、遺伝子発現をそれまで同様にコントロールするために、新たなしくみを作り上げる必要が出てきたわけである。それが、ヒストンという〝糸巻き〟タンパク質でDNAをコンパクトに収納した上で、そのヒストンを操作することによって遺伝子発現をコントロールするというしくみなのだ。そのヒストン遺伝子を真核生物の祖先はどのように獲得したのか。それが長年の謎だったというわけである。

ヒストン遺伝子の進化と原核細胞の真核化は、切っても切れない関係にあるといってよい。だから、もしメドゥーサウイルスがヒストンというものを「開発」し、それが細胞の側へと水平移動によってもたらされたとしたならば、メドゥーサウイルスがヒストンをどう使うために「開発」したのかを説明できなければなるまい。

現在僕の研究室で、メドゥーサウイルスのヒストン（ヒストン様遺伝子）がどのようなはたらきをしているのかについて研究を行っているが、まだ結論は得ていない。この本が出版されるまでに結論が出ることは、残念ながらまだないであろう。

メドゥーサウイルスは宿主の細胞核で複製する

ここで、ヒストン遺伝子の話からやや脇にそれて、メドゥーサウイルスの特筆すべき特徴の一つをご紹介したい。それは、宿主であるアカントアメーバの「細胞核の中で」ＤＮＡを複製する、という特徴である。

宿主の細胞核の中でゲノムを複製するウイルスはこれまでにも知られている。ヘルペスウイルスやインフルエンザウイルスなどは細胞核の中でゲノムを複製するウイルスの代表である。ヘルペスウイルスは宿主と同じくDNAをゲノムとしてもち、細胞核の中で「複製センター（RC）」とよばれるものを作って、そこで複製する。一方インフルエンザウイルスはRNAウイルスだから、そのゲノムの大きさから考えても、宿主の細胞核のほんの一部で複製していると考えられる。これに対して、メドゥーサウイルスのおもしろいところは、宿主の細胞核の中で、ほぼ完全に宿主のゲノムと〝寄り添う〟ようにして、細胞核全体を使って複製するところである。メドゥーサウイルスに感染したアカントアメーバ細胞を観察すると、その細胞核が大きく膨れているのが見てとれる。ウイルスに感染していないアカントアメーバは、細胞質に存在する小胞などが大量にあるために、細胞核がそれに隠れて見えないほどに目立たないのだが、メドゥーサウイルスに感染するとそうした小胞がほとんど消え、細胞核が大きく膨張して目立つようになるのだ。DNAを蛍光物質で染色して蛍光顕微鏡で観察すると、核小体が目立ったドーナツのような形をしていた細胞核が、核小体が消失して全体が強く蛍光を発している様が見てとれる（図35）。

言い換えると、メドゥーサウイルスは、ミミウイルスやマルセイユウイルスのように細胞質に「ウイルス工場」を形成せず、「細胞核そのものをウイルス工場のようにして」複製するのである。この点については、細胞核を「ぶっ壊して」複製するパンドラウイルスとも、その仕事の流儀は異なっている。ゲノム全体の系統関係を見るプログラムを使うと、メドゥーサウイルスゲノムそのものはパン

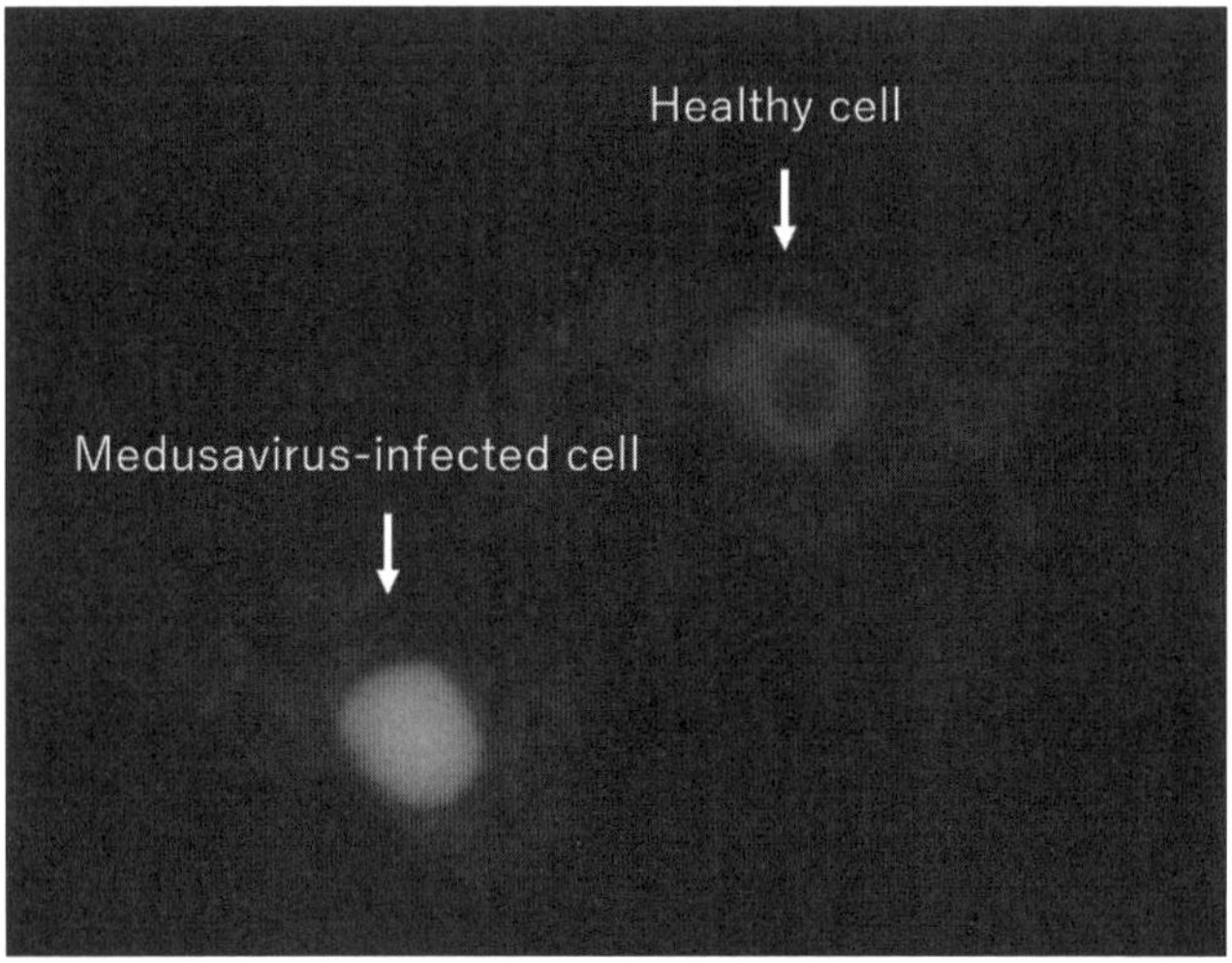

図35：メドゥーサウイルス感染による細胞核肥大
[引用：Takemura M.（2020）Medusavirus ancestor in a protoeukaryotic cell: Updating the hypothesis for the viral origin of the nucleus. *Frontiers in Microbiol.* 11, 571831.]

ドラウイルスに近いという結果が出るが、複製の仕方は大いに異なるのである。

もしかしたらこの、宿主のゲノムと〝寄り添う〟ようにして細胞核全体を使って複製するというところに、メドゥーサウイルスがヒストン様遺伝子を自ら保有していることの生物学的意義が存在するのではないか、と僕は考えている。それが明らかになると、その進化的な関係も見えてくる。

たとえばこのようなことだ。メドゥーサウイルスが自らのヒストン遺伝子をもっているというのは、細胞核という同じ場所で複製するにあたり、宿主のゲノムＤＮＡにもヒストン遺伝子が巻き付いているわけだから、その宿主のＤＮＡと自らのＤＮＡをうまく「分ける」ために、ちょっとだけ構造が異なる、自分専用のヒストンを用いているのではないか、という仮説である。宿主のヒストンとメドゥーサウイルスのヒストンは構造が異なるがゆえに、ともに結合して八量体になることはないであろうから、メドゥーサウイルスと宿主のそれぞれのゲノムを、立体配置的にいくぶん遠ざけることができるのではないか。その結果メドゥーサウイルスは、自らのＤＮＡを、細胞核という〝敵地〟の中で、遅滞なく複製することができるのではないか。

　現段階ではあくまでも仮説であるが、今後、ヒストンの構造の詳細がわかってくれば、その細胞核内での存在様式も、おのずと明らかになっていくであろう。

生物はウイルスが進化させた（かも）

　この小見出しと同名の書籍が出ている。拙著『生物はウイルスが進化させた』（講談社ブルーバックス）である。キャッチーなタイトルな割にはあまりよく売れず、世の中がコロナ禍になってからようやく増刷されたという〝いわくつき〟の本である。もっともそのような〝いわく〟は拙著『新しいウイルス入門』（講談社ブルーバックス）や、『ヒトがいまいるのはウイルスのおかげ！』（さくら舎）でもいえることであるし、ほかのちゃんとしたウイルス学者が書いた本の方が、よっぽど増刷されているに違いない。閑話休題。

　この『生物はウイルスが進化させた』は、決してその昔の「ウイルス進化論」のように、キリンの首が伸びたのはウイルスのおかげである、などと唱えているものではない。「生物の長い歴史のところどころにウイルスの関与があったと考えられる」ということについて、実際のウイルスのふるまいや塩基配列データなどからわかることを、淡々と述べているだけである。もっとも、最後の方では僕の思いも最大限に披瀝して、「ウイルスっておもろいんやで、大事なんやで」ということを繰り返し強調することになった、これまた〝いわくつき〟の本である。

「生物の長い歴史のところどころ」とはどういうことか。最初に近いところで三つほど例を挙げておくと、まずは先にご紹介した「シンシチン」遺伝子をはじめ、「Peg10」遺伝子、「Rtl11」遺伝子など、胎盤形成に重要な役割を果たしている遺伝子が、ほ乳類の進化が起こる直前に、レトロウイルスを介してほ乳類の祖先の細胞（しかも生殖細胞）のゲノムに組み込まれたことがきっかけとなり、長い時間をかけて進化した、ということ。次に、同じくほ乳類の進化に関するものとして、僕たちの皮膚の内部、顆粒層とよばれる層の細胞で発現している「SASPase（サスペース）」とよばれる酵素に関する話で、サスペースは、内在性レトロウイルス型アスパラギンプロテアーゼというタンパク質分解酵素であり、顆粒層で機能することにより皮膚の水分量の調節を行っていると考えられている酵素である。つまり、ほ乳類が陸上で生活するにあたり必要な、皮膚の保湿作用というのもまた、じつはレトロウイルスに由来する遺伝子によって調節されていた、ということ。そして第三に、動物の神経細胞にあって、シナプスにおける物質輸送にかかわっているとされているタンパク質「Arc（アーク）」が、レトロウイルスがもっている「Gag（ギャグ）」という、RNAゲノムをカプシド内にパッケージングする際に用いられるタンパク質とアミノ酸配列がよく似ていることが知られており、実際に「Arc」タンパク質は、まるでウイルスのカプシドのような形の「粒子」を形成し、その中に輸送物質（この場合はある種のmRNAだといわれている）を入れ、神経細胞末端からシナプスへと放出され、伝達相手である筋肉細胞へと受け渡される、ということ。すなわち、神経系をもつ僕たち動物の進化にもまた、レトロウイルスが関わっていることが示唆されているわけだ。

さらに時代を遡って、真核生物の誕生にもウイルスが関与した可能性がある、というのは第3章ですでに述べたとおりであるが、改めて紹介しておくと、巨大ウイルスの祖先の細胞が、真核生物の祖先の細胞に感染したことがきっかけとなり、細胞核が誕生したとする考え方がある。これは、僕とオーストラリアの微生物学者ベル博士がそれぞれ独立に、お互いの存在を知らないまま二〇〇一年に提唱したものであり、後に巨大ウイルスが発見されたことにより、状況証拠となり得る知見が次々に現れてきている考え方である。じつはメドゥーサウイルスも、かなり強固な状況証拠になると僕は考えており、これについては後述する。

さらに遡れば、生物そのものも、じつはウイルスから進化したものではないかという考え方さえ出てきている。特に核細胞質性ウイルス門のウイルスなどは、内側から核酸→脂質二重層→カプシドという並びで構成された粒子をもっており、この並びがバクテリアのそれ「核酸→脂質二重層（細胞膜）→細胞壁」という並びにそっくりであるということがある。ここまでくると状況証拠もほとんどない「単なる考え」になってしまうところだが、太陽系が誕生して以降、細胞という複雑なしくみをもつ物体が誕生するよりも前に、ウイルスという（あるいはウイルスによく似た単純な）ものが生み出されていたと考えても、これは不思議でも何でもない。今のウイルスの固定観念を引っ張ると、「じゃあ当時はまだ感染する生物もいないのにどうやって増えていたの」という疑問が付きまとうわけだが、まだ細胞という概念さえ存在しなかった時代には、おそらく化学反応もかなりゆっくりと進行していたであろうから、そうしたときに細胞よりも単純な形をした粒子状のものが現れて、ゆっくりとタンパク質の合成と核酸の合成を行って、ゆっくりと新たな粒子を作り出していたと考えることはできよう。ただそのシナリオを、現在の科学者たちはまだ、詳細な分子メカニズムとして思い描けていないだけなのである。

ウイルスの起源

そもそもウイルスは、いつどうやってこの地球上に誕生したと考えられているのか、ここであらためて、ウイルスの起源に関する仮説をいくつかご紹介しておく。

現在のウイルスにはリボソームが存在しないから、ウイルスはリボソームをもっている細胞に感染しないと増殖することができない。第一の説は、この「細胞への強力な依存性」という性質が、時代をずーっと遡っていったとしてもつねにウイルスにはあったという前提で考える説で、ウイルスは、もともと細胞であったものが、他人の細胞に感染するにあたって余計なものを捨てていき、最終的にはリボソームまで捨て、強力な細胞依存性を獲得したとする説である。この考えを「リダクション仮説（還元仮説）」ともいい、いってみればウイルスは、そうして余計なものを捨ててきた「究極のミニマリスト」であると考える。この説でいくと、現在のすべてのウイルスが細胞依存性であることを明確に説明できる。要するに、ウイルスは細胞が誕生した後で、細胞から進化したとするものである。

第二の説は、基本的な考えは第一の説と同じだが、違うのは、ウイルスはもともと細胞だったのではなく、細胞の中にあった「プラスミド」のような自己複製因子であって、この自己複製因子（ＤＮＡあるいはＲＮＡ）が細胞から飛び出してカプシドを身に纏い、ウイルスとなったとする説である。バクテリアがゲノムとは別にプラスミドという短い環状ＤＮＡをもち、それをバクテリア間でやり取りすることはよく知られている。やり取りしている間にそれを「しそこね」てしまい、まるでうっかり手を滑らせてしまったかのようにプラスミドが膜ごと外界に放出され、それがウイルスになったのではないかという。ただしこれはＤＮＡウイルスの場合である。ＲＮＡの場合は、ＲＮＡの自己複製因子である「ウイロイド」というものが一部の植物細胞に存在することが明らかとなっており、こうした自己複製因子が何らかのきっかけで細胞から飛び出したのがＲＮＡウイルスの祖先であると考えることができる。この第二の説では、現在のウイルスたちの強力な細胞依存性を説明することも、ＤＮＡウイルスとＲＮＡウイルスの両方の進化についても説明することができるし、こうしたウイルスに共通祖先がおらず、系統を異にすると考えられていることに対しても、その起源の説明が可能である。

　第一の説も第二の説も、ウイルスはもともとは「細胞」から生じたものであるという説明は変わらない。なお、僕たち生物はＤＮＡを遺伝子として用いている「ＤＮＡワールド」の住人であるという説明をよく聞くことがある。ＤＮＡワールドが始まったおよそ四〇億年前（といわれている）よりも以前は、ＤＮＡよりも前の物質である「ＲＮＡ」が自己複製を行っていた「ＲＮＡワールド」があったとする考え方があり、ＲＮＡウイルスたちはその名残なのではないかとする考え方もあるが、どちらかというと、ＲＮＡウイルスとＲＮＡワールドは直接的にはつながらず、ＲＮＡウイルスの起源は第二の仮説、すなわち「細胞から飛び出した説」の方が有力である。

そして第三の説は、ウイルスは細胞とはまったく別の生命システムであって、細胞とは独立して誕生したと考える説である。この説では、今から約三八億年前（あるいはそれよりもっと前）に最初の単細胞生物（おそらくバクテリア様の生物だった）が誕生したのとほぼ同時期か、それともその前か、後か、とにかくそのあたりの古い時代に、現在のウイルス（特に核細胞質性ウイルス門が有力）につながる古いウイルスの祖先が誕生し、生物とは別個に進化してきたと考える。先ほども述べたように、構造の単純さに鑑みて、おそらく最初に誕生した時期は生物の誕生よりも前であろうと推測される。誕生当初は、現在とは別のメカニズムで、このウイルスの祖先たちは自己複製を繰り返していた。ＤＮＡやＲＮＡは自己複製ができるとして、タンパク質もまた、「タンパク質ワールド」という世界が広がっていたときに、現在の酵素システムとは異なる触媒システムによってアミノ酸配列合成が行われるしくみがあったと考えることができる。やがて生物が誕生すると、長い年月を経て、その中に入り込めばより効率よく自己複製が行われることに〝気づいた〟ウイルスたちがその後も生き残り、そうでないウイルスたちは、効率的な自己複製を行う生物や生物感染性ウイルスとの生存競争に負け、絶滅していった。こう考えると、第一と第二の説と同様に、現在のすべてのウイルスが「強力な細胞依存性」であることをムリなく説明できると思われる。僕自身は、この第三の説に大いに賛同しているので、これ以降はこの第三の説に沿って、話を展開していきたい。

ウイルスと細胞との関係構築

生物の中に入り込めばより効率よく自己複製が行われることに〝気づいた〟ウイルスたちがその後も生き残った、とそういってしまうのは簡単だが、その道のりは簡単ではなかったはずである。もう少し詳しく考えてみたいと思う。

まず重要なのは、「リボソームの進化」である。とりたてて専門的に研究しているわけではないので、素人考えであることを承知の上で僕の考えを述べてみよう。生物とウイルスを厳然と分け隔てる鍵となる物体「リボソーム」は、ＲＮＡ（ｒＲＮＡ）とタンパク質でできた粒子であり、リボソーム自身は自己複製するわけではないため、その起源を細胞とは切り離して考えることは、じつは可能ではないかと思っている。つまり、その昔のＲＮＡワールドにおいて自己複製を繰り返していたＲＮＡ分子の中に、ある一定の形に折りたたまれ、その結果ある触媒機能をもつものが現れた。それがリボソームの重要な構成成分であるｒＲＮＡである。当時はｒＲＮＡもまた、自らのもつ触媒機能もしくはほかのＲＮＡによる触媒機能によって、自己複製していたと考えることはできる。同様に、リボソームタンパク質の祖先もまた、現在とは異なる触媒作用、もしくは当時すでに進化していたアミノ酸を重合する触媒作用をもったタンパク質などによって、大量に作られていたと考えることができる。このｒＲＮＡの祖先とリボソームタンパク質の祖先の中から偶然、がっちりと結合するものが現れ、リボソームの原形を作り出した。ＲＮＡとＲＮＡは相補的に結合し得るし、ＲＮＡとタンパク質も、立体構造の相補性や水素結合などを通じて結合し得る。やがてリボソームの原形は、ＲＮＡの塩基配列を〝読み取る〟はたらきと、アミノ酸を一個ずつペプチド結合でつなぎ合わせるはたらきを手に入れた。そうしてこの両者のはたらきが協調するようになり、コドン・アンチコドンの概念が作られ、塩基配列がアミノ酸配列を指定する「遺伝暗号」のしくみができた。ここで「コドン」というのは、遺伝子であるＤＮＡから転写されてできたｍＲＮＡにおいて、一個のアミノ酸を指定する三つの塩基の並びのことであり、「アンチコドン」というのは、そのコドンに結合することができる、アミノ酸を一個ずつ結合させてくるｔＲＮＡ上の三つの塩基の並びのことである。リボソームは、ｍＲＮＡ上のコドンにｔＲＮＡ上のアンチコドンが結合することによって初めて、ｍＲＮＡの情報のとおりに、アミノ酸を重合させていくことができる（図36）。

もしかしたら、まだ細胞構造が確立されるより前に、すでにリボソームの原形ができていて、ウイルスの祖先はそのリボソームを使って、タンパク質を作っていたのかもしれない。たとえばカプシドの周囲にリボソームの原形をぺたぺたとくっつけておき、アミノ酸やヌクレオチドがたくさん存在する海の中にいたとしたらどうだろう。ウイルスの祖先は殻の内部でＲＮＡを作り（ＤＮＡを遺伝子としてもつ場合）、そのＲＮＡは殻をやぶってすぐそばにあるリボソームでタンパク質を作り、さらにそうしてできたＲＮＡポリメラーゼを使って複製することができるかもしれない。そして、これらが再び合体して子ウイルス粒子を作ることができるではないか。

やがて、当時すでに「海」の中に存在していた核酸、タンパク質などの化学物質が脂質二重層で囲まれた、何やら〝得体のしれない〟ものが現れるようになった。脂質二重層で包まれているため、その内部は外よりも化学物質の濃度が濃くなり、化学物質同士の衝突が外よりも頻繁に起こるようになって、その中でやがて「意味のある」衝突によってタンパク質を触媒として化学反応が推進される非常に効率のよいシステムが生じ、瞬く間に進化して、今の細胞の原形となる「プロトセル」が作られるようになった。そしてもともと触媒作用をもっていたリボソームもその中に取り込まれ、タンパク質合成を一手に担うようになっていった。

海の中に散らばって存在していた状態とは異なり、脂質二重層に包まれたプロトセルの内部は、リボソームにとって機能を発揮しやすい「天職の場」だったのかもしれない。やがてプロトセルは細胞へと進化し、リボソームは完全に、その内部ではたらく「タンパク質合成装置」へと変わっていった。

ウイルスの祖先からすると、リボソームがないとタンパク質が作れないのは一目瞭然であるから、やがて細胞の中に入り込み、そこにあるリボソームでタンパク質を合成しなければならなくなり、そうなると、細胞の中に入り込むというのはウイルスにとってもっとも重要なプロセスへと変化してい

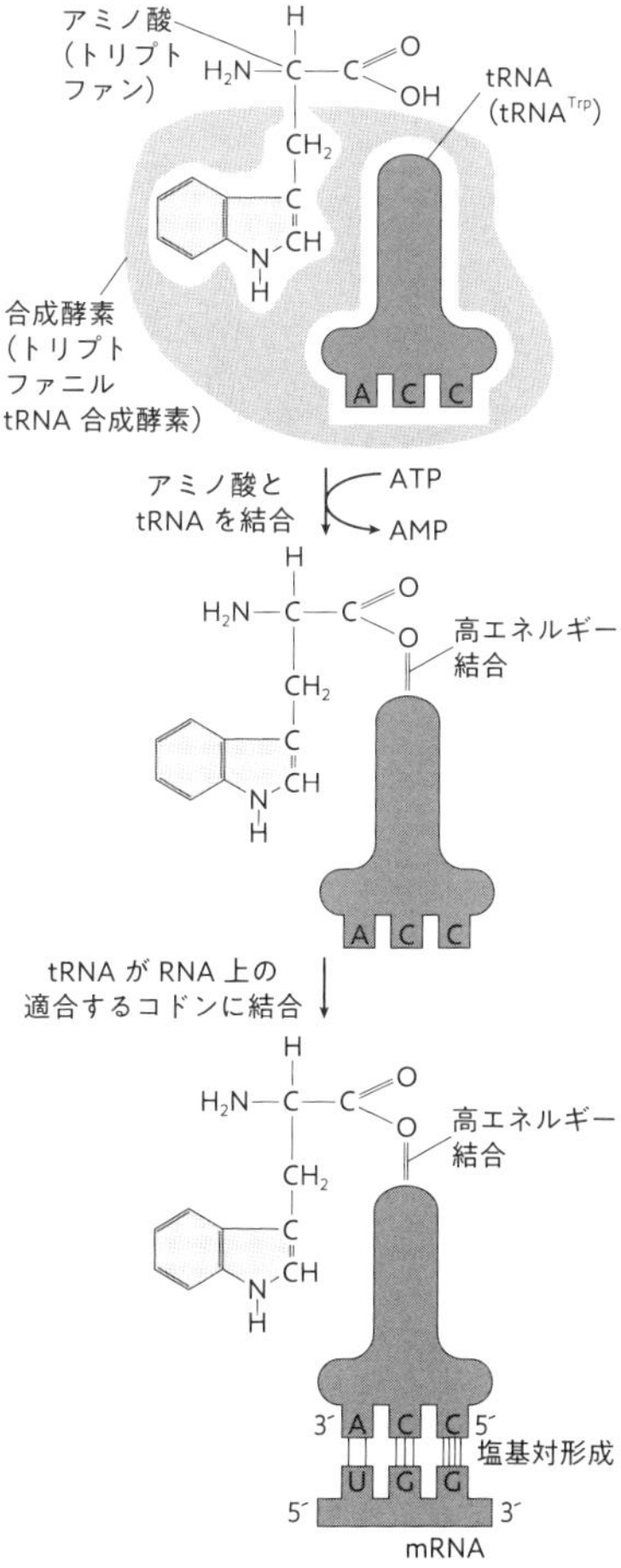

図36：コドンとアンチコドン

アンチコドン（CCA）をもつ tRNA にはアミノ酸「トリプトファン」が結合する。このアンチコドンが mRNA 上のコドン「UGG」に相補的に結合することで、コドンとアミノ酸が一対一で対応する。
［参考資料：『Essential 細胞生物学（原書第 3 版）』中村桂子・松原謙一監訳、南江堂］

った。もともと脂質二重層は柔軟性のある膜であったため、ウイルスがひょいとくっつくと、その重みで内側にぐぐっとへこんで（現在ではクラスリンなどのタンパク質が内側から細胞膜を引っ張り、小胞にさせるというしくみがある）、やがてウイルスを内部に引き入れてくれるため、ウイルスにとって細胞の内部にあるリボソームを利用するのは、ひょっとしたらそれほど難しくはなかったのかもしれない。ただ、細胞内部に引っ張り込まれて小胞に包まれた状態になったとしても、実際にはそこから小胞の膜を突き破って細胞質へと入り込まなければリボソームには到達しないので、ウイルスたちはそのための戦略を次々に編み出し、ある場合にはエンベロープウイルスとなって同じ脂質二重層で自らを包み込み、またある場合にはスターゲート構造を編み出すなどして、それぞれ独自に進化してきたのであろう。

ここで、もう一つのシナリオを出してみる。第三の説でちらりと述べた、細胞そのものがウイルスから進化して作られたものだというシナリオである。この場合のウイルスは、現在の核細胞質性ウイルス門の祖先となったものであると推定される。

核細胞質性ウイルス門の祖先もまた、外側にカプシド（タンパク質）、その内側に脂質二重層、そしてその内部に核酸（ＤＮＡ）をもつという、比較的単純な構造をしていた。ここで、先ほども述べたような、細胞がまだ存在しない世界において、周囲にくっつけたリボソーム粒子を使ってタンパク質を作り、自己複製を繰り返していた世界があったとする。やがてその核細胞質性ウイルス門の祖先のウイルスが、カプシドの大きさをさらに大きくして細胞壁へと進化させ、さらに脂質二重層をその内側にぴったりと裏打ちするようにしてくっつけた状態、すなわち細胞膜へと進化させ、周囲にくっつけていたリボソームを体内に呼び寄せて（この呼び寄せ方のイメージがじつはまだつかめない）、最初の細胞

（バクテリア様の細胞）へと進化した。あるいは、何らかの形で粒子内にリボソームを呼び込めたものだけが、そのタンパク質合成能力を最大限に発揮させ、カプシドを細胞壁に、インナー・メンブレンを細胞膜へと進化させる原動力を得て、細胞へと進化することができた。そうして細胞へと進化したウイルスの祖先がいたのと同様に、細胞へと進化しなかったウイルスもいたのであろう。細胞へと進化しなかったウイルスは、おそらく先述した過程、すなわち「おいおい、リボソームが細胞の中にしかねーじゃねーか！　仕方ないから俺たちが中に入ろうぜ！」という〝相談がウイルスの間でまとまって〟、細胞へと感染するようになった。もちろんほんとうに相談したわけはなく、偶然、細胞への感染のしくみを作り上げることに成功したウイルスだけが生き残り、現在のミミウイルス科、マルセイユウイルス科、フィコドナウイルス科、イリドウイルス科などへと進化する道筋をつけたのである。

ウイルスに始まり、ウイルスに終わる（まだ終わってはいないが）。特に最後に述べたシナリオを前提とするならば、まさしく生物を含めてこの世界はすべてにおいてウイルスからできているといっても過言ではない。地球は水の惑星ならぬ「ウイルスの惑星」であるという言い方は、じつに言い得て妙である。

細胞核はウイルスが作ったものか？

核細胞質性ウイルス門の共通祖先となったウイルスができ、それが進化して細胞ができた。ではほかのウイルスたちはどうやってできたのかというと、核細胞質性ウイルス門と近縁のウイルスである

ＤＮＡウイルスの中には、祖先を同じくするものもいるかもしれないが、多くのＤＮＡウイルスとＲＮＡウイルスは、その後進化を続けた細胞から「飛び出して」作られた可能性が高い。これは、先ほどのウイルスの起源に関する三つの説における、第一と第二の説である。すなわち、核細胞質性ウイルス門とほかのウイルスたちは、ウイルスとしての性質も違えば、構造的にも大きく違い、そしておそらくその起源も違う。巨大ウイルスの研究者たちが、第四のドメインというほどではないが、これをウイルスとよばずに「ジャイラス」とよぼうと提案するのはもっともなことである。ただ宿主に感染し、そのリボソームを使わないと増殖できないというその性質のみで、核細胞質性ウイルス門はウイルスの仲間とみなされているにすぎないとも言える。

その核細胞質性ウイルス門のウイルスたちが、次にその存在を生物界に大いにアピールしたのは、原核細胞から真核細胞が誕生するときであったかもしれない。原核細胞の真核化についてはその意義についてすでに詳細に述べたように、ゲノムサイズの巨大化という、その後の生物の進化に絶大な影響を及ぼしたイベントであり、僕たち人間がここにいるのは、原核生物が真核化したおかげであるともいえる。その真核化に核細胞質性ウイルス門のウイルスが関与したかもしれない、と僕は思っている。第２章の最初に、僕がウイルス学研究に目覚めたきっかけとして、ＤＮＡポリメラーゼの分子系統解析から、真核生物の細胞核がウイルスに由来するのではないかとする仮説を提唱したことをご紹介した。この仮説はその後、長い間ほぼ無視されてきたが（それは僕のデータがあまりよろしくなかったので自業自得）、最近になって、巨大ウイルスのウイルス工場やメドゥーサウイルスが発見されてきたことで、少なくとも僕の中では一気に細胞核ウイルス起源説に対する自信度が増してきており、二〇二

○年、オンライン微生物学誌『Frontiers in Microbiology』誌に発表した論文「Medusavirus ancestor in a protoeukaryotic cell: Updating the hypothesis for the viral origin of the nucleus」で、メドゥーサウイルスの知見を取り入れた新たな仮説を提唱した。ここではこの論文の内容を引用しながら、「細胞核がウイルスによって作られた」とする現在の僕の考えを述べておきたい。

　これまで述べてきたように、メドゥーサウイルスはミミウイルスやマルセイユウイルスのように細胞質にウイルス工場を作らず、パンドラウイルスのように細胞核をぶっ壊したりもせずに、宿主の細胞核の中で堂々と複製するという特徴をもつ。遺伝子的な特徴としては、真核生物と同じフルセットのヒストン遺伝子をもち、真核生物のＤＮＡポリメラーゼδと極めて近縁なＤＮＡポリメラーゼをもつ。さらにメドゥーサウイルスには、「Ｒａｎ」とよばれるＧＴＰａｓｅ活性をもつタンパク質の遺伝子が存在する。このタンパク質は、核小体で作られたリボソームサブユニットを核膜孔から細胞質へと輸送するのにかかわるタンパク質であることが知られている。こうしたメドゥーサウイルスの知見から、新たな細胞核ウイルス起源説の再構築（アップデート）を試みた。

アップデートした仮説

　これは太古の昔、地球上にはまだ真核生物が誕生しておらず、原核生物しか誕生していなかった頃、そしてようやく原核生物の中で、後にバクテリア、アーキアとよばれるにいたる二つの系統の生物が分岐していた頃の話である。

現在のメドゥーサウイルスを含む、おそらくは巨大ウイルスの共通の祖先（核細胞質性ウイルス門の共通祖先）が当時すでに存在していて、まだ細胞核がなかった時代の真核生物の祖先、つまりアーキアの祖先を宿主として感染していた。このアーキアの祖先は、アスガルド古細菌とよばれるアーキアのグループに属していたと考えられている。最近、その中でもさらに真核生物の祖先に近いと考えられるアーキアの純粋培養に、日本の研究グループが成功したことで話題になったのは記憶に新しい。この頃すでに、巨大ウイルスの祖先は、その宿主の細胞の中でウイルス工場を形成していたが、そのウイルス工場は、宿主のゲノムが存在する場所とは離れたところ、つまり今でいうところの細胞質に作られていた。そのウイルス工場は、宿主細胞からの生体防御的な攻撃から身を守るため、その当時、食作用に始まる細胞内の進化によって宿主細胞内に存在していた細胞内膜系の一部を利用して、その周囲を囲わせていた。天然痘ウイルスなどのポックスウイルス科のウイルスは、ウイルス工場の周囲を小胞体の膜で覆わせるという特徴があるが、このときのウイルス工場も、おそらくそのようなもの、すなわちやがては小胞体へと進化していくであろう細胞内膜系の一部で、周囲を覆っていたと思われる。

　巨大ウイルスの祖先は、宿主への感染と増殖を繰り返すうちにさまざまな形態へと進化して、その中から、宿主のゲノムに〝寄り添って〟自らのＤＮＡを複製するようなウイルスが進化した。これはおそらく、宿主のゲノムにより近いところで、そのしくみの一部を利用して複製することができれば、自らのゲノムに重い荷物のように背負っているいくつかの必須遺伝子を、もしかしたら放り出すことができるのではないかという、いわゆる「ミニマリスト化」にかかわるウイルス側の戦略があったがゆえであろう。それに伴い、そうした必須遺伝子を捨て、その代わりに宿主がゲノムの複製に用いているものを〝横取り〟して複製するようになったのである。この、宿主のゲノムと〝寄り添う〟ようにして自らのＤＮＡを複製するウイルスが、現在のメドゥーサウイルスの直接の祖先となった。その代わりこの祖先ウイルスは、転写を行うための必須遺伝子であるＲＮＡポリメラーゼ、ＤＮＡの絡まりを解きほぐす酵素であるトポイソメラーゼ、そして転写プロセスに必須なｍＲＮＡキャッピング酵素の遺伝子を失った（これらの遺伝子は核細胞質性ウイルス門のコア遺伝子であるが、メドゥーサウイルスだけはこれらの遺伝子をゲノムにもっていない）。こうしてメドゥーサウイルスの祖先は、これらの重要な遺伝子を、宿主の酵素に強く依存するようになった。その進化と協調するかのように、メドゥーサウイルスの祖先は、自らのＤＮＡ複製の場だけでなく、宿主のＤＮＡ複製の場をも、周囲に存在していた細胞内膜系（すでに小胞体へと進化していた可能性はある）の一部で完全に覆い、独自の「ウイルス工場」を形成するようになったのである。このときのウイルス工場の膜は、ウイルスが感染したときのみ作られ、感染していないときには作られないという、ゲノムを一時的に包み込む膜として存在していたと思われる。

　どちらが先なのか、時期的なことはいまだに明らかではないが、こうした進化とほぼ時を同じくして、αプロテオバクテリアの一種が僕たちの祖先細胞に共生し、ミトコンドリアへと進化するという一大イベントが起こった。ミトコンドリアは、それまで僕たちの祖先細胞には存在しなかった「イントロン・スプライシングシステム」を持ち込んだ。このシステムは、僕たち真核生物の遺伝子は「イントロン」とよばれるアミノ酸配列情報がない配列（介在配列）によっていくつかの断片（エキソン）

に分断されていて、そのイントロンを除去してエキソン同士をつないだ上で、リボソームに結合させるというしくみである。イントロンを除去することを「スプライシング」という。原核生物のようにＤＮＡのすぐそばにリボソームがある場合、ＤＮＡから転写されたｍＲＮＡ（正確にはｍＲＮＡ前駆体）からイントロンが除去されないまま、すぐ隣にあるリボソームと結合してしまうと、アミノ酸配列情報がない部分まで翻訳が進んだときに、そこで翻訳がストップしてしまい、ちゃんとしたタンパク質が作れなくなる恐れが出てくるため、あまりよろしくない。一方真核生物のように、ＤＮＡとリボソームが核膜によって隔てられていれば、スプライシングをきちんと行った上で核膜孔を通過させ、リボソームに結合させるという具合に、きちんとしくみとして統制をとることができる。つまり、イントロン・スプライシングシステムが持ち込まれた結果、運のいいことに、ちょうどメドゥーサウイルスの祖先が作り出していた「ウイルス工場」を覆う膜が、イントロン・スプライシングシステムとうまく相性があい、その結果この膜は、一時的に作られたり消滅したりするようなものではなくなり、永久的に存在し続ける、いわゆる「恒久化」した膜になったのである。これこそが「細胞核の誕生」である。そして、メドゥーサウイルスの祖先がウイルス工場を作っていたとき、リボソームを工場の外に追いやる役割を果たしていた「Ｒａｎ」タンパク質が、そのまま細胞核の内外での物質輸送にかかわる、現在の「Ｒａｎ」へと進化したのであろう。

　もちろん、メドゥーサウイルスの祖先とはいっても、その祖先から進化したのはメドゥーサウイルスだけではないだろう。ほかのさまざまな巨大ウイルスも、そこから進化してきたのに違いないと思うが、一方において、宿主のゲノムに〝寄り添わなかった〟ウイルスというのもいて、そうしたウイルスは、そのまま細胞質にウイルス工場を作り出すミミウイルスやマルセイユウイルスなどへと進化していったのである。

　細胞核の起源を考えるにあたって重要なことは、例外はあるが、細胞分裂の際、核膜が分散して細胞核が見えなくなるというステージがあることだ。細胞核が見えなくなり、染色体が太くなって中央に並び、両極に引っ張られた後、再び核膜が再構築され、細胞核が見えるようになる。こうした細胞核の構造上の柔軟性（消えたり現れたりするということ）も、ウイルスによって細胞核がもたらされたと考えると、つじつまが合うところがある。核膜の分散と再構築は、核膜の内側を裏打ちしている「核ラミナ」の構成成分である「ラミン」というタンパク質のリン酸化と脱リン酸化が担っており、ラミンタンパク質がリン酸化されると核膜は分散し、脱リン酸化されると再構築されるという関係が知られている。このしくみがどのように進化したのかはよくわかっていないが、こう考えるとなんとなく答えが出てくるように感じる。すなわち、ウイルスによって一時的に作られていたもの（ここではウイルス工場）を起源としたからこそ、現在の僕たちの細胞核のように、細胞が分裂するたびに核膜が分散と再構築を繰り返すしくみができたのではないか、と。ここで登場するのが、巨大ウイルスと比較的近縁で、有名なＤＮＡウイルスのひとつである「ヘルペスウイルス」である。これまでも述べてきたが、ヘルペスウイルスは、細胞核内にウイルス工場（複製センター）を作ることで知られている。先行研究で、ヘルペスウイルス科の一種である「単純ヘルペスウイルス」が、宿主のラミンタンパク質をリン酸化することで核膜を壊し、そこから子ウイルス粒子を放出することが報告されている。巨大ウイルスとヘルペスウイルスの共通祖先がもしいたとするならば、その共通祖先が、当時のウイルス工場のコントロール、すなわちウイルス工場の周辺を囲む膜を壊したり作ったりするのに際して、核ラミナの祖先となっていたタンパク質のリン酸化、脱リン酸化を行うことで、それをコントロールしていたのではないかという考えが成り立つ。現在の核膜の分散、再構築と同様のメカニズムを、当時のウイルスがウイルス工場の形成に用いていた可能性がある、ということである。

このように、メドゥーサウイルスのさまざまな特徴、ほかの巨大ウイルスやヘルペスウイルスの性質から、細胞核の起源にウイルスが積極的に関与していた可能性は十分にあると僕は思っているが、この考えは、やはり細胞核の起源に関するこれまでの研究の世界においては、まだまだマイナーな考えである。細胞核の起源に関してもっとも有力なのは、嫌気性のアーキア、好気性のバクテリアなど複数の細胞が栄養的な共生を行い、その過程で生じた細胞膜の複雑な相互作用によって、嫌気性のアーキアが細胞核へと進化し、その周囲がこれら共生細胞たちの細胞膜に由来する核膜で覆われるようになったとする考えである。先ほどもご紹介したように、日本の研究グループによって純粋培養に成功した真核生物の祖先にもっとも近いと考えられるアーキアの研究から、二〇二〇年初頭に「E^3仮説」とよばれる真核細胞誕生仮説が提唱され、二〇二〇年五月には、新しい栄養共生仮説も提唱された。いずれも、嫌気性アーキアが代謝によって作り出した物質を好気性バクテリアが利用し、また好気性バクテリアが作り出した物質を嫌気性アーキアが利用するという共生が鍵となって、真核細胞が誕生したことが説明されている。しかしながらこれらの考え「だけ」では、細胞核のいくつかの視点、すなわちリボソームの外側への排除と、細胞分裂時の消失・再構築のシステムがいかにして生じたかに関する分子レベルの説明を、説得力をもって行うことはできない。ウイルス感染による一時的な膜の出現という視点を持ち込むことではじめて、細胞核の成り立ちを、すべての穴を埋めるような形で説明することができるのではないかと考えている。

栄養共生説を支持する学者（特に、ロペス＝ガルシアとモレイラがその急先鋒である）が、僕たちのウイルス起源説を批判する一つとして、ウイルスが見せる細胞核起源や四ドメイン説の状況証拠らしき現象は、そのすべてが細胞のコピーであって、みな、細胞の「アナロジー」にすぎないというものがある。別の言い方では、よく収斂《しゅうれん》進化とか相似器官などに代表されるような、起源はまったく異なるけれども、偶然、あるいは必然的に、同じような形態や表現型に進化する例があることなども、その理論の補強に使われることがある。ウイルスとはそういうものである、と。しかしそれをいうなら、栄養共生説のもとになったいくつかの嫌気性アーキアのふるまいもまた、単なる収斂進化である可能性もある。現在の生物の生き様から遡って、何十億年前に生物の世界に起こったことを推定するという手法は、栄養共生説であろうがウイルス起源説であろうが、決して当時の様子を、現在の実験室環境下で再現することはできないし、たとえできたと主張したとしても、それがほんとうの再現であることは証明することができない、という意味では同じである。あとは、自分たちのデータをいかに解釈して、結論を導くのか、その解釈の仕方が、主張する説が何であるかによって若干異なるにすぎない。

ウイルス起源説は、ウイルスというものに対する考え方の多様さゆえか、栄養共生説に比べるべくもなく、まだまだ力が弱い。もちろん、ウイルス目線に凝り固まってしまうのもまた問題だが、ウイルスの惑星に住んでいる僕たちが、ウイルスの営みをまったく無視するというのは、さらに問題だとも思う。

したがって、僕はもう少し、ウイルスがかつて行ったかもしれない生物に対する「ちょっかい」について、頑張って紐解いてみようと思っている。

遺伝子泥棒か、それとも遺伝子サンタクロースか

胎盤形成にかかわるシンシチン遺伝子や、シナプスにおける神経伝達にかかわるアーク遺伝子などのように、ウイルスがもともともっていた遺伝子が水平移動によって僕たちのゲノムの中に入り込み、やがて僕たちの機能の一部となっていくという、ウイルスと僕たち生物との関係は、はたして微視的に見たときに、いったいどのように見えるのだろう。

その時々のウイルスと宿主との関係は、もちろん感染する側と感染される側の関係であって、感染する側にとってみれば宿主は単なる「増殖の場」であるし、感染される側にとってみればウイルスは「厄介な存在」である。いいかえると、おそらく両者の関係は、その時々では人間的な感覚でいえば「不穏な」関係である。その際、ウイルスが宿主の遺伝子を水平移動により獲得したとしたなら、それは宿主にとってみれば「遺伝子泥棒」である。ただその泥棒の仕方は、ほんとうに盗み取ってしまって宿主の側には残らない「カット・アンド・ペースト」ではなく、宿主の遺伝子の「複製」を盗み取るだけでオリジナルは宿主のゲノムにきちんと残っている「コピー・アンド・ペースト」、すなわちコピペであるから、別段、宿主の側に何らかのデメリットがもたらされるようなことは、少なくともその時点ではない。また宿主の方がウイルスの遺伝子を水平移動により獲得したとしたなら、それ

はウイルスにとってみれば「遺伝子を分け与えた」ことになるわけだから、いってみれば「遺伝子サンタクロース」である。宿主の側が、それを嬉々として受け取っているかどうかは、その時点ではわからない。これもまた「カット・アンド・ペースト」ではなく、「コピー・アンド・ペースト」のしくみによって分け与えられるものであり、それがほんとうの意味で〝サンタクロース〟だったのか、それとも単なる〝お節介なおじさん〟だったのかがわかるのは、その遺伝子が分け与えられてからかなりの年月を経過してからである。長い年月を経過して、その遺伝子の機能がその宿主のしくみにフィットしてようやく、それが「遺伝子サンタクロース」からのプレゼントだったことがわかるのだ。その代表が、シンシチン遺伝子であり、アーク遺伝子であり、さらにヒトゲノムの四〇％以上を占めるトランスポゾン（動く遺伝因子）なのである。真核生物のヒストンやＤＮＡポリメラーゼδが、メドゥーサウイルスという名の「遺伝子サンタクロース」によるプレゼントだったのかどうかは、現段階ではまだ結論を出すほどの状況証拠が揃っていない。しかし、僕としてはそうであるとおもしろいと思っているし、細胞核というとてつもないプレゼントを僕たちにくれたかもしれないと思うと、胸が高鳴って仕方がない。

　生物の世界が、生態系という、非常に大きな閉じた世界の中で行われる営みの、何億年にもわたる連続によって成り立っているのだとすれば、それに連続性を与えているものは、生物自身のもつ複雑で精緻なしくみであることに反論の余地はないが、じつはそのしくみを維持していくために、ウイルスの世界というものがある。腸内細菌叢（いわゆる腸内フローラ）において、バクテリアの無制限な増殖が起こらないのは、腸内が閉じた環境であるということもさることながら、バクテリオファージも大量に存在し、バクテリアの個体数を調節しているからでもある。同じことが、海洋生態系をはじめとした生物界のあらゆるシーンで行われているはずなのだ。アカントアメーバに感染する巨大ウイルスも、もしかしたら大量に生息するアカントアメーバの個体群調節に、大きく役割を果たしているはずである。これまでの遺伝子水平移動の痕跡を見ても、その痕跡が実際に遺伝子として生物のしくみの中ではたらいていることを見ても、それはおのずと明らかである。

　個々の人間という立場と、生物の一つの種ホモ・サピエンスを構成する個体という立場は、もちろん社会性という意味において大きく異なる立場である。前者の立場では、ウイルスによる感染は明らかに非常事態である。しかし後者の立場では、ウイルスによる感染は、個々の非常事態を超えて、進化という大きな流れを形作るきっかけとなってきた。ぜひこのコロナ禍の機会に、双方の立場を両立させてみよう。僕たちは「ウイルス」と聞くとあまりいい顔をしないが、それは「個々の人間」という微視的な視点に立っている場合にそうとしか思えないのであって、「生物の一つの種であるホモ・サピエンスを構成する個体」という、より巨視的な視点に立って、あたかも自分が何億年を旅するタイムマシンと共にあるという想像力をもって眺めてみよう。そうすると、「ウイルス」というもののほんとうの存在価値に、おのずと気づけるはずである。

おわりに

こうして原稿を書き終えてみると、ウイルスのささやき声というより、絶叫が聞こえてきそうなほどの文章になってしまったという感がある。もちろんウイルスは声を出さない。ささやきもしなければ大声で叫びまわることもしない。ウイルスに罹患して苦しむ僕たちを横目で見て「フン」と鼻で笑うようなこともしないし、なるべく僕たちを苦しませないようにと、そーっと感染してそーっと出ていくような殊勝な真似もしない。ただただ、自然の法則に則って、そこにある細胞に感染し、その中で増殖し、細胞膜を蹴破って外に飛び出し、そこに再び感染できる細胞があれば感染し、またもや増殖する。ただこれを繰り返すだけであり、感染できる細胞が近くになければ、やがてタンパク質の寿命を迎え、核酸は紫外線でずたずたに切断されて死ぬ（正確には不活性化される）だけである。なんという謙虚にして達観した生き様であろうか。

人間というのは、どうにも擬人化しなければ済まないというか、そうでもしないと自分たち以外の生物やウイルスの「気持ち」を理解できない生物である。「気持ち」などといっている時点で、すでにそれは擬人化の証拠なのだが。したがって、僕などはよく「ウイルス目線」なる言葉を使って、「ウイルスの見方でものをみる」的なスタンスをとっている。これも擬人化のひとつであって、悪くいえば「独善的」ですらある。ウイルスになったことがないわけだから、そんなことわかるはずはないのにもかかわらず、まるでわかったかのように文章を書いているのだから、我ながら始末に悪い。

ただ、毎日のように巨大ウイルスに接し、毎日のようにそれが感染するアカントアメーバに接していると、いくぶん、「巨大ウイルスの気持ち」がわかったような気になってくる。誰にもわかるはずのないウイルスの気持ちを、それでもわかったかのような気になるということは、たしかに「そんなんでわかるわけないじゃん」という意見に対して反論できるほどではないにせよ、「わからないまま」よりはマシなのではないかと思う自分がここにいることに気づくのである。さらに、「わかったかのような気になっている、ほんとはわかるわけないんだけど」という状況を客観的に見つめることができているうちは、そうでない「ほんとうになったつもりでいる」状況よりはマシではないかと思う。要するに、努力するということである。ウイルスの「気持ち」を理解するよう努力するだけでも、ロクに知ろうともしないで「ウイルスは悪だ！　すべて根絶すべきだ！」と叫んでいる人たちよりは、ウイルスの真の姿に迫ることができると思うのである。

では、ウイルスの真の姿とは、いったい何であったか。電子顕微鏡で見ることができるような「姿」については、おおよそのことがわかったような気がするし、それぞれのウイルスの専門家にいわせると、おおよそ「わかっている」ことが多い、ということになるのだろう。具体的にいうならば、ウイルスの「粒子」がどのような構造をしているのか、そのウイルスのゲノムサイズはどれくらいで、そこにはどのような遺伝子があるのか、そしてどのように生物の細胞の中に感染し、増殖し、どれだけの数の〝子ども〟ウイルスが飛び出していくのか、そしてそれに対して僕たちの体はどのように反応するのか、といったようなことである。

しかしながら、人によってものの見方が大きく異なるように、ウイルスというミクロな存在に対しては、電子顕微鏡でしか見えない姿以外に、二つの点において、その真の姿を追い求めようとする力がおのずとはたらくものである。それは、ウイルスの生活環を全体的に見たときに、いったいどのステージがウイルスのもっとも活発なステージであるのかという点と、どのステージがウイルスの本質であるステージなのかという点である。そこに登場するのが「ヴァイロセル仮説」であり、ウイルスの本質はあの「粒子」状の物体ではなく、細胞に感染している状態なのだとする考えである。この考えを中心に据えてウイルスを眺めると、その世界はガラリと変わるし、ことによると僕たち生物の世界の見方もガラリと変わってしまう。

生物が辿ってきた歴史、すなわち進化的な観点に立てば、ウイルスの見方はさらに大きく変わるだろう。地球上にオギャーと生まれて以来、さまざまなターニングポイントで大きく形を変えて進化してきた生物の歴史の中で、ウイルスはその都度、大きな役割を果たしてきたことがわかってきたし、いまの僕たちヒトのゲノムの中に、ウイルスがかつて何度なく感染してきたその歴史が、ウイルスの遺伝子の塩基配列の痕跡として刻まれていることもわかってきた。そして、後者はおそらく前者の原因であり、そして結果でもある。

ほかの生物になったことがないのでこれも想像でしかないが、少なくとも僕たち人間は、目で見ることができることしかわからないものである。別の言い方でいえば、目で見えないもの、つまり顕微鏡を使ったら見えるかもしれないけれども、そうした努力をしない限りは見えないもののことだが、そうしたものについて、常日頃から思い煩うことはしないものである。だから、身の回りに存在するバクテリアのことも知らないし、原生生物のこともわからない。ましてや、それよりももっと小さな存在であるウイルスのことなど、知るわけがない。しかし、知るわけがないはずのそのウイルスによって、僕たちは今、多くのものを得たけれども、多くのものも失った。その存在は決して軽くはなく、むしろ僕たち生物の世界に、そして人間社会に、ずっしりと重くのしかかっているのである。

　春秋社編集部の手島朋子さんから、この本の出版企画に関する丁寧なメールを受け取ったのは、二〇一九年一一月の初旬、すなわち、まだ新型コロナウイルスの「コ」の字も報じられていなかった時期である。

　その、手島さんからの初めてのメールは、僕にとっても極めて興味深いものだった。「ウイルスという存在への視座は、理系文系関係なく、これからの時代を考える上でも、大変興味深い視点を与えてくれるものだと強く感じてまいりました」（手島さん）というその思いに強く応えたいと考えたのもあり、さらに、「それは、これまで考えられてきた枠組を次々に崩していくウイルスという存在が、従来の考え方や世界を成り立たせていると思われてきた秩序だけが真ではないことを示唆し、ますます多様化し、価値観が変容していくであろう時代を生きるうえで求められる、新たな考え方・思想へとつながる道筋をひらいてくれるように感じさせてくれるためです」（手島さん）という、もはやすでにこの一文だけで答えが出てしまっているようにも思える達観した思いにも、強く応えたいと思わせるようなものであった。まさかそうした、「これまで考えられてきた枠組を次々に崩していく」ようなウイルスが、そのすぐあとにパンデミックを引き起こそうなどとは夢にも思っていなかったものである。その、手島さんの熱い思いと、新型コロナウイルスという新たな存在の二つが、本書の執筆を後押ししてくれたのだった。ここに改めて感謝する次第である。

そして、いつも蔭に日向に応援してくれている両親、いつも明るく元気な僕の宝物である妻と三人の豆台風たちの存在に、心から感謝して、ここに筆を擱く。

東京・神楽坂にて　武村　政春

Takemura M (2001) Poxviruses and the origin of the eukaryotic nucleus. *J. Mol. Evol.* 52, 419–425.【細胞核ウイルス起源説（オリジナル ver.)】

Takemura M et al. (2015) Evolution of eukaryotic DNA polymerases via interaction between cells and large DNA viruses. *J. Mol. Evol.* 81, 24–33.【巨大ウイルス DNA ポリメラーゼの分子系統解析】

Takemura M (2016) Morphological and taxonomic properties of Tokyovirus, the first Marseilleviridae member isolated from Japan. *Microbes and Environments* 31, 442–448.【トーキョーウイルスの発見】

Takemura M (2016) Draft genome sequence of Tokyovirus, a member of the Marseilleviridae isolated from the Arakawa River of Tokyo, Japan. *Genome Announc.* 4, e00429–16.【トーキョーウイルスのゲノム解析】

Takemura M e al. (2016) Nearly complete genome sequences of two Mimivirus strains isolated from Japanese fresh water pond and river mouth. *Genome Announc.* 4, e01378–16.【日本初のミミウイルスの発見】

Takemura M and Mochizuki T. (2017) Evolutionary interaction between archaeal-eukaryal cell lineages and viruses. In *Biocommunication of Archaea*, Edited by G. Witzany, pp. 241–264, Springer.【真核生物・アーキアとウイルスとの進化的相互作用の総説論文】

Takemura M (2020) Medusavirus Ancestor in a Proto-Eukaryotic Cell: Updating the Hypothesis for the Viral Origin of the Nucleus. *Front. Microbiol.* 11, 571831.【新しい細胞核ウイルス起源説】

Tolonen N et al. (2001) Vaccinia virus DNA replication occurs in endoplasmic reticulum-enclosed cytoplasmic mini-nuclei. *Mol. Biol. Cell* 12, 2031–2046.【ポックスウイルスのミニ核】

Villarreal LP and DeFilippis VR. (2000). A hypothesis for DNA viruses as the origin of eukaryotic replication proteins. *J. Virol.* 74, 7079–7084.【真核生物の DNA ポリメラーゼはウイルスに由来する】

Yoosuf N et al. (2012) Related giant viruses in distant locations and different habitats: Acanthamoeba polyphaga moumouvirus represents a third lineage of the Mimiviridae that is close to the Megavirus lineage. *Genome Biol. Evol.* 4, 1324–1330.【ムームーウイルスの発見】

Yoshikawa G et al. (2019) Medusavirus, a novel large DNA virus discovered from hot spring water. *J. Virol.* 93, e02130–18.【メドゥーサウイルスの発見】

Wu S et al. (2016) Herpes simplex virus 1 induces phosphorylation and reorganization of lamin A/C through the 134.5 protein that facilitates nuclear egress. *J. Virol.* 90, 10414–10422.【単純ヘルペスウイルスによる核ラミナのリン酸化】

Imachi H et al. (2020) Isolation of an archaeon at the prokaryote-eukaryote interface. *Nature* 577, 519–525.【培養に成功した真核生物の祖先に最も近いアーキア】

Iyer LM et al. (2006) Evolutionary genomics of nucleo-cytoplasmic large DNA viruses. *Virus Res.* 117, 156–184.【核細胞質性ウイルス門の共通祖先】

La Scola B et al. (2003) A giant virus in amoebae. *Science* 299, 2033.【ミミウイルスの発見】

Legendre M et al. (2014) Thirty-thousand-year-old distant relative of giant icosahedral DNA viruses with a pandoravirus morphology. *Proc. Natl. Acad. Sci. USA* 111, 4274–4279.【ピソウイルスの発見】

Legendre M et al. (2015) In-depth study of Mollivirus sibericum, a new 30,000-y-old giant virus infecting Acanthamoeba. *Proc. Natl. Acad. Sci. USA* 112, E5327–E5335.【モリウイルスの発見】

Levasseur A et al. (2016) MIMIVIRE is a defense system in mimivirus that confers resistance to virophage. *Nature* 531, 249–252.【ミミウイルスの生体防御システムの発見】

Monier A et al. (2009) Horizontal gene transfer of an entire metabolic pathway between eukaryotic alga and its DNA virus. *Genome Res.* 19, 1441–1449.【ウイルスと宿主の間の遺伝子水平移動】

Mutsafi Y et al. (2013) Membrane Assembly during the Infection Cycle of the Giant Mimivirus. *PLoS Pathog.* 9, e1003367.【ミミウイルスのウイルス工場】

Ogata H and Takemura M. (2015) A decade of giant virus genomics: surprising discoveries opening new questions. In *Global Virology I – Identifying and Investigating Viral Diseases*, Edited by P. Shapshak et al, pp. 147–160, Springer.【巨大ウイルスの総説論文】

Okamoto K et al. (2017) Structural variability and complexity of the giant Pithovirus sibericum particle revealed by high-voltage electron cryo-tomography and energy-filtered electron cryo-microscopy. *Sci. Rep.* 7, 13291.【ピソウイルスの形態の多様性】

Philippe N et al. (2013) Pandoraviruses: amoeba viruses with genomes up to 2.5 Mb reaching that of parasitic eukaryotes. *Science* 341, 281–286.【パンドラウイルスの発見】

Raoult D et al. (2004) The 1.2-megabase genome sequence of Mimivirus. *Science* 306, 1344–1350.【ミミウイルスゲノムの解読】

Schram B and Locker JK. (2005). Cytoplasmic organization of POXvirus DNA replication. *Traffic* 6, 839–846.【ポックスウイルスのウイルス工場】

Schulz F et al. (2018) Hidden diversity of soil giant viruses. *Nat. Commun.* 9, 1–9.【メタゲノムによる巨大ウイルスの推定】

Silva LCF et al. (2015) Modulation of the expression of mimivirus-encoded translation-related genes in response to nutrient availability during Acanthamoeba castellanii infection. *Front. Microbiol.* 6, 539.【飢餓状態のアメーバにおけるミミウイルス aaRS 遺伝子の発現】

Suzan-Monti M et al. (2007) Ultrastructural Characterization of the Giant Volcano-like Virus Factory of Acanthamoeba polyphaga Mimivirus. *PLoS One* 2, e328.【ミミウイルスのウイルス工場の構造】

Abrahão J et al. (2018) Tailed giant Tupanvirus possesses the most complete translational apparatus of the known virosphere. *Nat. Commun.* 9, 749.【ツパンウイルスの発見】

Akashi M and Takemura M. (2019) Distribution of SNSs in mimivirus genomes and the classification of mimiviruses isolated from Japan. *Microbes and Environments.* 34, 451–455.【SNPによるミミウイルスのタイピング】

Akashi M and Takemura M. (2019) Co-isolation and characterization of two pandoraviruses and a mimivirus from a riverbank in Japan. *Viruses* 11, 1123.【日本産パンドラウイルスの発見】

Andrade ACDSP et al. (2017) Filling Knowledge Gaps for Mimivirus Entry, Uncoating, and Morphogenesis. *J Virol.* 91, e01335–17.【ミミウイルスの感染サイクル】

Aoki et al. (2019) Fifteen Marseilleviruses Newly Isolated from Three Water Samples in Japan Reveal a Local Diversity of Marseilleviridae. *Frontiers in Microbiol.* 10, 1152.【カシワザキウイルスの発見】

Arslan D et al. (2011) Distant Mimivirus relative with a larger genome highlights the fundamental features of Megaviridae. *Proc. Natl. Acad. Sci. USA* 108:17486–17491.【メガウイルスの発見】

Bell PJL (2001) Viral eukaryogenesis: was the ancestor of the nucleus a complex DNA virus? *J. Mol. Evol.* 53, 231–256.【細胞核ウイルス起源説（オリジナルver.)】

Bell PJL (2020) Evidence supporting a viral origin of the eukaryotic nucleus. *Virus Res.* 289, 198168.【新しい細胞核ウイルス起源説】

Boyer et al. (2009) Giant marseillevirus highlights the role of amoebae as a melting pot in emergence of chimeric microorganisms. *Proc. Natl. Acad. Sci. USA* 106, 21848–21853.【マルセイユウイルスの発見】

Claverie JM et al. (2006) Mimivirus and the emerging concept of "giant" virus. *Virus Res.* 117, 133–144【"Girus" コンセプトの提唱】

Fabre E et al. (2017) Noumeavirus replication relies on a transient remote control of the host nucleus. *Nature Commun.* 8, 15087.【細胞核をリモートコントロールするノウメアウイルス】

Forterre P. (2011) Manipulation of cellular syntheses and the nature of viruses: the virocell concept. *C. R. Chimie* 14, 392–399.【ヴァイロセル仮説】

Forterre P and Gaïa M. (2016) Giant viruses and the origin of modern eukaryotes. Curr. Opin. *Microbiol.* 31, 44–49.【ヴァイロセル仮説／ウイルス工場と細胞核との関係】

Fukaya S et al. (2020) Kinetic analysis of the motility of giant virus-infected amoebae using phase-contrast microscopic images. *Frontiers in Microbiol.* 10, 3014.【ウイルス感染細胞のタイムラプス解析】

Guglielmini J et al. (2019). Diversification of giant and large eukaryotic dsDNA viruses predated the origin of modern eukaryotes. *Proc. Natl. Acad. Sci. USA* 116, 19585–19592.【RNAポリメラーゼの分子系統解析による巨大ウイルスの進化の解析】

参考文献

【図書】

高田賢蔵編『医科ウイルス学〈改訂第三版〉』南江堂、二〇〇九

武村政春『新しいウイルス入門――単なる病原体でなく生物進化の立役者？』講談社、二〇一三

武村政春『巨大ウイルスと第四のドメイン――生命進化論のパラダイムシフト』講談社、二〇一五

武村政春『生物はウイルスが進化させた――巨大ウイルスが語る新たな生命像』講談社、二〇一七

武村政春『ヒトがいまあるのはウイルスのおかげ！――役に立つウイルス・かわいいウイルス・創造主のウイルス』さくら舎、二〇一九

武村政春・宮沢孝幸監修『ずかん ウイルス』技術評論社、二〇二〇

永宗喜三郎ほか編『アメーバのはなし――原生生物・人・感染症』朝倉書店、二〇一八

根路銘国昭『驚異のウイルス――人類への猛威と遺伝子が解く進化の謎』羊土社、二〇〇〇

ハーパー，D・R『生命科学のためのウイルス学』下遠野邦忠・瀬谷司監訳、南江堂、二〇一五

ブラック，J・G『ブラック微生物学〈第二版〉』林英生ほか監訳、丸善株式会社、二〇〇七

水谷哲也『新型コロナウイルス――脅威を制する正しい知識』東京化学同人、二〇二〇

山内一也『ウイルスと地球生命』岩波書店、二〇一二

山内一也『ウイルスの意味論――生命の定義を超えた存在』みすず書房、二〇一八

山内一也『ウイルスの世紀――なぜ繰り返し出現するのか』みすず書房、二〇二〇

ルーシンク，M・J『ウイルス図鑑101』布施晃監修、北川玲訳、創元社、二〇一八

【論文】（本書の内容に関係する、一部の主要なもののみをリストアップした）

Abergel C et al. (2015) The rapidly expanding universe of giant viruses: Mimivirus, Pandoravirus, Pithovirus and Mollivirus. *FEMS Microbiol. Rev.* fuv037, 39, 779–796. **【巨大ウイルスの総説論文】**

ピソウイルスの
ぬいぐるみと

武村政春（たけむら・まさはる）

1969年、三重県に生まれる。1998年、名古屋大学大学院医学研究科修了。博士（医学）。名古屋大学助手、三重大学助手等を経て、現在、東京理科大学教授。専門は巨大ウイルス学、分子生物学、生物教育学。2001年に世界に先駆けて細胞核の起源にDNAウイルスが関わっていたとする学説を発表。2019年には、真核生物の起源の謎を解明する鍵となると思われる巨大ウイルス「メドゥーサウイルス」を発見した。

著書に『巨大ウイルスと第4のドメイン』『生物はウイルスが進化させた』『細胞とはなんだろう』（以上、講談社ブルーバックス）、『レプリカ』（工作舎）、『ベーシック生物学』（裳華房）、『マンガでわかる生化学』（オーム社）など多数。

趣味は筋肉、ピアノ、妖怪、怪談、落語など。

ウイルスはささやく　これからの世界を生きるための新ウイルス論

2021年３月25日　第１刷発行

著　者　武村政春
発行者　神田　明
発行所　株式会社　春秋社
〒101-0021　東京都千代田区外神田2-18-6
電話　(03) 3255-9611（営業）
(03) 3255-9614（編集）
振替　00180-6-24861
https://www.shunjusha.co.jp/
印刷所　株式会社　太平印刷社
製本所　ナショナル製本　協同組合
装　丁　伊藤滋章

©Masaharu Takemura 2021, Printed in Japan.

ISBN978-4-393-33236-8　C0045　定価はカバー等に表示してあります

星野 保

菌は語る

ミクロの開拓者たちの生きざまと知性

異色の菌類学者が見た菌類のダイナミックなドラマ。極限環境でヒト知れず暗躍する菌類の謎に包まれた生態や生存戦略等を紹介。生物の多様性を照らし出す型破りな解説書。

一八〇〇円

井田 茂

ハビタブルな宇宙

系外惑星が示す生命像の変容と転換

急進展するハビタブル天体と地球外生命探索。宇宙と我々の世界とを繋ぐ系外惑星研究から見た、地球の一系統にとらわれない生命の有り様。宇宙・生命観のパラダイムシフト。

一八〇〇円

佐治晴夫

14歳のための宇宙授業

相対論と量子論のはなし

「無」としかいいようのない状態から、突如、まばゆい光として誕生した宇宙。このかけがえのない世界を記述する現代の科学理論の２つの柱をわかりやすく詩的に綴る宇宙論のソナチネ。

一八〇〇円

小林朋道

進化教育学入門

動物行動学から見た学習

動物行動学の「進化的適応」理論に立脚し、学習のメカニズムを進化の領野からとらえる「進化教育学」を紹介。より効果的で深い学習が起こるための方法のヒントを提示する。

一七〇〇円

細川博昭

鳥を識る

なぜ鳥と人間は似ているのか

恐竜の生き残りでもある鳥は高い知能と豊かな感情を持ち、ヒトとの共通点が多い生き物。思考し遊び音声で意思疎通を図る……種属を超えた類似点を探りながら人間とは何かを考える。

一九〇〇円

▼価格は税別。